JAPAN'S TRADEMARKS & LOGOTYPES IN FULL COLOR

Part 7

JAPAN'S TRADEMARKS & LOGOTYPES IN FULL COLOR : Part 7

ISBN4-7661-1000-5

Printed in Japan by Toppan Printing Co., Ltd.
First Edition November 1997

Graphic-sha Publishing Company Ltd.
1-9-12 Kudan-kita Chiyoda-ku Tokyo 102 Japan
Phone 03-3263-4318 Fax 03-3263-5297

資料 マーク シンボル ロゴタイプ カラー篇 ⑦

COLLECTION — TRADEMARKS — SYMBOLMARKS — LOGOTYPES — FULL COLOR

編集 長谷川純雄

発行 グラフィック社

D, D, A, D, A, D ——序にかえて——

☎〰〰 〰〰 もしもし，Kさん？　ハセガワです。しばらくご無沙汰してしまって。２年ぶりですか，ね。お元気でご活躍？　それはなによりです。そう，今日はそれをご報告しようと思って。

春先から編集を進めてきた「資料／マーク・シンボル・ロゴタイプ」がようやくできたものですから。えっ？ ⑦ですよ，〈カラー篇⑦〉！　えゝ，夏の暑い盛りが編集作業も最後の上り坂という，いつもの調子で——。だから秋に入ってから夏休み。ハハハハ。

中身？　少しずつ変ってきてますがねえ。意識的に変えたという面もあるんですよ。今回初めての試みで，カラー，モノクロ統合版と呼んでるんですけど，カラー篇，モノクロ篇２冊買って，同じ作品を重複して見るのは無駄，みたいな読者の抵抗感あると思うし，諸般の事情っていうのかな。そう，そうなんです。だから両方とも一冊に収録して，合理化しながら集大成的な決定版ができるのではないかと思って。ぜひカラーで紹介しておきたい作品，スミ1色でもきちんと記録しておかなきゃいけない作品，どちらも大切な作品，一期一会ですよ。アカデミー賞のアメリカ映画みたいだな。ハハハハ。

あ，そう。その件が今回のもうひとつの話題ですね。前回のときはほんの数点しかなかったのに，募集要項でデジタル原稿での出品も呼びかけたものだから——。出品された総点数の60%くらいはデジタル原稿でしたよ。だから，収録した作品もそのくらいの割合で，D, D, A, D, A, D, こんな感じですよ。そう，Dがデジタル作品，Aが従来通りの紙焼き版下による，いわばアナログ作品。アナクロじゃなくてアナログ。刷り上がったもの見ても区別はつきませんがね。もちろん一見して，あ，PC使ってるなというのもありますよ，沢山。

いや，いいんじゃないですか。みなさんソフトの援用も手慣れてきているし，バラエティに富んで，しかも断然カラフルになってきたなあ。色，使い放題ってとこですよ。Y-67%，M-43%などというのがあったりしてね。フロッピーやMOから直接製版するならそれでいいけど，清刷りにそんな指定されてもねえ。ハハハハ。

あゝ，そちらもやっぱりPCにはまってるんですか。だったらこの次は，“これがDだ”というようなすごいの，出品してくださいよ。

もう書店に出るころですから一度見てください。えっ？　前号は買いそびれたんですか？　そんなあ。〈カラー篇⑦〉はぜひ手元に置いてくださいよ。

近いうちにお訪ねします。うん，ありがとう。じゃお元気で——。☎……

'97.10.1　　長谷川純雄

D,D,A,D,A,D

"Hello? Mr. K? It's Hasegawa.... Been a while, hasn't it?... Two years, yes. How are you doing? Plenty of work?... Well, that's what counts. In fact, that's what I wanted to talk to you about.

Since this Spring I've been working on the latest edition of Trademarks and Logotypes....Yes. The color edition. Color Edition 7!... That's right. I finished the last of the editorial work right in the middle of the summer heat wave, as usual. I'll have my summer vacation now that it's Fall. Hah-hah!...

The content? Well, it continues to evolve, little by little, and there are places where changes have been deliberate. The first of two is that the color and monochrome editions have been combined. Readers resisted the fact that some of the works were duplicated in separate editions, and all things considered, it made sense to rationalize and combine works in a single, definitive book....Yes....We want to introduce both color and gray scale works in the best possible light, in a one-time only presentation.

That's another thing about this edition. While the last one featured only a few digital submissions, for this edition the call for entries asked for digital submissions, and this resulted in more than 60% of the entries arriving in digital format. With this ratio of digital to Photostat entries it feels like a D,D,A,D,A,D procession - the 'D' standing for digital, the 'A' for analog....Yes, whether digital or analog, the print quality is uniform. There are many works which were obviously created on a personal computer, but isn't that just as well?.... Right. Everyone is accustomed to using the software, and the variety of works is rich. The color is bountiful, too - all you could possibly want. Y-67%, M-43% orders, and the like. Which is alright when reading straight off floppies or MO disks, but when you see those indications on photostats....

You're waiting on a PC, too, huh? So you'll be able to make one of these incredible 'D' submissions....Well, it should be in the bookstores, so take a look..... What? You missed your chance to buy the last issue? Too bad. By all means pick up 'Color 7....'
I'll drop by soon. Thanks...."

Sumio Hasegawa
October 1, 1997

Contents
目次

English titles of the included works are arranged in the order of the project number from page 375.

Cover Design——Hiroyuki Hayashi
装訂——林 廣行

凡例

本書に掲載してある作品の色彩は，出品者によってプロセスカラーインキのかけ合せ率が指定されたものはそれに従って印刷し，特色見本によって指定された作品は，カラーチャートと照合してかけ合せ率を割り出して印刷した。また，デジタルデータによる原稿はデータの通りに製版・印刷した。作品の指定色が金または銀の場合，金は●，銀は●の記号を図版番号のうしろに付した。
本書がプロセスカラー４色によるかけ合せによって印刷されることは，作品募集にあたり，前もって出品者にお知らせしてある。

C.I.作品について

● C.I.S.(コーポレート・アイデンティティ・システム)として出品されたものは，その中からマークやロゴタイプのカラーシステムを中心に紹介した。

●コーポレートカラーを，図版説明の文中に掲載した。原則としてメインカラーを 28×14 ミリの長方形で，サブカラーを 28×8 ミリの長方形で示した。但しマンセル記号や PANTONE，DIC，CF などの印刷インキ見本帳の中からコーポレートカラーを制定している場合，その企業で定めた色番号をそのまま記載したが，印刷してある色は，あくまでも上記制定色を４色のかけ合せで再現したものである。

メインカラー

サブカラー

● C.I.作品全般にわたり，図版説明の用語は各々のシステムの中で用いている呼称をそのまま引用した。また用語のうち企業固有のものには〈　〉を付した。

記号説明
CD——クリエイティブ・ディレクター
AD——アートディレクター
D——デザイナー
CG——コンピュータ・グラフィックス・デザイナー
I——イラストレーター
A——エージェント
C——クライアント
1995, 1996——制作年
●
アートディレクターとデザイナーが同一人の場合は，アートディレクターを省略した。
表記の際，法人の種類・支社・支店名などを省略したものもある。

本書に収録してある作品は，その掲載について制作者もしくはクライアントの許諾を得ている。
●
本書についてのお問い合せ，記載事項の誤りのご指摘等は出版社もしくは編者までご連絡ください。

Explanatory Notes

The colors used in this book are based on the indications given by the individual contributors. Either percentages for four-color processing or color samples were provided. Where samples were used, colors were matched with charts and mix percentages were calculated. In the case of digital submissions, data was taken directly from floopies or MO disks. The following symbols are used to indicate that the original special colors were gold or silver: ● gold, ● silver.
Color samples appearing in captions indicate principle (28mm×14mm) and sub (28mm×8mm) corporate colors. In cases where color indications have been provided from PANTONE, DIC, or CF color charts, original ink specifications for color printing are included. However, all examples are reproduced by four-color process printing.

TRADEMARK &
SYMBOLMARK

1
水道器具販売会社
D—冠 英輝
A—ダ・ピンチ
C—エージェント
1995

2
医療機器会社
D—勝部忠正
A—プロジェクト
C—アーク
1996

3
保健調剤薬局
AD—森 サトル
D—プランニング・リード
C—アルファー薬局
1996

4
商店街振興会
AD—森嶋正順
D—浜辺明弘
A—博報堂
C—秋葉原電気街振興会
1996

5
デジタル衛星テレビ放送局
AD—栗原敏雄
D—永江達史
A—電通・ズーム
C—サテライト エー・ビー・シー
1994

6
薬局
AD—山口至剛
D—山口至剛・茂村巨利
C—アルファ薬局
1995

7
出版物シリーズ
AD—内堀法孝
D—西村 陸
A—セイコーエプソン・デザインセンター
C—セイコーエプソン
1996

8
浴場施設
D—町田健二
A—ノーサイド
C—ブラット
1997

9
画像入出力系製品
D—鶴石秀明
C—キヤノン
1995

10
化粧品メーカー
AD—シャンソン化粧品・宣伝部
D—天野穂積
C—シャンソン化粧品
1995

11
洋紙
AD—奥村昭夫
D—江口美知子
C—東京製紙
1996

12
不動産会社
D—村田 満
C—ランド・コム
1996

13
サッシ施工会社
D—松木良介
C—ダイハツ工業
1997

14
インテリア会社
D—加藤敏和
C—大創ハウジング
1996

15
環境フォトコンテスト
D—勝井三雄
C—プレジデント社
1996

16
デザイン協会
D—新津達裕
A—CHECKMAN
C—山梨デザイン協会
1995

17
PR誌「ガスエポック」
AD—大久保敏幸
D—田代保友・徳野なおみ
A—N.I.S、パンセインターナショナル
C—日本ガス協会
1996

18
化粧水商品
D—早川晋二
C—ウェルネスサポート
1995

19
ファッションショー・プロデュース会社
D—新里一裕
C—ファッションプロデュース
1996

CANADIAN MESSE

11

12

13

14

15

DAY

16

17

18

FASHION PRODUCE CO.,LTD.

19

20

21

22

23

24

25

26

27

29

28

20
印刷会社
AD—藤井浩介
D—花谷和昌
C—フジイ印刷
1996

21
競艇場
Producer—幸尾裕太
AD—原田 進・ブラクシス
D—渡辺 聡
A—西広
C—福岡競艇
1996

22
建設会社
AD—託見健二
D—森 裕之
C—藤井建設
1995

23
総合ビル管理会社
D—新津達裕
A—CHECKMAN
C—ガルフォード・人見嘉緒
1996

24
委託販売・カーエステ会社
AD—池田武仁
D—池田武仁・ブジンアート
C—ガリレオコーポレーション
1995

25
グリーンプランツレンタル・
リース
AD—池田武仁
D—斉郷隆喜
C—アメニティシステム
1995

26
コンピュータ通信業
Producer—飛岡正宏・関 敏雄
AD—原田 進・ブラクシス
D—渡辺 聡
A—電通
C—ジーアールホームネット
1996

27・28
フィットネスブランド
D—足立 隆
C—イサミ
1995

29
工業用ゴム加工成型会社
D—ザ・デザイン・アソシエイツ
C—ハタダ
1995

30
病院
Producer—堀口幹夫・福澤左内
AD—原田 進・プラクシス
D—金田進哉
A—MAX
C—堀切中央病院
1996

31
ホテル
AD—石川 明
D—安達元保
C—今治国際ホテル
1996

32
自治体
Producer—坂本是馬・市川 昭
AD—原田 進・プラクシス
D—渡辺 聡
A—電通パブリックリレーションズ
C—ひたちなか市
1995

33
家具工房
D—小亀 沢
C—h・工房、堀江洋司
1997

34
歯科医院
AD—西嶋和寿
D—森 秀樹
A—スタンス
C—日高歯科
1996

35
サイン
AD—ヤック
D—永島 光
C—石澤
1995

36
ファッショングッズ販売会社
D—山下文朗
A—ジェイアール西日本コミュニケーションズ
C—ジェイアール西日本ファッショングッズ
1997

37
自動車販売会社
AD—彪文・榎戸文彦
D—あつ・あつお、榎戸英晃
C—原自動車販売
1997

38
学校
AD—西岡譲二
D—猪瀬美和
A—リクルート
C—城南学園
1995

30

31

32

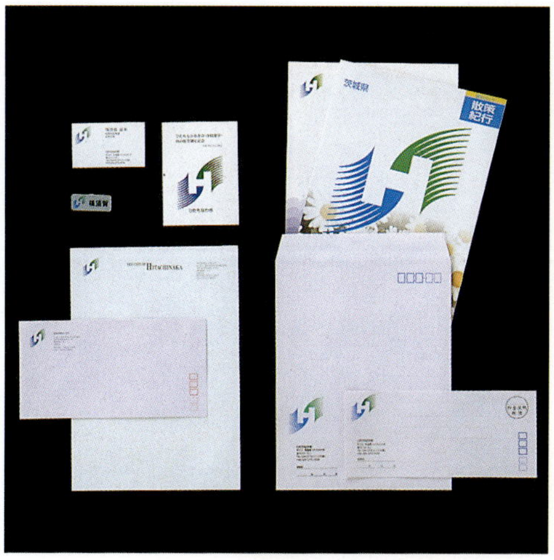

33

34

ISHIZAWA
INSTITUTE OF SIGN
35

West Japan Railway
Fashion Goods Co.,Ltd.
FG
36

CLUB
37

38

KIKUNO ASSOCIATES
Tokyo Osaka

39

40

41

42

43

44

45

K.ch
Karaoke
Channel

46

47

39
空間設計会社
D—大久保 學
C—きく乃アソシエイツ
1996

40
給排水設備会社
AD—ハートクリエイション
D—大場節男
C—近代設備
1996

41
自治体
D—天野穂積
C—甲西町(山梨県)
1995

42
美術館
D—永井一正
C—神戸ファッション美術館
1996

43
建設会社
D—いのうえ 栄
C—カジヤマ
1996

44
友の会
AD—石田 隆
D—石田 隆・石川和市
C—倉敷市立自然史博物館
1995

45
音楽高校
D—梅林敬藏
C—京都市立音楽高等学校開設準備室
1996

46
衛星放送カラオケチャンネル
D—電通・山下健司
C—パイオニア ミュージック サテライト
1996

47
機械・鉄工会社
D—小林百合江
A—DKプラン
C—小林機械鉄工・コバヤシ機販
1996

48
測量・ボーリング会社
AD—石山俊郎
D—イクス
C—基礎工学
1995

49
ビジネスネットワークサービス
AD—小垰伸一
D—大川栄司
A—ハイテクノロジー・コミュニケーションズ
C—ケイネット
1997

50
歯車製作会社
AD—吉村昭次郎
D—森 秀樹
A—グッド
C—古賀歯車製作所
1996

51
衛星放送ライフクリエイトチャンネル
D—松本隆治
A—アドベンチャーズ
C—TVプラネット
1996

52
輸入雑貨会社
D—正木 茂
C—ランファーインターナショナル
1995

53
広告企画会社
D—森 裕之
C—ラピート
1997

54
カラオケソフト開発会社
D—野崎利則
A—サイト
C—レーベル
1996

55
デザイン事務所
D—丸塚久和
C—marutsugae
1995

56・57
温泉ホテル
AD—菅原耕治
D—倉橋寛之
A—アイ・エヌ・ジー
C—定山渓万世閣ホテルミリオーネ
1996

48

49

50

51

52

53

54

55

56

57

58

maruwa
CO.,LTD.

59

60

61

62

63

64

MALL OF TV

65

66

58
書籍「ミュージアム図鑑」
D―長谷川純雄
C―彰国社
1996

59
警備員ユニフォーム販売会社
D―江口俊也
C―マルワ
1997

60
文化ホール施設
D―新居邦一
C―宮崎市
1996

61
不動産会社
D―塚本明彦
C―ミキランディック
1996

62
電気工事会社
AD―静央アドシステム・杉山享由
D―杉山享由
C―モリ電設
1996

63
損害保険会社
AD―熊倉 茂(明治損害保険)
D―ザ・デザイン・アソシエイツ
A―大日本印刷
C―明治損害保険
1996

64
団体
D―太田 岳
A―電通
C―21世紀のエネルギーを考える会「みえ」
1996

65
テレビ局(衛星放送、CATV)
D―西田佳子
A―CADIX MEDIA LABO
C―モール・オブ・ティーヴィー
1996

66
広域行政業務(5町村)
AD―アワアートデザイン事務所
D―浅野たいこう
C―益田郡・益田広域事務組合(岐阜県)
1996

67
ピアニスト
D—宮坂克己
C—マリ・ミュージック・コーポレイション
1996

68
医学書シリーズ
D—菅谷貞雄
C—HBJ出版局
1997

69
化粧品・健康食品
AD—細川光夫
D—保倉桂太
A—電通ヤングアンドルビカム
C—ナガセビューティケア
1995

70
信用金庫
AD—TCD・神谷利男
D—神谷利男・山内義彦
A—DNP
C—中兵庫信用金庫
1995

71
販売促進用品等販売会社
Producer—竹野孝児
AD—原田 進・ブラクシス
D—佐藤早苗
A—ディー・スクエア
C—日本物産
1995

72
プラントエンジニアリング
D—グラムコ
C—日本プラント
1996

73
不動産会社
AD—中元廣美・平山陽一
D—平山陽一
A—トライ社
C—日本綜合信販
1995

MARI MUSIC
CORPORATION

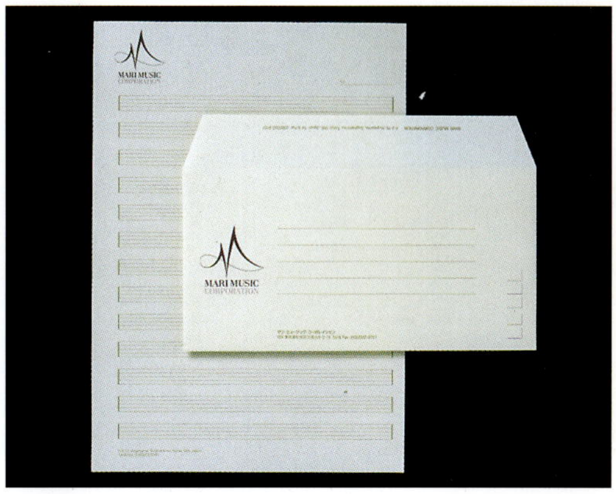

67

Illustrated
Manual
of
Nursing Practice

68

69

70

NIHON
BUSSAN

71

72

73

74

75

76

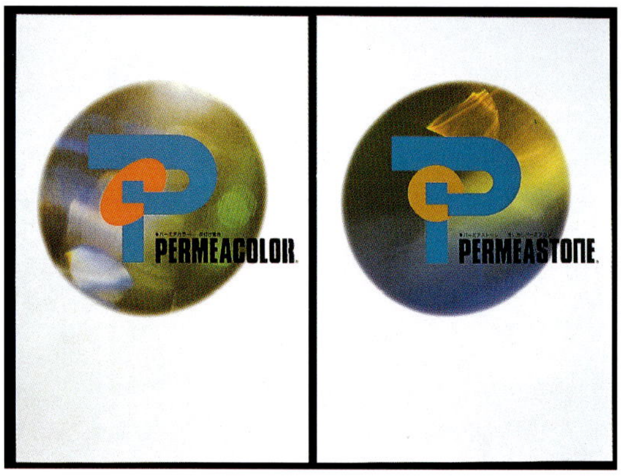

77

78

79

80

81

82

74
製紙会社
D—五十嵐威暢
A—電通
C—王子製紙
1996

75
衛星放送チャンネル
AD—駒井しげる
D—井上由美子
A—イニング
C—ムービーチャンネル
1996

76
土木建材
AD—福島 博
D—市川奈々瀬
C—佐藤道路
1996

77・78
総合物流業
AD—石山俊郎
D—イクス
A—大通
C—ランビック
1995

79
鍛造メーカー
CD—喜多村 誠
AD—山本 敦
D—佐藤ミチオ・龍野正孝
A—トラスト
C—理研鍛造
1997

80
住宅販売会社
D—TCD・神谷利男
C—芦甲住宅販売
1996

81
レコードレーベル
AD—山口至剛
D—柴村毅彦
C—バンダイ・ミュージックエン
タテインメント
1995

82
レスキュー大会
AD—山口槇吾・平山陽一
D—平山陽一
A—トライ社
C—冨吉商事
1996

83
印刷・企画会社
D―檜山 公
C―サンステージ
1996

84
建設会社
Producer―鄭 淑子・金 忠行
AD―原田 進・ブラクシス
D―ブラクシス
A―韓国LCA
C―三豊総合土建
1995

85
鉄鋼メーカー
D―グラムコ
C―SSM(タイ)
1996

86
ハウジング
D―鵜原幸男
A―小野印刷
C―東洋シスコン
1996

87
整形外科医院
D―橋本勝久
C―柴宮整形外科クリニック
1996

88
町制40周年記念
D―深川重一
C―関宮町(兵庫県)
1996

89
エステティックサロン
D―ランドー アソシエイツ
C―スリムビューティーハウス
1997

90
インターネット会社
AD―ソニー・コーポレートデザインセンター
D―尾村匡昭
C―ソニー・コミュニケーション・ネットワーク
1996

SUNSTAGE

83

84

85

86

87

88

89

So-net

90

91

92

93

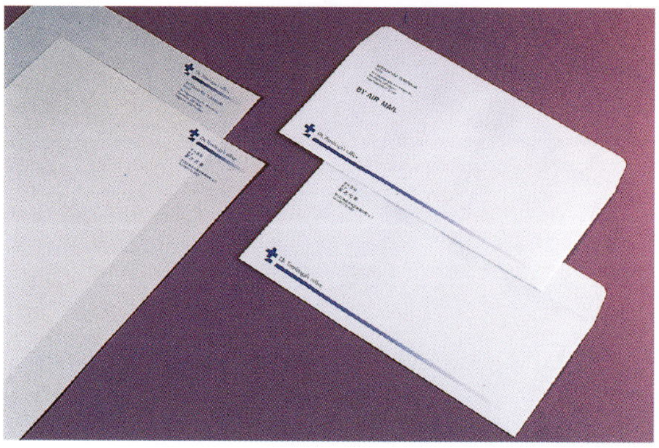

94

95

TNC-TV BLDG

96

97

TŌWA

98

91
総合コンサルタント会社
AD—山口慎吾・平山陽一
D—平山陽一
A—トライ社
C—豊島メック
1996

92
医院
AD—桑山弥三郎・市橋 篤
D—市橋 篤
C—富永光春
1996

93
ハンドバッグのブランド
D—石橋政美
A—オーディエンス
C—イースト ハンドバッグ アソシエーション
1995

94
ボーリング会社
D—小林百合江
A—DKプラン
C—谷口ボーリング工業
1997

95
水処理会社
D—今西眞夫
A—ディレクターズカンパニー
C—タクミナ
1993

96
放送会館
D—平松 暁
A—大広
C—TNC放送会館
1996

97
国民体育大会
D—永井一正
C—富山県2000年国体準備局
1996

98
木工機械会社
D—小林百合江
A—DKプラン
C—藤和機械工業
1997

99
港湾河川土木会社
D—ザ・デザイン・アソシエイツ
A—大日本印刷
C—テトラ
1995

100
自治体
D—新村則人
C—橘町役場(山口県)
1995

101
精密機械製造業
D—ADLAND
C—高知豊中技研
1996

102
農産・物産会社
D—篠原榮太
C—田中農産
1996

103
鉄道会社
D—ガット
C—東葉高速鉄道
1996

104
日本タイポグラフィ協会
D—永井一正
C—日本タイポグラフィ協会
1997

105・106
大学グループ
AD—宮下安弘
D—蓮見智幸
C—帝京大学グループ
1997

TETRA
99

TACHIBANA
oshima-gun
yamaguchi-ken
100

101

102

103

104

105

TEIKYO
106

107

108

WITH HOME

109

110

111

112

YAMAYOU

113

YOKOHAMA
PAINTING
COOPERATIVE

114

107
小学校
D—梅林敬藏
C—京都市教育委員会学校統合
推進室
1995

108
企画制作会社
D—彦根 正
C—ウィズプランニング
1996

109
ハウスメーカー
AD—伊藤久恵
D—宮田裕美詠
C—ウィズホーム
1996

110
公園プロデュース
AD—瀬木康夫
D—伊藤勝一
A—博報堂
C—ザイエンス
1994

111
アメリカンフットボール「Xリーグ」
A—電通
C—日本社会人アメリカンフットボール協会
1996

112
大学
AD—上條喬久
D—菅谷健夫・上條喬久
C—山形県立保険医療短期大学
1997

113
コンビニエンスショップ
AD—リピート
D—角谷和郎
C—ヤマヨウ商店
1996

114
塗装会社組合
AD—ヤマグチ・デザイン研究室
D—山口 勝
A—アスティオン
C—横浜市塗装事業協同組合
1996

115
レストラン
AD—ヤック
D—永島 光
C—すかいらーく
1996

116
地下ショッピングモール
D—熊谷淳一
A—白水社
C—八重洲地下街
1995

117
建築設計事務所
D—儘田能光
C—やない建築設計事務所
1996

118
看板業
AD—野田良治・平山陽一
D—平山陽一
A—シルク工房
C—ゆめ工房
1996

119
医薬品サービス会社
D—町田健二
A—共立プラニング
C—アデックス
1996

120
人材派遣会社
Producer—幸尾裕太・加瀬雄士
AD—原田 進・プラクシス
D—渡辺 聡
A—アソウ・ヒューマニーセンター
C—西広
1996

121
リフォーム会社
D—田上晴夫
C—吾妻リフォーム
1995

122
雑貨店
D—上原 昌
C—クレフィール湖東
1996

123
カラー&ファッションデザイン会社
AD—臼杵 稔
D—岡原秀治
C—カラーオフィスBi
1995

124
信用金庫
AD—広告制作室・文殊
D—宮本重雄
C—筑後信用金庫
1996

115

116

117

118

119

120

121

122

123

124

125

126

127

128

129

130

131

132

125
介護人派遣会社
D—宮坂克己
C—ケアメイト大岡山
1995

126
広告展開のためのシンボルマーク
AD—アルスネットワーク・
林 謙治
D—山本 太
A—明通
C—CS四谷大塚
1995

127
DTP機器の共同利用施設
AD—土橋俊介
D—金城登末子
C—兵庫県デジタル・クリエート工房
1996

128
書籍「できるシリーズ」
D—山岡裕紀
C—インプレス
1997

129
バーチャルアイドル「DK-96」
AD—佐藤哲也・桑原克巳
D—桑原克巳・森 由紀子
A—ニックインターナショナル
C—ホリプロ
1996

130・131
ソフトウエア会社のサービスシンボル
AD—翔泳社
D—大林 誠
C—コーポレイトソフトウエア
1996

132
シンクタンク
AD—原田 進・プラクシス
D—原田 進
C—ドウ・リサーチ研究所
1995

133
教育ソフト・ネットワーク
D—渡邊邦雄
C—ジャパンラーニング
1996

134・135
建設会社
AD—池田武仁
D—斉郷隆喜
C—ホリタ建設
1995

136・137
電話サービス
D—細川光夫
C—インターラクティブセンター
1996

138
パソコンモニター製造販売
AD—Bruce Steinberg
D—ランドー アソシエイツ
C—LGグループ
1995

139
新聞社
D—渡邊邦雄
C—環境緑化新聞社
1996

140
不動産業
AD—池田武仁
D—池田武仁・片岡裕之
C—ラージハウス
1997

141
広告代理店
AD—野田泰司
D—森 秀樹
C—メディア・クロス
1996

142

143

144

145

146

147

148

149

150

151

142
研究所
AD—ソニー・コーポレートデザインセンター
D—尾村匡昭
C—M.I.総合研究所
1997

143
鉄鋼会社
D—グラムコ
C—丸紅ウエストモント(シンガポール)
1995

144
プロデュース会社
D—塚本明彦
C—オフィス・マイ
1995

145
土建会社
D—西村 陸
C—西畑土建
1996

146
木材会社
D—松原邦生
C—日新木材
1997

147
木工会社
D—三浦正昌
A—橘工芸
C—オオタキ クラフト
1995

148
ケーブルテレビ「パークシティー」
D—大林 誠
A—大日本印刷CDC
C—武蔵野三鷹ケーブルテレビ
1995

149
電子メール新聞・Webマガジン「PC Watch」
D—西田佳子
C—インプレス
1996

150・151
コンピュータゲーム会社
AD—翔泳社
D—大林 誠
C—パナソニックワンダーテイメント
1996

152

152
美術館
AD—勝井三雄
D—掛井浩三
C—宇都宮美術館
1997

153
ターミナルビル内ホテル
Producer—竹田 洋
AD—原田 進・プラクシス
D—渡辺 聡
A—ATA
C—小倉ターミナルビル
1996

154
企業プロジェクト
D—丸塚久和
C—May Fair
1997

155
情報会社
D—伊藤みはる
A—ロゴス
C—三愛情報
1997

156
婦人・子供服縫製組合
D—渡邊邦雄
C—東京婦人子供服縫製工業組合
1995

157
パーソナルコンピュータ会社
AD—甚田 勉
D—石田香里・橋本勝彦
A—アーリーバード
C—ビジュアルテクノロジー
1996

158
映像ソフト制作会社
D—山田昌樹
C—SPE・ビジュアルワークス
1997

159
家電・コンピュータ・エンタテインメント複合店舗
AD—翔泳社
D—大林 誠・伴 秀之
C—カスミ家電
1990

160
インターネット事業企画会社
D—河内世紀一
C—Y&Kデザイン研究所
1996

154

153

155

156

157

158

159

160

YOUNG TEIOH
BIWEEKLY COMIC MAGAZINE

161

A L T
Amenity Life Together

162

163

164

165

WonderGOO
GAME, CD & BOOK

166

167

168

169

170

171

172

161
ノベルティーTシャツ
D—児玉 敦
C—ぶんか社
1996

162
廃棄物収集業
D—伊藤久恵
C—アルト
1997

163
コンサルティング会社
D—丸塚久和
A—CASE-LEE
C—AMC
1996

164
デジタルデザイン開発
D—神谷利男・TCD
C—D-コミュニケーション研究所
1996

165
AU-CIM製造管理システム
AD—鱗原晴彦
D—宮坂克己
A—ノーバス
C—東芝
1996

166
ゲーム・CD・雑誌の複合店舗
AD—翔泳社
D—大林 誠・伴 秀之
C—カスミ家電
1996

167〜172
グループ企業
AD—永井一正
D—永井一正・及川 仁
1996

167
C—中外イングス
168
C—中外エレクトロニクス
169
C—中外オプトロニクス
170
C—中外プロダクツ
171
C—シー・エス・シー
172
C—シー・ブイ・シー

173
旅行代理店
D—神保米雄
A—マックジャパン
C—ジャパングレーライン
1996

174
建設会社
D—高橋寿子
C—堀建築工業
1996

175
自動車修理・加工会社
D—IDA
C—アイエムアイ
1996

176
海外通販エキスポ「International Mail-Order EXPO'96」
AD—石川 明
D—安達元保
C—エキスポ・ディレクターズ・ジャパン
1996

177
国際海洋シンポジウム
AD—ディー・エイ・ティ・コーポレーション
D—溝田 明
A—クリエイティブコンベンションセンター
C—日本財団
1997

178
広告企画会社
D—山田正彦
C—ジャック
1996

179
宗教団体ボランティア「黒住教まるごとボランティア」
D—平田 稔
C—黒住教
1995

180
会議「Universal Networking Language」
D—田中一光
C—国連大学
1997

181
デジタルデザイン関連出版社
D—巻波萬里(Design Resource)
C—エムディーエヌ
1997

173

174

175

176

177

178

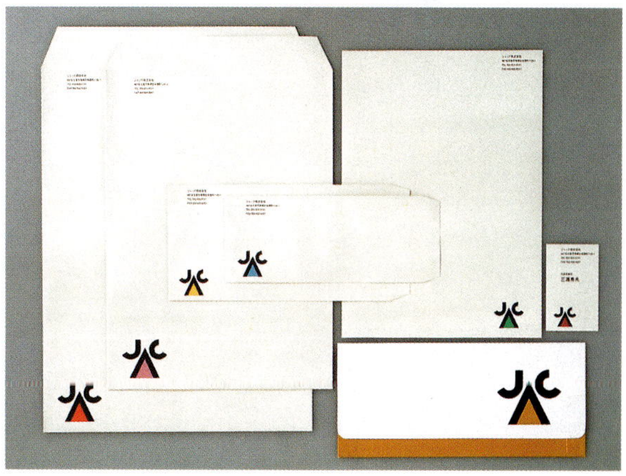

179

180

181

182

183

184

185

186

187

188

189

190

191

192

182
マイクロドライブプリンター
D—アルプス電気
C—アルプス電気
1995

183
コンピューターソフト
D—鵜原幸男
C—リードコンピューター
1996

184
サンセットマリーナ事業
D—塚本明彦
C—長崎サンセットマリーナ
1995

185
デザイン団体
D—内堀法孝
A—セイコーエプソン・デザイン
センター
C—信州デザイナーズユニオン
1996

186・187・188
テレビ番組のタイトル
D—竹智こずえ
C—テレビ神奈川
1995

189
運送会社
D—林 孝憲
A—ボス
C—池畑運送
1997

190
ギャラリー「モリサワ・タイポグラフィ・スペース」
D—田中一光
C—モリサワ
1996

191
建築企画会社
D—森 秀樹
C—タナカ建築企画
1996

192
医療連絡委員会
D—桑山弥三郎
C—東京西医療機関連絡委員会
1996

193
ニットファッションビジネスアカデミー
D—渡邊邦雄
C—東京ニットファッション振興協会
1996

194
衛星放送「学びChannel」
AD—大嶽一省(リクルート)
D—坂元良弘
C—リクルート
1997

195
旅行代理店のキャンペーン
AD—山口弘人・平山陽一
D—平山陽一
A—トライ社
C—アーバントラベルビューロー
1996

196
会計事務所
AD—小出信子
D—岩井正雄
C—小出会計事務所
1996

197
地域開発
D—太田徹也
A—横浜市都市開発局
C—横浜市都市開発局ヨコハマポートサイド開発
1992

198
国際照明総合展
D—儘田能光
A—日本経済新聞社
C—日本照明器具工業会
1995

199
第6回岩手自然体験教室
D—新村則人
A—I&S
C—西友
1996

200
福岡デザインリーグ
D—平松 暁
A—PART II
C—福岡デザインリーグ実行委員会
1996

201
キャンペーン
D—石井達吉
C—国際電信電話
1996

193

194

195

196

197

198

199

200

201

202

203

204

BONJOUR
VINGT-ANS
20
おかげさまで20周年

205

Emiko Shiratori Collection

206

25

207

ENERGY of
21st
CENTURY

208

25
AMNESTY
INTERNATIONAL

209

25

210

202・203・204
愛の会サークル活動(第12〜14回)
AD—玉本一穂
D—小代田文男
C—新生舎
1995〜97

205
地下街20周年
Producer—宮川宣久
AD—原田 進・プラクシス
D—田中茂壽
A—電通九州
C—天神地下街
1995

206
CDタイトル
AD—竹智 淳・竹智こずえ
D—竹智 淳
C—キングレコード
1996

207
デパートの25周年
D—中山泰次郎
A—スタヂオユニ
C—吉祥寺伊勢丹
1996

208
PR誌「ガスエポック」
AD—大久保敏幸
D—田代保友・徳野なおみ
A—N.I.S、パンセインターナショナル
C—日本ガス協会
1996

209
団体結成25周年
D—和田 誠
C—アムネスティ・インターナショナル日本支部
1995

210
航空会社の25周年
AD—石川 明
D—安達元保
A—コミー・インターナショナル
C—日本エアシステム
1996

211
青年会議所30周年
AD—はんどれい
D—高橋 務・渡会 薫
C—酒田・鶴岡青年会議所
1996

212
赤川放水路通水60周年
AD—はんどれい
D—高橋 務・渡会 薫
C—建設省東北地方建設局酒田
　工事事務所
1996

213
全労済・長野県本部の40周年
D—町田健二
A—ノーサイド
C—全労済
1996

214
自治体の40周年
D—平山陽一
C—宮之城町役場企画課
　(鹿児島県)
1995

215
劇団60周年
AD—太田克己
D—太田克己・梶谷砂里
C—劇団文学座
1997

216
70周年記念
D—ザ・デザイン・アソシエイツ
A—富士アドシステム
C—シナネン
1996

217
新聞創刊125年
D—永井一正
C—毎日新聞社
1996

218
スポーツ用品店100周年
AD—井上 守
D—冨澤 保
A—電通
C—ミナミスポーツ
1996

219
病院
AD—平井安男
D—藤澤俊行
A—メシオ
C—樹クリニック
1995

211

212

213

214

215

216

217

218

219

220

221

223

222

224

225

226

227

228

229

220
観光キャンペーン
D—渡嘉敷徳男
A—デザインルーム渡嘉敷
C—宇佐両院地域(大分県)
1996

221
自治体
AD—柿崎長悦
D—中山泰次郎
A—ぎょうせい総合研究所
C—久賀町(山口県)
1995

222
美術館
D—田中一光
C—茨城県天心記念五浦美術館
1997

223
ゴム製造
D—TCD
A—電通
C—十川ゴム
1995

224
建築材料販売業
AD—はんどれい
D—さとう れいこ
C—山形総販
1996

225
病院
AD—平井安男
D—藤澤俊行
A—東芝メディカル、メシオ
C—加藤医院
1997

226
シルクスクリーン会社
D—村田 満
C—市原プロセス
1997

227
文化団体連合会
D—木島芳一
C—市原市文化団体連合会
1996

228
住宅販売会社
AD—mega
D—溝端秀章
C—三洋匠ホーム
1995

229
展覧会
AD—奥村昭夫
D—上野光生
C—東京製紙
1996

230
不動産業
AD—はんどれい
D—さとう れいこ
C—住まい工房
1995

231
佐賀県指定伝統的地場産品
D—竹中俊裕
C—佐賀県
1995

232
小学校
D—梅林敬藏
C—京都市立西陣中央小学校
1996

233
葬祭チェーン店
AD—西岡譲二
D—藤野真弘
A—新広社
C—五大
1996

234
商工会議所の100周年
D—忠本孝示
C—水戸商工会議所
1995

235
財団
D—深川重一
C—長岡市米百俵財団
1996

236
エステ新聞タイトル
D—葛城加代
C—ビューティースタジオ
1995

237
総合商社
CD—ジャン・ルイ・キンドラー
D—末広峰治
C—八三二
1995

238
鮮魚問屋ショップ
AD—鈴木聡太郎
D—三浦 敏
A—仙台放送エンタープライズ
C—港魚類
1996

239
展示会のためのグラフィック
AD—立元伸之
D—宮坂克己
C—フジヤ
1996

230

231

232

233

234

235

236

237

238

239

240

241

242

243

244

245

246

247

248

249

240
中国家庭料理店
D—坂 雅子
C—希須林
1996

241
カラーコーディネーター
AD—降幡 恵
D—宮坂克己
C—カラースタジオクリップ
1996

242
ディスプレイ用品会社
D—松重正博(KIRAKIRA)
C—ツールボックス
1996

243
コンピューターソフトウェア開発会社
D—宮坂克己
C—ウィズ・ハート
1995

244
旅行キャンペーン
D—丸塚久和
A—JIC
C—JTB
1996

245
企画会社
CD—田中 聖
D—末広峰治
C—フリーポート
1996

246
新聞のペーパーリサイクリング
AD—石山俊郎
D—イクス
A—プランズフォー
C—朝日新聞東京本社(販売局)・朝日興発
1996

247
眼科病院
AD—平井安男
D—加藤大士
A—中薬・メシオ
C—橋本眼科
1997

248
生活用品ブランド「眠りの王国」
D—板倉忠則
A—コムプライム
C—資生堂
1996

249
PR誌記事シンボル
D—工藤強勝
C—龍生華道会
1997

250
公共施設
D—松永 真
C—シトラスパーク瀬戸田
1997

251
太陽光発電普及推進協会
AD—浅井仁志
D—上杉浩史
A—桑原企画・協和広告
C—太陽光発電普及推進協会
1996

252
ネットワークサービス会社の部門名
AD—小垰伸一
D—大川栄司
A—ハイテクノロジー・コミュニケーションズ
C—ケイネット
1997

253
茶店舗
AD—真田 彬
D—真田 彬・原 彰彦
C—筑邦製茶
1996

254
化粧品「スマイルビューティ」
AD—杉崎真之助
D—杉崎真之助・奥野千明
C—ノグラン
1996

255
会報誌
D—勝井三雄
C—地域研究企画交流センター
1995

256
設計事務所
AD—菅原耕治
D—仲嶋純也
C—松木設計
1995

257
PR誌
AD—大久保敏幸
D—田代保友・徳野なおみ
A—N.I.S、パンセインターナショナル
C—日本ガス協会
1996

258
機械製造会社
AD—前河彦栄・渡辺幸夫
D—渡辺幸夫
A—東京アートフォーラム
C—光陽産業
1995

250

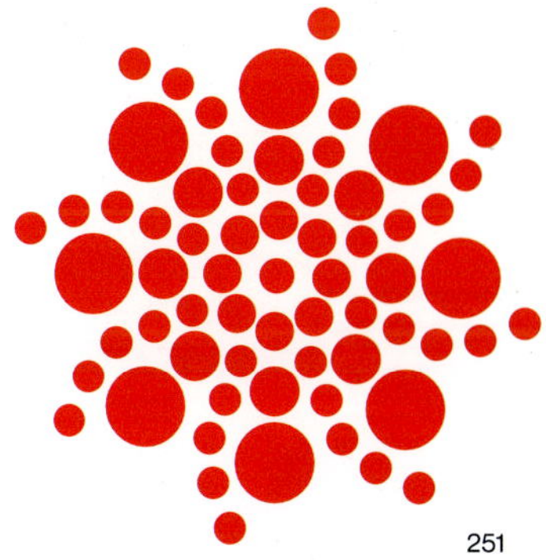

251

252

253

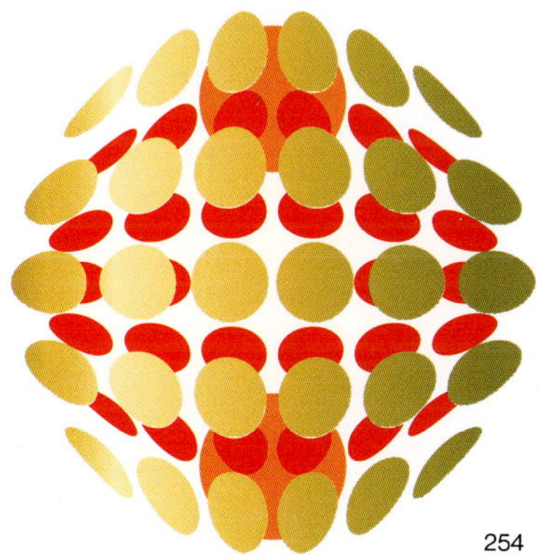

254

255

256

257

258

259

260

261

262

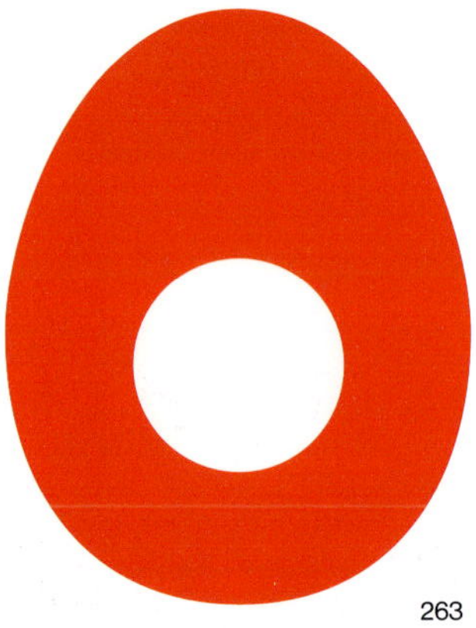

263

264

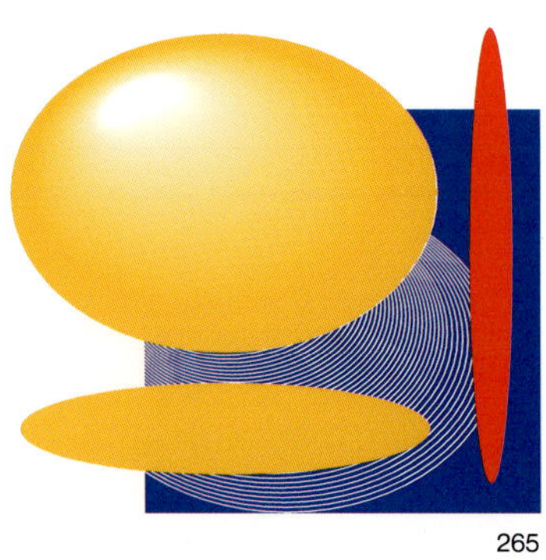

265

259
分譲住宅「サンシティ」
D—土屋昌義
A—インターブレインズ
C—サントピアホーム
1996

260
拠点都市地域
D—永石繁信
C—水戸地方拠点都市地域協議会
1995

261
印刷会社
D—吉田たろう
A—おばけ箱
C—大円
1996

262
バレーボール大会
AD—ハートクリエイション
D—大場節男
C—小林杯
1995

263
公共施設
D—松永 真
C—愛知県児童総合センター
1996

264
観光キャンペーン
D—平松 暁
A—PART II
C—福岡観光コンベンションビューロー
1996

265
セミナー
D—梅本正稔
C—サラヤ
1997

266
基礎化粧品
D—窪田仁志
C—ファンケル化粧品
1996

267
ネイルアート
D—伊藤マリコ
C—ケアーズ
1996

268
カラープリンタ
AD—パンデコングラフィックス・川本直人
D—川本直人・原子尚之
C—富士通
1996

269
工業振興協会
D—山岸 栄
C—世田谷工業振興協会
1995

270
自治体・商工会議所
AD—馬場雄二
D—宮島 巖
C—上田市・上田商工会議所
1997

271
ハガキ専門印刷工場
D—早川晋二
A—中野スタジオ
C—エムシースクエア
1995

272
ガス会社
D—宮島 巖
C—川越ガス
1996

273
訴訟団
AD—奥村昭夫
D—梶原恵美
C—チッソ水俣病関西訴訟団
1996

274
通信ネットワーク
AD—古川彰敏
D—竹内則明
A—電通
C—日本電信電話
1996

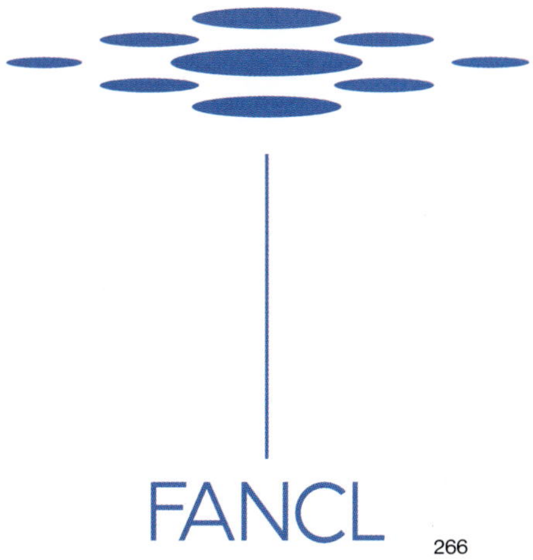

266

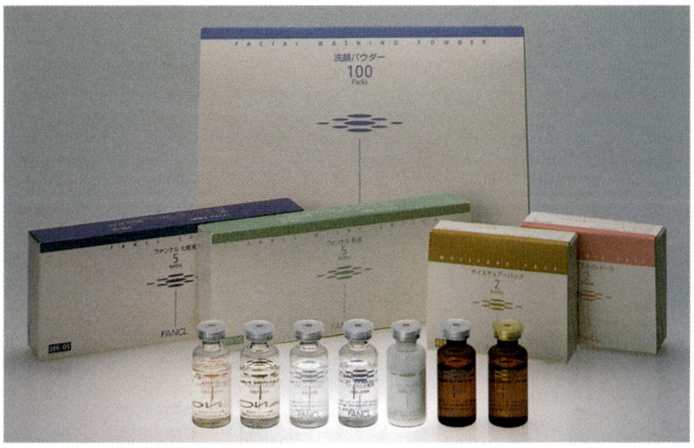

267

268

269

270

271

272

273

274

275

276

277

278

279

280

281

282

283

284

275
通信事業キャンペーン
D―吉永三恵
A―電通
C―NTT
1995

276
フォトスタジオ
AD―studio GNOSIS
D―村瀬善美
C―フォトスタジオ コスモ
1996

277
国際シンポジウム
D―杉崎真之助
C―国際サイエンスシティシンポジウム
1995

278
「'96国際やきもの産地サミットinさが」
D―山田 彰・澤田明宏
A―インターグループ
C―佐賀県
1996

279
パソコン関連出版社
D―岡田志乃助(PAGE FIELD INC.)
C―インプレス
1992

280
通信機器部品メーカー
D―石川 明
A―ゼスタ
C―二幸電気工業
1995

281
飲食業
AD―はんどれい
D―さとう れいこ
C―喜竜
1995

282
パチンコ店
AD―河合恭誌
D―渡辺正幸
C―マルハンコーポレーション
1995

283
国際シンポジウム
D―神保米雄
A―日誠・マックジャパン
C―東京都精神医学総合研究所
1997

284
火災保険会社
Producer―鄭 淑子・金 忠行
AD―原田 進・ブラクシス
D―渡辺 聡
A―韓国LCA
C―国際火災
1996

285
眼科医院
AD—平井安男
D—加藤大士・平井安男
A—中薬・メシオ
C—奥田眼科
1995

286
医療組合
Producer—鄭 淑子・金 忠行
AD—原田 進・プラクシス
D—大橋一毅
A—韓国LCA
C—金星グループ
1994

287
小学校
D—平松 暁
A—PART II
C—福岡市立三苫小学校
1997

288
スキー場
AD—パンデコングラフィックス・川本直人
D—喜多圭介・川本直人
A—エイムクリエイツ
C—開田高原開発
1996

289
自治体
AD—柿崎長悦
D—中山泰次郎
A—地域イメージ研究所
C—津島町(愛媛県)
1996

290
生命保険会社
AD—星 将夫
D—稲葉弘是
A—サンケイ広告社
C—神山総合企画
1995

291
美容形成外科
D—中島祐二
A—ミルズコーポレーション
C—アイクリニック
1995

292
レジャー施設「ディスカバリーパーク焼津」
D—深川重一
C—焼津市(静岡県)
1995

293
金剛生駒紀泉国定公園
D—田原嗣晴
C—大阪府・奈良県・和歌山県
1997

285

286

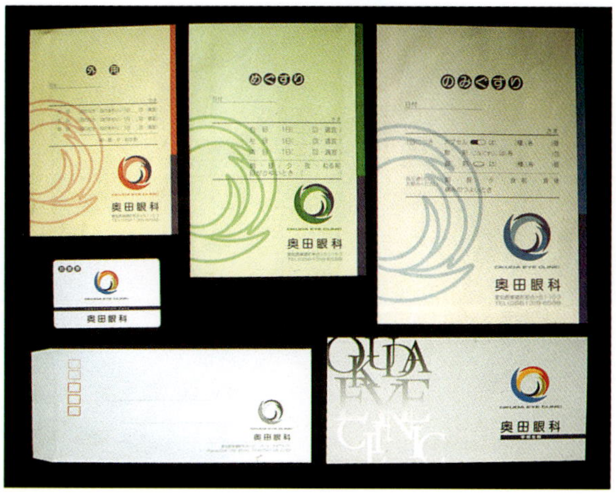

287

289

MIA
KAIDA KOGEN
288

290

291

292

293

294

295

296

297

298

299

301

300

294
回転寿司店
AD—石山俊郎
D—イクス
A—コーポレートデザインリンケージ
C—平禄
1995

295
自治体
D—永石繁信
C—菊間町(愛媛県)
1997

296
ゴルフ場
D—伊藤勝一
A—トルク94
C—日東興業
1996

297
銀行
D—松永 真
C—東京三菱銀行
1996

298
企画会社
AD—ヤック
D—永島 光
C—メビウス
1996

299
発明会社
D—塚本明彦
C—ヨーイー研究所
1996

300
商事会社のブランド
CD—喜多村 誠
AD—滝沢計久
D—井上 進・石沢智恵子
A—トラスト
C—トム商会
1997

301
大学医学部
D—杉崎真之助
C—大阪大学医学部
1995

302
サミット
D―万膳 寛
C―埼玉県・埼玉デザイン協議会
1995

303・304・305
カー用品&メンテナンスショップ
AD―古村 理
D―丸塚久和
A―南北社
C―タクティー
1996

306
カタログのキャラクター(キヤノンテクノロジーハイライト)
AD―翔泳社
D―大林 誠
C―キヤノン
1996

307
展示会のためのグラフィック
D―宮坂克己
A―昭栄美術
1996

308
ソフトウェア会社
AD―TCD
D―松田 徹・TCD
A―兵田印刷工芸
C―ソフトキューブ
1997

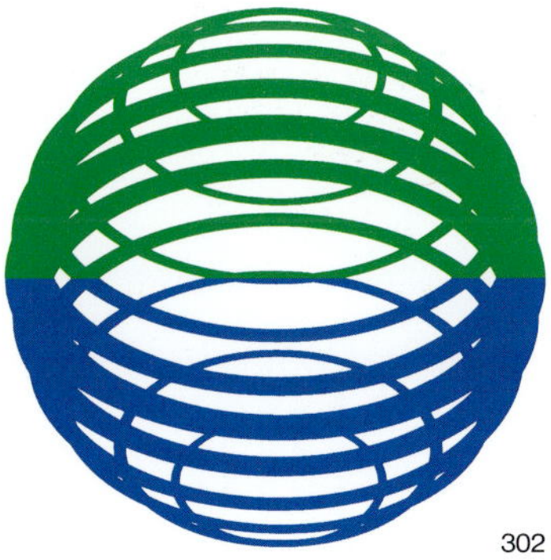

302

303

304

305

306

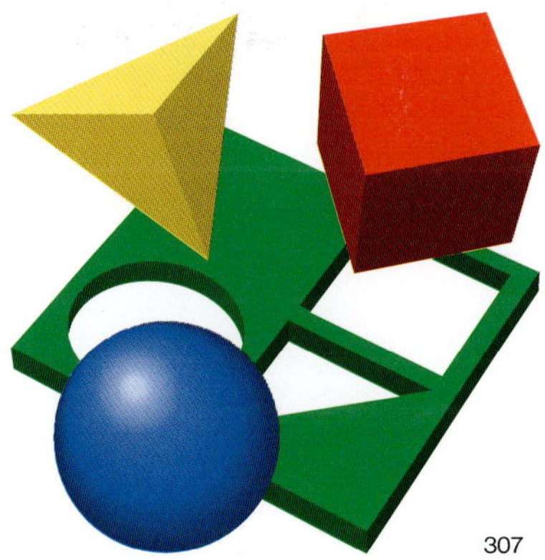

307

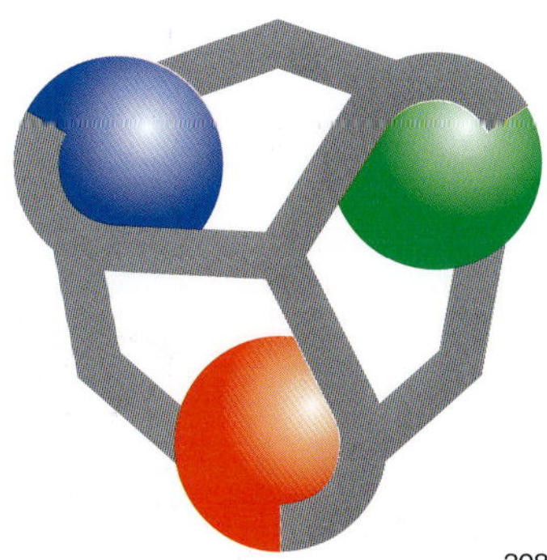

308

309
食品総合卸会社
D—IDA
C—サンプラス
1996

310
リサイクル会社
D—下東英夫
A—三陽社印刷所
C—阪南産業
1995

311
物流ブランド
AD—石山俊郎
D—イクス
A—電通パブリックリレーションズ
C—アルプス物流
1995

312・313
空港公団
Producer—古川彰敏(電通)
AD—細川光夫
D—小沼孝至
A—電通
C—新東京国際空港公団
1996

314
総合レストラン業
AD—石山俊郎
D—イクス
A—コーポレートデザインリンケージ
C—第一フードサービス
1995

315
自治体
D—松永 真
C—河口湖町(山梨県)
1996

316
リゾートマンション
D—勝井三雄
C—熱海パサニア
1996

317
金型製造会社商品
D—山下浩一
C—和弘産業
1995

318
建設会社
AD—アラン事務所
D—広瀬忠司
C—今西組
1995

319
軟包装材(スーパーカット)
AD—森井克也
D—岩本禎雄
C—大和グラビヤ
1996

320
市民ギャラリー
AD—中川憲造
D—中川憲造・森上 暁・印田裕之
C—横浜市民ギャラリー
1996

321
建築デザイン事務所
D—IDA
C—田中デザイン・創作の室
1996

322
建設会社
Producer—鄭 淑子・金 忠行
AD—原田 進・ブラクシス
D—金田進哉
A—韓国LCA
C—中明建設
1995

323
公共団体
AD—宮坂邦昭・石川 明
D—田村 至・安達元保
A—電通
C—地域情報会議
1996

324
3色カラー液晶
AD—茂村 篤
D—宮坂克己
C—カシオ計算機
1996

325
コンサルティング会社
D—太田雄一
C—菱研
1997

326
大学
D—ザ・デザイン・アソシエイツ
A—栄美通信
C—横浜商科大学
1996

327
調理機器製造販売会社
AD—寺沢 徹
D—松嶋史枝
C—大道産業
1996

CUT

319

320

321

JUNG MYUNG

322

323

324

YOKOHAMA COLLEGE OF COMMERCE

326

325

OHMICHI

327

328

329

330

331

332

333

334

335

336

337

338

328・329・330
学校
D—ザ・デザイン・アソシエイツ
A—栄美通信
C—旭学園

328
C—学校法人旭学園
329
C—佐賀女子短期大学
330
C—佐賀女子高等学校
1997

331
CDレーベル
AD—永石 勝
D—永石 勝・隆 俊作
C—BMG Victor
1995

332
全国美容週間
AD—石川 明
D—安達元保
A—電通
C—全国美容週間実行委員会
1996

333
地方団体
D—中野仁人
C—日本海沿岸地帯振興連盟
1996

334
書籍「スポーツトレーナーマニュアル」
D—金井幸治
C—南江堂
1996

335
情報産業会社
D—神保米雄
A—マックジャパン
C—クロスワールド
1996

336
情報システム名
AD—ソニー・コーポレートデザインセンター
D—守屋里美
C—ソニー
1996

337
農業・農村むらぐるみ発展運動
D—永石繁信
C—佐賀県・佐賀県経済連
1996

338
新聞社販売部の販促キャンペーン
AD—石山俊郎
D—イクス
A—ブランズフォー
C—朝日新聞社(販売部)
1996

339
総合レストラン業
AD—石山俊郎
D—イクス
A—コーポレートデザインリンケージ
C—大和フーヅ
1996

340
印刷会社
AD—ハートクリエイション
D—大場節男
C—幡谷印刷
1995

341
中華料理店
D—ADLAND
C—川崎
1997

342
駅ビル(京王線府中駅)
D—笠井 登
A—京王エージェンシー
C—京王帝都電鉄
1996

343
ヘルスケア・フード
AD—高村達夫・タマリンド
D—横澤寛之
C—コーセル
1996

344
不動産(ユニット型賃貸物流サポート)
D—IDA
C—中部運輸
1996

345
商事会社のブランド
CD—喜多村 誠
AD—滝沢計久
D—井上 進・石沢智恵子
A—トラスト
C—トム商会
1997

346
衣料品のブランド
D—倉島智子
A—ジュリアン
C—JUN
1995

347
宿泊施設(コテージ)
AD—川端敏夫
D—神谷利男・TCD
A—大阪読売広告社
C—シーガイアグループ
1995

339

340

341

342

343

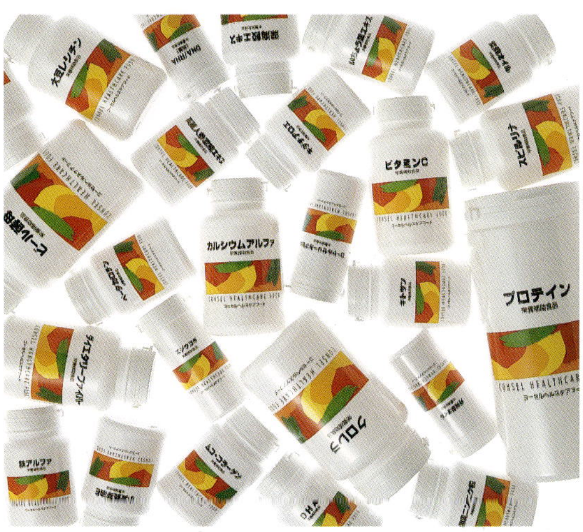

344

345

346

347

348

349

350

351

352

353

354

355

356

348
小学校
D—梅林敬藏
C—京都市教育委員会学校統合推進室・京都市立二条城北小学校
1996

349
化粧品のブランドマーク
AD—廣 哲夫
D—渋谷克彦
C—アユーララボラトリーズ
1995

350
保育園
D—高羽賢一
C—白百合保育園
1996

351
飲食店
AD—マザーシップデザイン研究所
D—阿部芳一
A—協同広告社
C—ハイエスト・レイカ
1996

352
フラワーギフトキャンペーン
AD—溝田 明
D—千葉直樹
A—新光美術
C—LAWSON
1996

353
老人ホーム「やすらぎの家」
AD—武友正修
D—武友朋子
C-尾道医師会
1997

354
自然保護団体
D—和田 誠
C—WWF日本委員会
1995

355
化粧品・健康食品メーカー
AD—ヤマグチ・デザイン研究室
D—山口 勝
C—王子食品
1996

356
文化施設運営会社
AD—中川憲造
D—中川憲造・延山博保・印田裕之
C—文化環境研究所
1995

357
デンタルクリニック
AD—神谷利男・TCD
D—岡 久夫・TCD
C—白石歯科医院
1996

358
喫茶店
D—クリエイターズ・キゥイ
C—レトロカフェもも屋
1997

359
コンピュータスクール
D—松永 真
C—金沢国際デザイン研究所
1996

360
自動車教習所
D—吉川秀太郎
C—苅安賀自動車学校
1995

361
食品会社
AD—松永 真
D—松永 真・正木賢一
C—ホクレン農業協同組合
1997

362
コンピュータソフト会社のエンターテイメント部門グループ
AD—近藤義明
D—大友ツカサ
Typographer—増渕育夫
I—空山 基
C—アスキー
1995

363
賞
D—和田 誠
C—自治省消防庁
1997

364
カッティングシート
AD—中川憲造
D—中川憲造・延山博保・印田裕之
C—中川ケミカル
1995

365
航空機
D—和田 誠
C—琉球エアーコミューター
1997

357

358

359

360

361

362

363

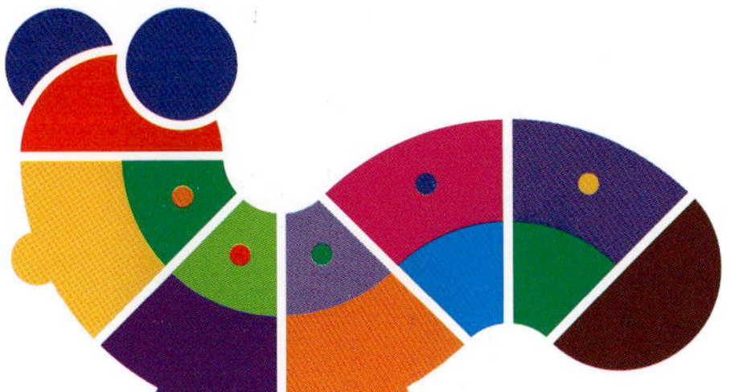
364

365

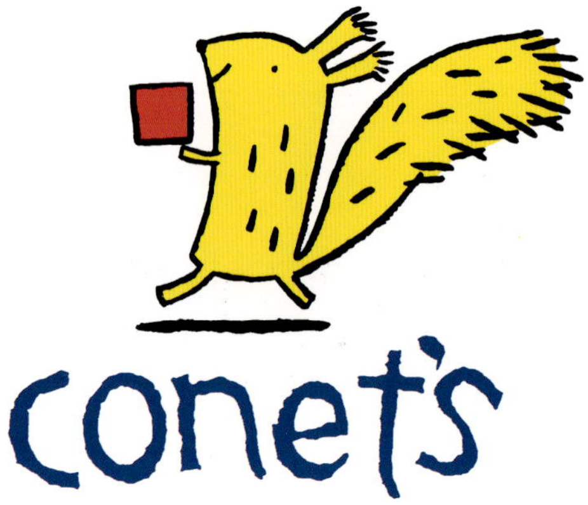

366

367

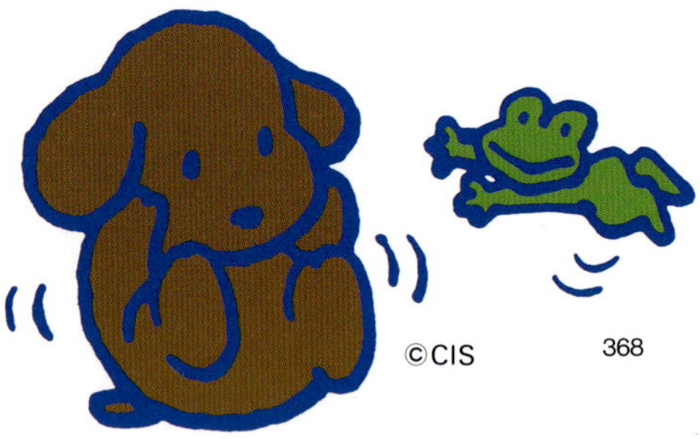

368

369

370

371

372

373

374

366
会員制宅配サービス
AD—レキップ・保坂和央
D—秦高史郎
C—ユナイト
1996

367
ポストカード
AD—小川 紘
D—江村信一・CIS
C—アイ・コーポレーション
1996

368
キャラクターアイテム
D—江村信一・CIS
C—セント・エヴァンス
1996

369
キャラクターアイテム
D—江村信一・CIS
C—タータン
1996

370
キャラクターアイテム
D—江村信一・CIS
C—セント・エヴァンス
1996

371・372
カーディーラー
CD—喜多村 誠
AD—滝沢計久
D—酒井智夏・龍野正孝
A—トラスト
C—群馬トヨタ自動車
1996

373
運送業
D—吉楽浩志
A—トリムライン旭川
C—青帽北海道軽運送事業協同組合
1996

374
リフォーム会社
D—吉楽浩志
A—トリムライン・ジャパン
C—小山技建
1996

375
コンピュータのテクニカルサポート
AD—西島雅幸
D—竹中俊裕
C—ニュートン
1996

376
町のイメージキャラクター
D—筒井 孝
C—奈良尾町(長崎県)
1996

377
フランス料理店
AD—パシオ
D—伊藤マリコ
A—a&T
C—ら・ぴえにゅ
1995

378
あなご料理
AD—パシオ
D—伊藤マリコ
A—a&T
C—あなごや吉五郎
1996

379
衛星放送局のキャンペーン
AD—芝崎隆哉・内藤正比呂
D—内藤正比呂
A—電通
C—WOWOW
1997

380
ホテルのキャラクター「ろんちゃん」
D—小林百合江
A—DKプラン
C—ホテル サンセットプラザはぼろ
1995

381〜385
銀行のマスコット
AD—江村信一・CIS・伊藤政芳
D—実川克宏・江村信一・須田陽子
C—ろうきん
1995

375

376

377

378

379

380

381

382

383

384

385

386

387

388

389

390

391

392

393

386
ベビー用品ブランド
AD—大阪宣伝研究所・阪田昌弘
D—大阪宣伝研究所・中谷佳世・
仁賀木恵子
C—ジェクス・チュチュベビー
1996

387
キャラクターアイテム
D—江村信一・CIS
C—タータン
1995

388・389
スポーツ少年団
AD—はんどれい
D—渡会 薫
C—三瀬サッカースポーツ少
年団
1995

390
折込広告協同組合
D—矢笘野義之
A—デザイン・ピークス
C—ドリコ
1996

391
企業グループ
AD—mega
D—溝端秀章
C—岩本石油
1995

392
オートキャンプ場
AD—はんどれい
D—渡会 薫
C—朝日村・月山あさひオートキ
ャンプ場
1996

393
ライブハウス「フイフティーズ」
D—新津達裕
A—CHECKMAN
C—倉田ヒデキ
1996

394

395

394
政党
D—富樫茂美
C—新社会党
1996

395
第14回全国都市緑化フェア「グリーンフェスタ ひろしま'97」
D—岡本 貢
C—広島市
1996

396
病院
AD—勝井三雄
D—白尾隆太郎
C—本多病院
1996

397
アーティスト
AD—鈴木善博
D—ピーパイスタジオ
C—ソニー・ミュージックエンタテイメント
1995

398
靴下ブランド新開発
AD—木村郁也
D—木村郁也・井村文雄
C—兵庫県靴下工業組合
1997

399
福祉協会
D—尾崎秋夫
C—田原福祉協議会
1996

400
商店街
AD—平田 博
D—伊藤勝一
A—セーラー広告社
C—片平町西部商店街振興会
1995

396

MOROOKA

397

AMINGO

398

399

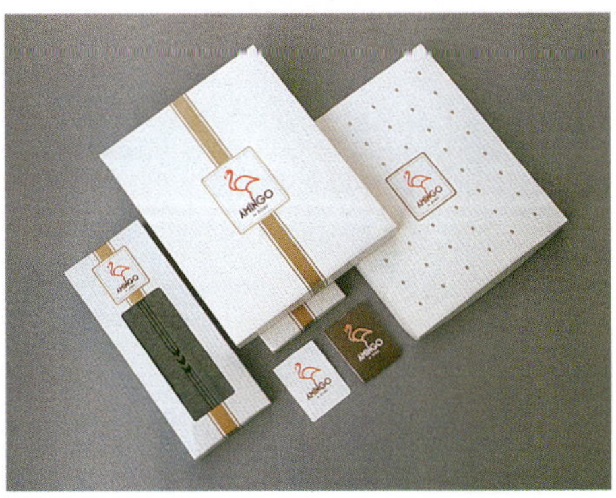

400

401

402

403

404

405

406

407

408

401
デザインサービス業
D—松永 真
C—国際デザインセンター
1996

402
レジャー施設「ふれあいランド」
D—大野好弘
C—JA大垣
1996

403
環境保護キャンペーンシンボル
AD—上原 晃・真田 彬
D—真田 彬
A—スタッフ
C—真田 彬
1996

404
国際帆船レース
「SAIL OSAKA '97」
D—小島貞彦
C—大阪市港湾局
1995

405
国民の祝日「海の日」
Adviser—福田繁雄
D—豊増秀男
C—日本海事広報協会
1996

406
シューズのブランドマーク
Producer—山本正典
AD—原田 進・ブラクシス
D—渡辺 聡
A—飯倉総合研究所
C—ブリヂストン
1995

407
保税地区開発
AD—コミュニケーション・デザイニング
D—ザ・デザイン・アソシエイツ
A—電通
C—かわさきファズ
1995

408
倶楽部
AD—中川健二
A—NTTメディアスコープ
C—NTT
1996

409
自動車会社のキャンペーン
AD—副田高行
D—田中友朋・長谷川敬二
A—電通
C—トヨタ自動車
1997

410
CDジャケット
AD—山口至剛
D—柴村毅彦
C—バンダイ・ミュージックエン
タテインメント
1996

411
専門学校
D—寺林公美子
C—富山国際職藝学院
1995

412
平成7年国勢調査
D—永石繁信
C—総務庁統計局
1995

413
左官業協同組合
D—村田 満
A—アクティブ・デザイン
C—熊本市左官協同組合(コテッ
クス・クマモト)
1997

414
展覧会・講演会
AD—真田 彬
D—原 彰彦
C—アクロス福岡
1996

415
建築資材商品のキャラクター
D—寺沢 徹
C—米山鉄工所
1996

416
カーテン専門店
D—矢笛野義之
A—デザイン・ピークス
C—リビング・ポーズ
1995

417
食器用洗剤
D—斎藤正己
C—サラヤ
1995

409

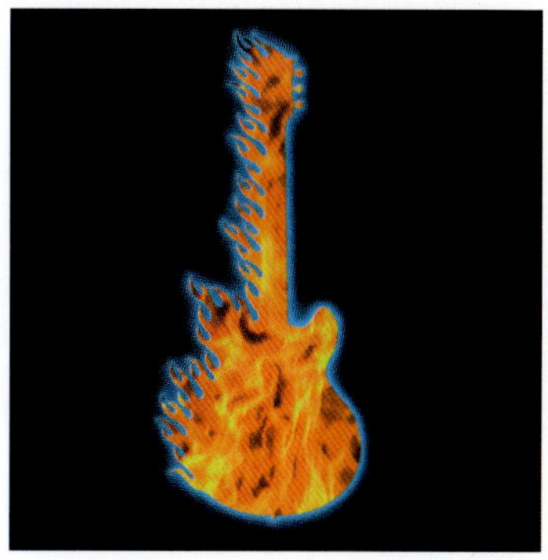
410

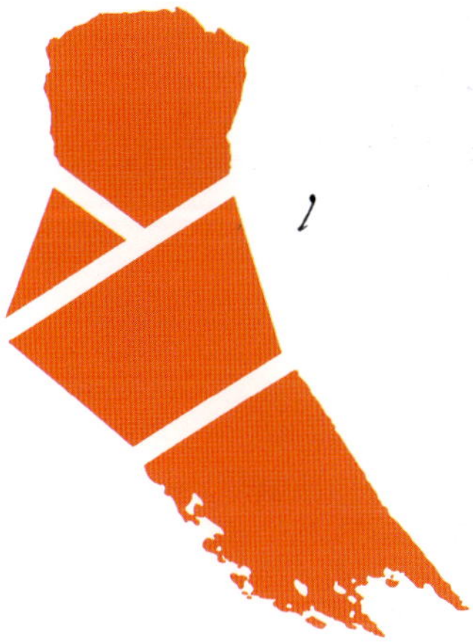
411

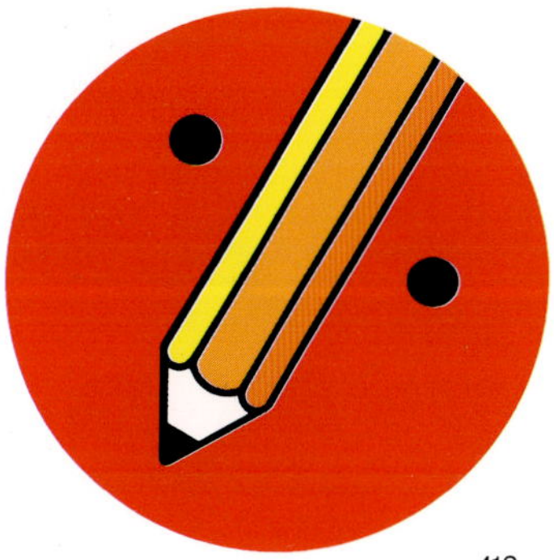
412

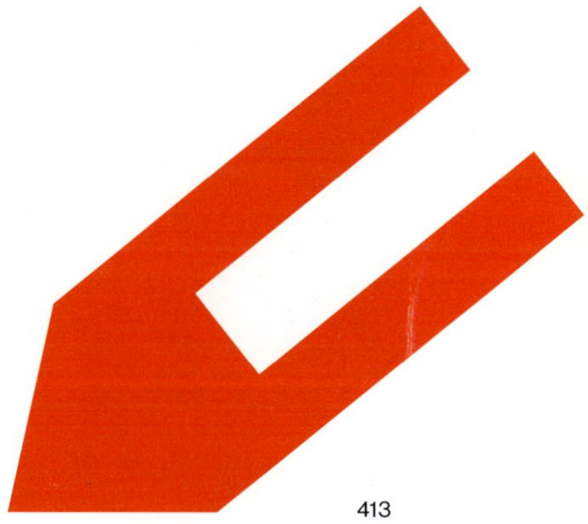
413

414

415

416

417

418

419

420

421

422

423

424

425

426

418
地ビールレストラン
AD—神谷典夫・青島宏至・神谷すみ子
D—一戸健一・大野拓夫
A—アクティブ・コミュニケーション・チーム
C—マイン・シュロス
1996

419
大学のメッセージシンボル
D—ザ・デザイン・アソシエイツ
A—電通PR
C—立教大学
1996

420
観光キャンペーン
AD—飛岡正宏
D—ザ・デザイン・アソシエイツ
A—電通
C—ミャンマー観光局
1996

421
書籍(ハニワ遺跡)
D—小川隆久
C—高槻市教育委員会・埋蔵文化財調査センター
1995

422・423・424
スポーツリゾート施設
Producer—志水 安・戸島義成
AD—原田 進・プラクシス
D—野上 豪・井村智枝
A—西広
C—ニューグリーンステイくじゅう
1996

425
レスキュー大会
AD—山口慎吾・平山陽一
D—平山陽一
A—トライ社
C—冨吉商事
1996

426
フーズ&バー
AD—パシオ・足立 隆
D—澤井真治・足立 隆
A—a&T
C—赤道食訪
1996

427
第48回全国植樹祭
D—忠本孝示
C—宮城県
1995

428
自治体
D—竹原良治
C—西伯町
1995

429
小学校・幼稚園
D—平松 暁
A—PART II
C—富士見小学校・富士見幼稚園
(東京)
1997

430
FM放送局
D—大貫卓也
C—横浜エフエム放送
1996

431
消防45周年
AD—リピート
D—角谷和郎
C—青森県消防協会
1995

432
農業協同組合
AD—岡田一雄・TCD
D—松田 徹・戴 平・TCD
A—大広
C—JAいずも
1996

433
コンタクトレンズ販売店
AD—弓制作室・中武 弓
D—クリエイティブオフィスゼーラ、フルカワ・サダハル
C—星井コンタクトレンズ
1995

434
村おこし(遊・湯・星の村・大塔)
AD—山本 登
D—鈴木章人
A—メディアアート
C—大塔村役場(奈良県)
1996

427

428

FUJIMI

429

430

431

432

遊・湯・星の村
YU TOU SEI

433

434

435

436

437

438

439

440

441

442

435
日本料理店
D—田中一光
C—青柳
1996

436
精神科診療所
D—神津宏昭
C—月照庵クリニック
1996

437
観光ホテル
D—渡嘉敷徳男
A—デザインルーム渡嘉敷
C—ホテルサン沖縄
1996

438
保険代理店
D—柏田賀久
A—藤屋写真印刷
C—日向保険サービス
1995

439
公益団体
D—大友和貴
C—東京八王子プロバスクラブ
1996

440
旅行会社
D—丸塚久和
A—JIC
C—JTB
1995

441
レコード会社
D—和田 誠
C—バジ・レコード
1996

442
環境保全活動マーク
D—山田洋勝
C—岐阜県
1995

443
衛生組合
AD—石田 隆
D—石田 隆・石川和市
C—稲沢市他2町衛生組合
(愛知県)
1995

444
'97年国際照明総合展
D—儘田能光
A—日本経済新聞社
C—日本照明器具工業会
1996

445
博物館・公共施設
D—松永 真
C—大阪市
1996

446
健康文化の里
AD—ADLAND
D—田中幹大
C—橋原町
1996

447
協会
AD—石川 明
D—田村 至
A—電通
C—公害健康被害補償予防協会
1995

448
写真スタジオ
AD—菅原耕治
D—伊藤浩二
C—原田写真館・スタジオエンジェル
1995

449
高速道路
AD—石川 明
D—安達元保
A—電通
C—建設省
1995

450
テレビ会社の5周年
AD—石川 明
D—安達元保・村上正剛
A—電通
C—日本衛星放送
1995

451
食品
AD—ハートクリエイション
D—大場節男
C—イバラキ食品
1995

443

444

445

446

447

448

449

450

451

452 ●

453

454

455

456

457

©1996 NAOC TM

458

459

452
CD
D—福田繁雄
C—ポニーキャニオン
1996

453
食品会社
D—松永 真
C—三島食品
1995

454
「古代出雲文化展」
D—松尾純也
C—島根県教育委員会
1995

455•456
証券会社のキャンペーンマーク
D—竹智 淳
A—電通
C—山一證券
1996

457
インターネット事業
D—小出真己
C—豊栄商事
1996

458
長野オリンピック国際ユースキャンプ
D—鈴木雅美
C—長野オリンピック冬季競技大会組織委員会事務局
1996

459
福祉団体
AD—黒瀬廣幸
D—山下俊文・平山陽一
A—トライ社
C—精神薄弱者厚生施設・喜びの里
1996

460
土木・建築業
AD—はんどれい
D—渡会 薫
C—太田グループ
1996

461
健康施設
D—星 将夫
C—健康づくりセンター
1996

462
スキー場「飛田位山スノーパーク」
AD—パンデコングラフィックス・川本直人
D—原子尚之
A—エイムクリエイツ
C—宮村役場
1996

463
ボランティアグループ
D—和田 誠
C—阪神市街地緑化再生プロジェクト
1995

464
レスキュー大会
AD—山口慎吾・平山陽一
D—平山陽一
A—トライ社
C—冨吉商事
1996

465
ファッションブランド「WINDCOAT」
D—成瀬始子
C—イッセイ ミヤケ
1995

466
進学塾
D—村田 満
C—慶応スクール
1995

467
テレビ局のイメージキャラクター
D—忠本孝示
C—テレビ愛知
1995

460

461

462

463

SPIRIT of INTEGRITY
25th
'96RESCUE MEET
Kagoshima in KOKUBU

464

WINDCOAT

465

466

467

わ〜い
わ〜い

468

469

470

471

472

ひろしまそだち

473

いいねぇ おきたま

474

475

第三回
国際北斎会議
小布施

The Third
International
HOKUSAI
Conference
in Obuse
1998
Obuse Nagano Japan

476

468
幼稚園
D—宮島 巖
A—チャイルド社
C—松中幼稚園
1997

469
第12回「海の祭典」
D—草野敬一
C—徳島県「海の祭典」実行委員会
1997

470
「県民の日」
D—深川重一
C—静岡県
1996

471
クリニック
AD—鴫原幸男
D—吉田祐子
A—福島県保険医協同組合
C—むかわクリニック
1995

472
スーパーマーケット
AD—倉田基夫・磯村飛虎・宮田隆司・アイデアベイス
D—アイデアベイス・土井由香理
A—萬年社
C—サンQ
1997

473
ブランドマーク「ひろしまそだち」
D—忠本孝示
C—広島市
1995

474
農業協同組合
AD—長谷川紀夫
D—工藤利弘
C—JA山形おきたま
1995

475
自治体
D—橋高はじめ
C—小林市(宮崎県)
1996

476
第3回国際北斎会議
D—田中一光
C—第3回国際北斎会議実行委員会
1996

477
'97春闘ポスター
AD—長谷川正廣
D—長谷川 裕
C—日本マスコミ文化情報労組会議
1997

478
和菓子
AD—パシオ
D—伊藤マリコ
A—a&T
C—かとう
1997

479
ビール会社のキャンペーンマーク
Producer—林 哲司
AD—原田 進・プラクシス
D—渡辺 聡
A—大日本クリエイティブアーツ
C—アサヒビール
1996

480
大福専門店
AD—武市眞治
D—山田壮稔
C—菓匠清閑院
1996

481
アイキャッチャー(人形劇カーニバル飯田)
D—天野穂積
C—飯田市(長野県)
1995

482
CD・ビデオショップ
D—及川和弘
C—キャップエンタープライズ
1996

483
財団
D—松永 真
C—日本船舶振興会
1995

484
生徒募集のためのマスコット
D—永石繁信
A—佐賀新聞サービス
C—成穎中学校
1997

477

478

479

480

481

482

483

484

485

486

487

488

489

490

491

485
「日本文化デザイン会議'97岩手」
D—福田繁雄
C—日本デザインフォーラム
1997

486
東京都23区資源リサイクル
D—儘田能光
C—東京都
1995

487
コンピュータ機器会社のコミュニケーションマーク
AD—木村 彰
D—木村 彰・鈴木 清
A—パズルリング
C—コレガ
1996

488
研究会
AD—石田 隆
D—石田 隆・石川和市
C—春日井賃貸借研究会
1996

489
CD-ROMタイトル「丘の上のワンハート」
D—境 修一郎
C—シンフォレスト
1995

490
ケーブルテレビ局の5周年
D—村上三千朗
A—東奥アドセンター
C—青森ケーブルテレビ
1996

491
鉄道会社の100周年
AD—木下 功
D—佐古田英一
A—富士アドシステム
C—東武鉄道
1996

492
百貨店のギフトキャンペーン
D—橋野ジュン
A—東急エージェンシー
C—東急百貨店
1997

493
デジタル衛星テレビ放送局
D—江野耕治
C—シアター・テレビジョン
1995

494
コンピュータ関連会社
D—後藤直也
A—マッキャンエリクソン
C—ケイネット
1995

495
化粧品会社
AD—妹尾良子
D—和田純子
C—ウテナ
1996

496
デジタル衛星テレビ放送局
AD—リンクス
D—木村 卓・リンクス
C—IMAGICA
1996

497
第1回伝統芸能サミット「能」
AD—田原慈郎・アイデアベイス
D—アイデアベイス・菅井正人
A—NHK中部ブレーンズ
C—三重県教育委員会・三重県文化振興事業団
1996

498
能楽堂
AD—中川健二
C—横浜市文化振興財団
1995

499
補聴器
AD—岡本 平
D—花谷和昌
A—スタジオ タイラ
C—フクナガメディカル
1997

500
コンサートツアー
AD—鈴木善博
D—ビーバイスタジオ
C—ファンキー・ジャム
1996

492

493

494

495

496

497

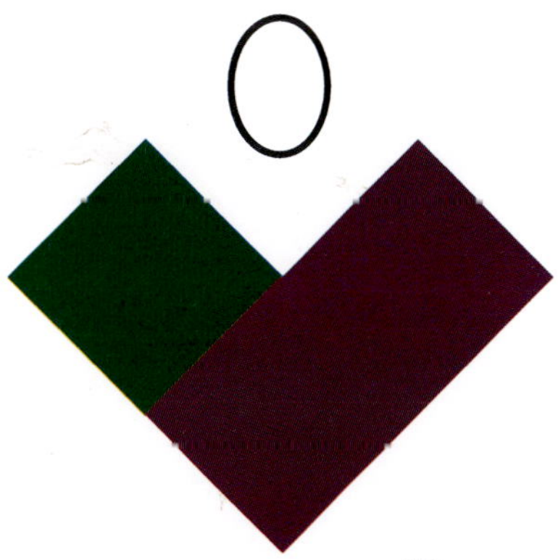
498

499

500

501

502

503

504

505

506

507

508

509

510

501・502・503
プロレスのキャラクター
AD—鷗原幸男
D—吉田祐子
A—プログレッサ
C—みちのくプロレス
1995

504
カフェ・ベーカリー
AD—亀島 琳
D—中島敬子
A—シック
C—ベーカリーカフェ「ダイナ」
1995

505
アミューズメント施設
AD—吉田章一
D—江村信一・CIS
A—ながのアドビューロ
C—アメニティーズ
1995

506
英会話スクール
D—中村信夫
C—リバティ英会話教室
1996

507
鶏卵会社
AD—ハートクリエイション
D—大場節男
C—諏訪鶏園
1996

508
少年サッカー大会
AD—柏田賀久
D—柏田美代子
C—日向市体育協会
1995

509・510
建設会社のキャラクター「TOA坊や」
D—中島 潔
A—オックスネットワーク
C—東亜建設工業
1997

511
遊園地のトレードキャラクター
D—阿部芳一
A—協同案内企画
C—札幌振興公社
1995

512
食品
AD—ハートクリエイション
D—大場節男
C—イバラキ食品
1995

513
観光キャラクター
D—永石繁信
C—南山口地域観光活性化推進
協議会
1996

514
新聞社のイメージキャラクター
D—永石繁信
C—福島民報社
1996

515
問屋センターのマスコットキャラクター
D—永石繁信
C—前橋問屋センター
1995

516
クリーン農業
D—永石繁信
C—七飯町(北海道)
1995

517
竹林公園のキャラクター
D—永石繁信
C—船岡町(鳥取県)
1995

518
植栽用キャラクター
AD—はんどれい
D—高橋 務
C—建設省東北地方建設局酒田
工事事務所
1997

519
食品のキャラクター
D—柏田美代子
A—グーパック
C—竹井
1995

520
イベント「ねんりんピック'96宮崎」のマスコット
D—深川重一
C—第9回全国健康福祉祭みやざき大会実行委員会
1995

511

512

513

514

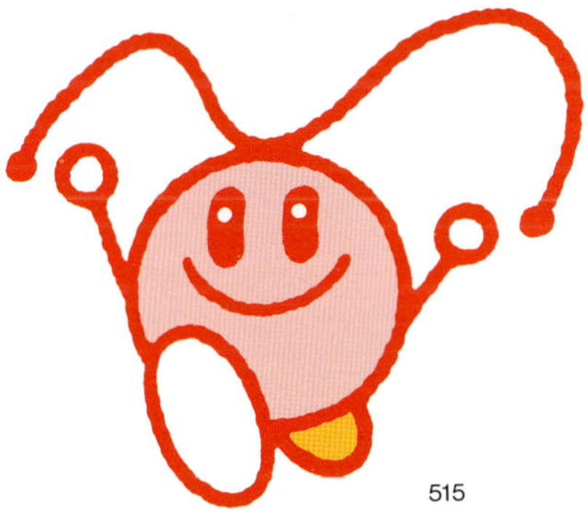
515

516

517

518

519

520

521

522

523

524

525

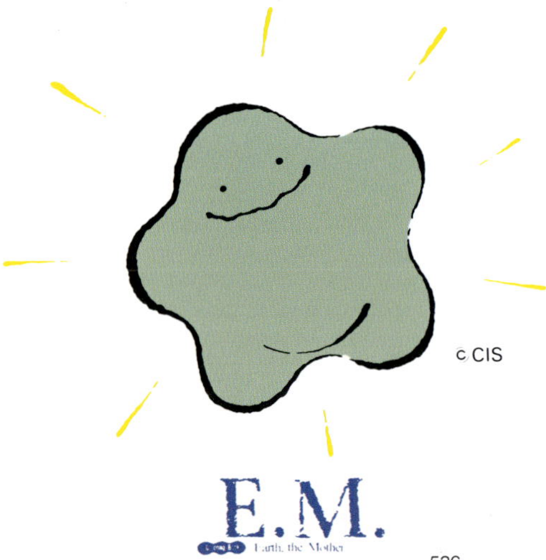

c CIS
526

527

©CIS
528

529

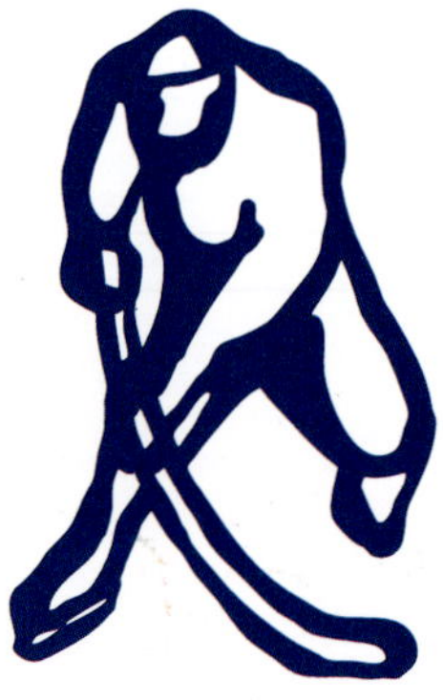
530

521
コンサート100回記念
D—和田 誠
C—三陽商会
1995

522
シンポジウム
AD—瀬木康夫
D—伊藤勝一
A—博報堂
C—東京湾環状道路シンポジウム事務局
1996

523
旅行会社のキャラクター
D—うちの夢魚
A—博多少年
C—IC旅行
1996

524
地域のキャラクター
D—深川重一
C—上伊那地域広域行政事務組合
1996

525
ハロウィンのためのイベントキャラクター
AD—井上京子
D—うちの夢魚
A—博多少年
C—AFF
1995

526
プロモーション絵本のマスコット
AD—河村龍成
D—江村信一・CIS
C—ナチュラルグループ
1995

527
家電販売会社のキャラクターマーク
AD—アイコウボウ
D—加藤英男
A—アダックス
C—ナショナルショップ・パナステージ
1997

528
食品パッケージ
AD—工藤修平
D—江村信一・CIS
A—第一エージェンシー
C—鐘崎
1995

529・530
アイスホッケーリーグ協賛
D—松木一太
C—第31回アイスホッケーリーグ運営委員会
1997

531・532
キャラクターアイテム
D—江村信一・CIS
C—セント・エヴァンス
1995

533・534
PHS販促用マスコット
AD—江村信一・竹内真紀・CIS
D—江村信一・須田陽子
A—アドメルコ・伊藤デザインルーム
C—三菱電機
1996

535
テレビ番組のタイトル
D—中畑康代
C—テレビ和歌山
1996

536〜540
テレビ番組のキャラクター
D—中畑康代
C—テレビ和歌山
1996

541・542・543
ボードショップのキャラクター
AD—マツダ ヒロチカ
D—やまうち みほ
C—アウトサイド
1995

531

532

533

534

535

536

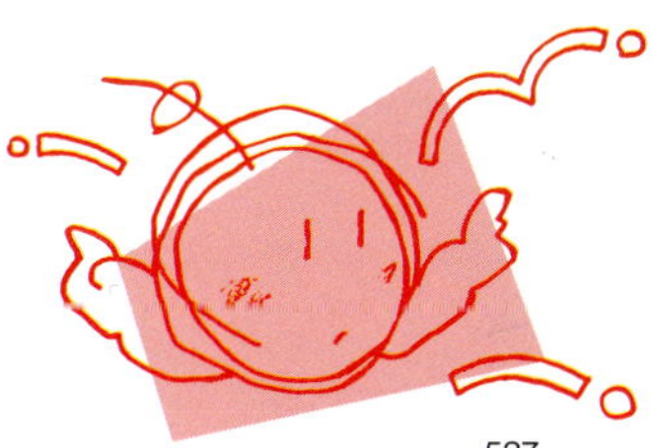
537

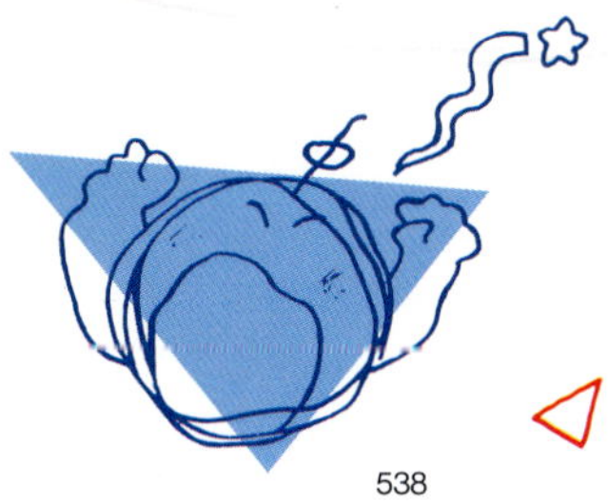
538

539

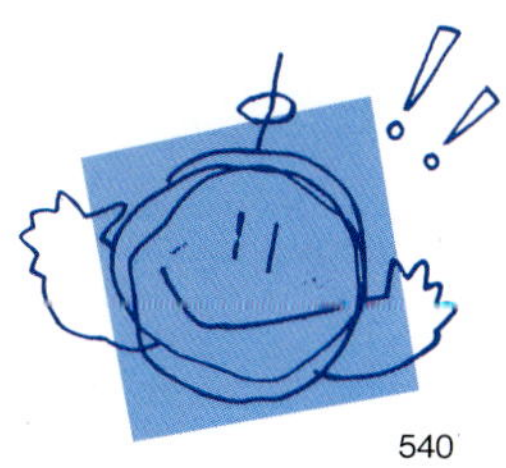
540

541

542

543

544

545

546

547

548

549

—1

—2

—3

—4

—5

—6

—7

—8

—9

550

544
宅配システム
AD—高木正治
D—竹川浩介
C—ミスター清十郎
1996

545〜548
宅配システムのキャラクター展開
AD—高木正治
D—竹川浩介
C—ミスター清十郎
1996

549
住宅展示場のキャラクター「ハマちゃん」
AD—イングカワモト制作室
D—川瀬敏也
A—ライダース・パブリシティ
C—桑名ハウジングセンター
1995

550
住宅展示場のキャラクラー「ハマちゃん」のバリエーション
AD—イングカワモト制作室
D—川瀬敏也
A—ライダース・パブリシティ
C—桑名ハウジングセンター
1995

—1　書き初め
—2　祭り
—3　一輪車
—4　通学
—5　こいのぼり
—6　あいさつ
—7　せみとり
—8　かみなり小僧
—9　かまくら

551〜554
食品会社の50周年マークとキャラクター
D―松原 明
A―MASPRO
C―ふくや
1996

555・556
金融会社のキャラクター
AD―伊藤和弘
D―内野 隆
A―アド通信社(西部本社)
C―しんわ
1995

551

552

553

554

555

556

557

558

559

560

561

ANIMALAND

562

A·Land
BY ARTNATURE

563

564

565

566

557
イベント制作会社
D—神保米雄
A—マックジャパン
C—朝日リゾルブ
1996

558
展覧会「アーチスト達展」
D—縄田健次
C—都市デザイン開発機構
1996

559
総合建設会社
D—竹原良治
C—アオキ建設
1995

560
土木建築会社
AD—横山正敏
D—福田美智
A—清水デザイン事務所
C—阿讃土木工業
1997

561
住宅リフォーム会社
D—柏田賀久
C—リフォーム アスカ
1996

562
自然保護
AD—伊藤勝一
D—伊藤勝一・大山 武
A—ル・マルス
C—富士ゼロックス
1995

563
体験スペース
CD—鴻池守也
AD—錦織邦夫
D—大友建二
A—大広
C—アートネイチャー
1995

564
レース製品製造会社
D—今西眞夫
A—ディレクターズカンパニー
C—コスモ
1992

565
茶業本舗
D—筒井 孝
C—チャレン
1995

566
洗剤会社
AD—長澤和宏
D—正木デザインオフィス
C—第一石鹸
1996

567
家具店
D—村田 満
A—協同プランニング
C—家具の大進堂
1995

568
芸能プロダクション
D—松原邦生
C—ダイゲー
1997

569
電話会社のキャンペーン
AD—橋本憲治
D—田村 晋
A—朝日広告社
C—NTTドコモ山形
1997

570
建設会社
AD—託見健二
D—森 裕之
A—柏村印刷
C—大建コンサルタント
1996

571
沿岸建設業
AD—木村郁也
D—井村文雄
C—沿岸建設
1996

572
商社
Producer—牛木久雄
AD—原田 進・プラクシス
D—渡辺 聡・金田進哉
A—大日本印刷
C—永楽興業
1996

573
ペットフード・園芸資材の総合卸売商社
D—新里一裕
C—エブリー
1995

574
機械部品製造会社
D—土屋昌義
A—パル
C—藤野工業
1996

575
動物病院
D—グレン 勉 浜田
C—フジタ動物病院
1996

576
広告代理業
D—新村則人
C—ファンコム
1996

567

568

569

570

571

572

573

574

575

FUNCOM

576

577
展覧会用
AD—宮嶋宏行
C—HEIJI & HIROYUKI
1996

578
病院
AD—平井安男
D—加藤大士・平井安男
A—中薬・メシオ
C—平岡医院
1997

579
農林水産物直売所
D—勝部忠正
A—プロジェクト
C—白鳳の里
1995

580
企画制作会社
D—太田雄一
C—ハナブサ
1995

581
鉄鋼会社
D—ADLAND
C—ハタケナカ
1997

582
建設会社
D—ナガイ 毅
A—富士パブリィックス・大垣雅史
C—井筒
1996

583
デザイン事務所
D—金井幸治
C—K'sデザインスタジオ
1995

584
内装・インテリア企画
D—屋山朋康
C—小牧建装
1997

585
テレビ番組制作会社
D—山田昌樹
C—オフィスカンガルー
1996

586
フォトスタジオ
D—正木 茂
C—川口スタジオ
1996

587
機械製作会社
AD—佐藤一宇・福島満盛
D—大竹美子
A—アイランド アソシエイツ
C—神戸製作所
1995

588
ケイタリングサービスの会社
D—市村靖介
C—ケイフーズ
1997

589
コンサルタント協同組合
D—南 四児
C—鹿児島県測量設計コンサル
タント協同組合
1997

590
鋳物製造会社
D—畠山博子
C—梶原製作所
1996

591
生コン会社
D—池田典夫
A—トリム・ライン延岡
C—木田組生コン
1996

592
内科医院
AD—馬場 悟
D—太田雄一
C—かさの内科医院
1995

593
海陸資材卸会社
D—柏田賀久
C—児玉海陸資材
1996

594
栄養補助食品「ラクトフェリン」
D—松木一太
C—雪印乳業
1997

595
医療施設
Producer—堀口幹夫・福澤左内
AD—原田 進・プラクシス
D—宮下純之
A—MAX
C—所沢ロイヤル・ワム・タウン
1996

596
自動車販売会社
D—吉川秀太郎
A—青和印刷
C—名古屋トヨペット
1995

587

588

589

590

591

592

593

594

TOKOROZAWA
L O Y A L
WAM TOWN

595

596

597

598

599

600

601

602

603

604

605

606

597
食品機械製造会社
AD—勝部忠正
D—勝部忠正・松本知子
A—プロジェクト
C—マルシェマシナリー
1996

598
スーパーマーケット
AD—石山俊郎
D—イクス
A—コーポレートデザインリンケージ
C—マルイ
1995

599
プロダクション
AD—早川晋二
D—砂川千賀子
C—エム・クリエイティブ
1996

600
ショッピングセンター
D—高山芳恵
A—あとりえP
C—柴田ショッピングセンター「マルコ」
1997

601
医療機器メーカー
D—高田雄吉
A—システムプランニング
C—モリタ
1995

602
繊維会社
AD—秋山政美
D—塚本明彦
C—見附市ニット協会
1995

603
建設会社
D—大岡典生
C—森貞建設
1995

604
建物内外の設計施工保守管理会社
D—彦根 正
C—メッカコーポレーション
1995

605
作曲家
D—高木義明
C—三井ゆきこ
1996

606
レストラン
D—末広峰治
C—マヌピッシュ
1996

607
時計のブランド
D—佐々木 豊
A—日本デザインセンター
C—服部セイコー
1994

608
OA機器販売会社
AD—ヤマグチ・デザイン研究室
D—山口 勝
C—ナカムラ
1996

609
不動産会社
D—浅水利基
A—デザインハウス
C—日新不動産
1995

610
工務店
D—山本哲次
C—中嶋工務店
1996

611
アルミ建材
AD—伊藤久恵
D—宮田裕美詠
C—ナンゴー
1996

612
保険会社
D—伊藤芳文
C—保険代理店ノモオフィス
1996

613
健康づくり団体
AD—貞苅 剛
D—木林あつこ
A—アド通信社(西部本社)
C—コスモス
1996

614
健康・環境
D—グラムコ
C—ニシザキ
1996

615
アパレル商社
D—今西眞夫
A—ディレクターズカンパニー
C—ナカヒロ
1992

616
上下水道コンサルタント会社
D—三戸部謙吉
C—西澤設計事務所
1996

607

608

609

610

NANGO

611

NOMO
OFFICE

612

613

614

615

616

617

618

619

620

OOTSUCHI

621

622

OKAJIMA

623

624

625

626

617
競輪選手育成
D—野崎利則
A—ブレイン
C—名古屋サイクルアカデミー
1995

618
コンベンション振興財団
AD—木村郁也
D—木村デザイン事務所
C—中内カコンベンション振興財団
1997

619
建設会社
D—ADLAND
C—南海建設
1997

620
内装施工会社
D—村上三千朗
C—小倉内装
1996

621
建設会社
AD—墨 勝之・アイデア萬
D—墨 勝之
C—大土建設
1996

622
通信販売会社
D—栗田次男
C—オクト
1995

623
家電量販店
AD—石山俊郎
D—イクス
A—コーポレートデザインリンケージ
C—おかじま電器
1995

624
コンピュータ販売会社
AD—出田泰則
D—出田泰則・イースターデザイン
C—大阪通信建設
1996

625
学校
AD—西岡譲二
D—山本裕子
A—リクルート
C—岡山女子短期大学
1995

626
半導体製造機器製造
D—相本武士
C—フィジエンス
1996

627
展覧会
AD—奥村昭夫
D—江口美知子
C—山忠
1996

628
イベントホール
AD—今村秀記
D—土岐耕司
C—サロンマリッジ パミール
1997

629
プラズマ国際会議
D—中野仁人
C—応用物理学会
1995

630
ブランド
D—伏田孝治
C—ローム
1996

631
総合商社
AD—大久保寿光
D—大久保デザイン事務所
A—花形商品研究所
C—クォードコーポレーション
1996

632
医療・社会福祉法人
AD—森 サトル
D—プランニング・リード
C—医療・社会福祉法人「さつき会」
1996

633
福祉機器・介護用品レンタルサービス
D—松木良介
C—サンエイ・メディカル
1995

634
インターネット・プロバイダー
AD—炭野幸雄
D—島田昌彦
A—創研
C—サンフィールドインターネット
1996

635
将棋クラブ
AD—貞苅 剛
D—木林あつこ
A—アド通信社(西部本社)
C—コスモス
1996

636
ケーブルテレビジョン
D—松本一実
C—佐世保ケーブルテレビジョン
1996

627

628

629

630

631

632

633

634

635

636

637
自動車修理会社
AD—宮崎之良
A—ワコム
C—セイロモーターズ
1996

638
印刷会社
D—平松明康
C—タカミ印刷
1996

639
機械設計製作会社
D—岸本義弘
C—タスク
1995

640
税理士事務所
D—畠山博子
C—坂口税理士事務所
1996

641
商事会社
CD—喜多村 誠
AD—滝沢計久
D—井上 進・石沢智恵子
A—トラスト
C—トム商会
1997

642
設計事務所
D—松原邦生
C—タクト設計事務所
1997

643
アーティスト集団のマネージメント会社
AD—山本康二
D—安達元保
C—ユー・エム・アイ
1996

644
会計事務所
D—鈴木みずほ
C—宇佐見会計事務所
1996

645
不動産会社
D—中島祐二
C—エステート・ウラヤ
1995

646
デザイン事務所
D—太田雄一
C—ワイワイデザインワークス
1995

647
工業団地
AD—平松多久志
D—江原信茂・小倉一巳
A—ココス
C—ウイングバレイ協同組合
1996

648
倉庫会社
D—新里一裕
C—山崎倉庫
1995

649
企画・デザイン会社
D—吉田 純
C—吉田純デザイン事務所
1995

650
建材メーカー
AD—滝川正弘
D—熊代雅樹
A—カサール・コーポレーション
C—ヤマシタ
1996

651
屋久島環境保全
D—草野敬一
C—鹿児島県環境政策課
1995

652
自治体
D—草野敬一
C—吉田町(愛媛県)
1996

653
青果物総合卸売問屋
D—渡嘉敷徳男
C—豊物産
1997

654
診療所
AD—平井安男
D—藤澤俊行
A—東芝メディカル・メシオ
C—山下内科消化器科
1995

655
病院
AD—平井安男
D—藤澤俊行
A—中薬・メシオ
C—うかい医院
1996

656
公認会計士制度50周年
D—草野敬一
C—日本公認会計士協会
1996

647

648

649

650

651

YOSHIDA
652

653

YAMASHITA
CLINIC
654

UKAI
655

656

657

658

659

660

661

EXPO'96

662

663

664

665

666

657
製麺会社
D—栗田次男
C—神藤製麺
1996

658
製菓会社
AD—上條喬久
D—宮嶋宏行・池田徳彦
C—でん六
1995

659
建築会社
AD—滝川正弘
D—熊代雅樹
A—パルス
C—富山住宅開発
1997

660
信用金庫
D—原 親司
C—豊橋信用組合
1996

661
食品製造会社
D—栗田次男
C—巴商店
1995

662
博覧会「とし博(としまえん博覧会)」
AD—近藤正之
D—鈴木由美・近藤 亮
A—博報堂
C—としまえん
1996

663
自治体
D—永石繁信
C—徳地町(山口県)
1995

664
老人保健施設
D—松木良介
A—ロゴスコーポレーション
C—老人保健施設・のぞみ
1997

665
連合婦人会
D—深川重一
C—姫路市連合婦人会創立50年実行委員会
1995

666
広告代理店
D—伏田孝治
C—日本テクノアド
1996

667
制作会社
D—太田雄一
C—光美堂
1995

668
書店等経営
AD—ブレイン
D—山田裕重
C—五常
1996

669
自治体
AD—柿﨑長悦
D—中山泰次郎
A—地域イメージ研究所
C—田島町(福島県)
1996

670
土木工事事務所
D—吉田 純
C—建設省多治見工事事務所
1995

671
建設会社
D—儘田能光
C—今啓建設
1996

672
寿司商組合
AD—中川憲造
D—中川憲造・延山博保
C—横浜寿司商組合
1996

673
病院
D—坂 雅子
C—寿康会病院
1997

674
歯科医院
D—平野義明
C—米山歯科医院
1996

675
テレビ局
D—伊藤久恵
C—富山テレビ放送
1993

676
ブティック
D—畠山博子
C—ヴォルガ
1996

677

678

679

680

681

682

683

684

685

686

677〜680
鬼瓦
AD—ブレイン
D—山田裕重
C—マサヨシ
1996

681
ベンチャーキャピタル(ノンバンク)
AD—貞苅 剛
D—前原正広
A—アド通信社(西部本社)
C—福岡キャピタル
1995

682
シンクタンク
AD—柿崎長悦
D—中山泰次郎
A—スタヂオユニ
C—地域イメージ研究所
1995

683
企画会社
AD—浅田 茂
D—佐藤一宇
C—クロスポイント
1996

684
CF制作会社
AD—上條喬久
D—上條喬久・池田徳彦
C—クラフト
1997

685
デジタルプロダクション
AD—田川 努
D—田川 努・上遠野京子
C—デジタル ステーション キュー
1996

686
ドリンク販売
D—中野修徳
A—東海グラフィック
C—ファイン ドリンク
1996

687
設計事務所
D—熊谷淳一
C—エフディー
1996

688
住宅会社
D—山本洋司
A—加藤巧デザイン室
C—フジタフレッシュホーム
1996

689
電子メール新聞
D—西田佳子
C—インプレス
1996

690
スポーツジム
D—大武 潤
C—八王子ファイティングスポーツジム
1996

691
アクアメーカー
D—神谷利男・TCD
C—ジェックス
1996

692
デザインスタジオ
D—江口俊也
C—クリエイティブ・ヘッドバット
1996

693
広告代理店
D—山梨修次
C—インターフェイス
1996

694
お墓清掃サービス
AD—正木 茂
D—正木 茂・小崎 剛・井上好文
A—アド電通大阪
C—ジャパン グレーブ サービス
1997

695
パブ(スナック)
D—山崎加代子
C—カブ
1996

696
ミュージシャン
AD—山口至剛
D—茂村巨利
C—スイングジャーナル社
1995

687

688

689

690

691

692

693

694

695

696

697

698

699

700

701

702

703

704

705

706

697
デザイン研究所・シルクスクリーン工房
AD—彪文・榎戸文彦
D—あつ・あつお、榎戸英晃
C—KO, DESIGN, INSTITUTE
1996

698
建築設計事務所
D—橋本勝久
C—清水公夫研究所
1995

699
家電量販店
AD—石山俊郎
D—イクス
A—コーポレートデザインリンケージ
C—カトーデンキ販売
1996

700
映画制作会社
D—篠原榮太
C—メディア・フォース
1996

701
広告制作会社
D—伊丹 恵
C—エム・エイチ・エー
1996

702
ピッチ系炭素繊維事業
Producer—岩八重 毅
AD—原田 進・ブラクシス
D—大橋一毅
A—九広
C—日本グラファイトファイバー
1995

703
商社
D—冨松陸郎
C—日本国際興業
1995

704
電気設備会社
D—柏田賀久
C—押方電設
1996

705
印刷業協同組合
D—戸口ツトム
C—大阪グラフィックサービス協同組合
1996

706
歯科医院
D—山田正彦
C—オージ歯科
1995

707
MOディスク・オーバーライト方式規格マーク
AD—パンデコングラフィックス・川本直人
D—原子尚之
C—富士通
1996

708
殺菌卵ブランド
AD—パシオ
D—足立 隆
C—タカノ
1996

709
映像機器会社
D—篠原榮太
C—キイポイント
1996

710
商品企画会社
AD—亀島 琳
D—中島敬子
C—ポンピドー
1995

711
国際出版団体APPA
D—道吉 剛
C—アジア・太平洋出版連合
1996

712
プロモーション企画会社
AD—山口至剛
D—山口至剛・茂村巨利
C—キューエックス
1996

713
ビル総合管理
Producer—磯原直道・寺島慎吾
AD—原田 進・プラクシス
D—渡辺 聡
A—トータルメディア開発研究所
C—RSC
1994

714
スポーツ協会
AD—ディー・エイ・ティ・コーポレーション
D—溝田 明
C—カタヤマズ・コーポレーション
1996

715
エネルギー開発会社
D—広瀬弘之
C—新紀エナジー
1996

710
フラワーデザインスクール
AD—墨 勝之・アイデア萬
D—保母敏弘
C—沢田フラワーデザイン・スクール
1995

707

708

709

710

711

712

713

714

715

716

717
不動産鑑定会社
D—武藤正彦
C—総合鑑定
1996

718
水利施設測量設計会社
D—柏田賀久
C—水工プランニング
1996

719
半導体製造機器販売会社
D—相本武士
C—サンライズ
1996

720
医療機器販売会社
D—宮川文彦
C—テス メディカル
1996

721
通信会社
D—太田徹也
A—電通(東北支社)
C—東北テレメッセージ
1993

722
建設会社のブランド
AD—武川典靖
D—川本 智
A—たけかわ企画
C—中部建設
1996

723
デザイン事務所
D—宗川正則
C—くろす
1996

724
版画販売会社
D—坂 雅子
C—イズ ファインアート
1997

725
不動産会社
D—村上三千朗
C—エイトピア
1996

726
新聞社販売部の販促キャンペーン
AD—石山俊郎
D—イクス
A—ブランズフォー
C—朝日新聞社(販売部)
1996

727
団体の20周年キャンペーン
D—マツダ ヒロチカ
C—日本野鳥の会(福岡支部)
1995

728
団体
AD—黒瀬廣幸・平山陽一
D—平山陽一
A—トライ社
C—鹿児島県工業倶楽部
1996

729
JA不動産部25周年
AD—鎌田 実
D—杉山 充
A—広企プロモーション
C—JAみどり
1996

730
通販会社・生協提携25周年
AD—阿由葉伸一
D—中山泰次郎
A—大日本クリエイティブアーツ
C—ムトウ
1996

731
リゾート開発会社の30周年
AD—川端敏夫
D—神谷利男・TCD
A—大阪読売広告社
C—フェニックス国際観光
1996

732
放送局45周年
D—上原敏隆
C—BSN新潟放送
1995

733
保険会社110周年
Producer—桶本欣吾・夏目守康
AD—原田 進・プラクシス
D—井村智枝
A—電通
C—朝日生命保険相互会社
1997

734
創流110周年
D—工藤強勝
C—龍生華道会
1996

735
展覧会
AD—内堀法孝
D—西村 陸
C—セイコーエプソン・デザインセンター
1996

736
ファッション新技術
D—高田雄吉
A—NIA
C—伊藤忠商事
1006

737

738

739

740

741

742

743

744

745

746

737
デザイナーズネットワーク
D—印田裕之
C—Clickers
1996

738
フュージョン・アート・デザイン研究所
AD—彪文・榎戸文彦
D—あつ・あつお、榎戸英晃
C—フュージョン展実行委員会
1996

739
広告制作会社
AD—亀島 琳
D—中島敬子
C—グラフィクス
1995

740
ショッピングセンター
D—藤岡宏満
A—D-ブレイン研究所
C—コープハモンズ
1996

741
コンサートホール
D—中野仁人
C—京都市・京都コンサートホール
1995

742
デザイン事務所
AD—夏秋伸行
C—ポーズ
1997

743
建築施工会社
AD—アキ・デザイン
D—ヤマ田利アキ
C—ジャイアントホーム
1995

744
塩ビ工業
CD—紫田紀裕
D—服部慶之輔
C—大洋塩ビ
1997

745
土木基礎工事会社
D—永石繁信
C—執行基礎
1995

746
福祉施設
D—ナガイ 毅
A—富士パブリィックス・大垣雅史
C—芸北ホリスティックセンター
1966

747
宝石販売店
D—榊原勝一
A—キコデザイン
C—東京真珠
1995

748
日本文化研究センター
D—太田徹也
C—国際日本文化研究センター
1994

749
プランニング事務所
AD—プラン・ドゥ・シー
D—田中弘幸
C—ウェル・プラネット
1996

750
コングロマリット
D—グラムコ
C—SSPグループ(タイ)
1996

751
エネルギー流通
D—グラムコ
A—りえぞん企画
C—丸紅エネックス
1996

752
イベント会社
AD—ヤック
D—永島 光
C—天庭
1995

753
地域活性化キャンペーン「創造の森」
D—蓮見智幸
A—システム・アーツ社
C—上野村(群馬県)
1997

754
パブスナック
AD—山口愼吾・平山陽一
D—平山陽一
A—トライ社
C—笑パブ・ジョー談
1995

755
大学の研究室
D—吉延高明
C—島根大学資源循環プロセス工学研究室
1996

756
風力エネルギー利用調査会
D—山崎加代子
A—九州広告
C—エコシステム
1996

747

748

749

750

751

TENTEI CO.,LTD.

752

753

SHOW PUB - JŌDAN
since1995
笑パブ
ジョー談

754

755

756

757　758

759　760

761　762

763　764

765　766

757
健康食品
AD—墨 勝之・アイデア萬
D—墨 勝之・藤林有美
C—アールオーディ21
1996

758
機械工業デザイン賞
D—蓮見智幸
C—日刊工業新聞社
1995

759
総合デザイン会社
D—國本桂史
C—デルコ
1995

760
書籍「一人で対処する皮膚科診療」
D—金井幸治
C—南江堂
1996

761
インターネット・プロバイダー
D—彦根 正
C—システムプランウィングス
1995

762
雑誌特集
D—丸塚久和
A—CASE-LEE
C—WELLCOM
1996

763
第42回全日本女子選抜ソフトテニス大会
AD—田島一夫
D—原子尚之
C—ナガセケンコー
1996

764
歯科医院
D—田島一夫
A—ワンネス
C—銀座マロニエ通り歯科
1996

765
自転車(スプリング式)
D—山本洋司
C—アサオカ
1996

766
建設会社
D—今井 毅
C—ピーシージェー
1996

767
広域生活圏
D—菅野光俊
C—岩手県宮古地方振興局
1997

768
薬剤師会
D—伊藤マリコ
C—板橋区薬剤師会
1997

769
アルミ建材施工会社
AD—アキ・デザイン
D—ヤマ田利アキ
C—幸内アルミ建材
1996

770
不動産会社
AD—石井玲二
C—松本商会
1996

771
舗装工事会社
D—松木良介
C—星輝
1997

772
地区広域圏事務組合
D—宮下英一
C—射水地区広域圏事務組合
1995

773
半導体製造機器製造会社
D—相本武士
C—ヒューズ・テクノネット
1996

774
コンピュータソフト開発会社
D—野崎利則
A—サイト
C—市川ソフトラボラトリー
1995

775
設計事務所
AD—本沢工房
D—神田 浩
C—ケント設計工務
1995

776
眼鏡店
AD—小島事務所
D—小島雄二
C—ベストメイト
1996

767

768

769

770

771

772

773

774

775

776

777

778

779

780

781

782

783

784

785

786

777
インテリア施工会社
D—高田雄吉
C—工房技研
1996

778
プランニング会社
D—宮島 巖
C—フクダトータルプラン
1996

779
建材
D—伊藤久恵
C—アーバテック
1996

780
医療大学
Producer—長谷川 渡
CD—安田克雄
AD—上原 昌
D—上原 昌
A—電通(広島支社)
C—国際トリニティカレッジ
1996

781
展覧会
D—橋本勝久
C—日本建築家協会JIA福島
1996

782
学会
D—田村昭彦
C—民族芸術学会
1995

783
雑誌「つりトップ」
CD—塚本剛生
AD—加藤敏和
C—学習研究社
1996

784
校章
D—星 将夫
C—栃木県産業技術大学校
1995

785
町づくりキャンペーン(茶のみんさい通)
AD—ナガイ 毅
D—原田恭雅
A—富士パブリィックス・大垣雅史
C—いなか町商店街
1995

786
団体の35周年記念事業
D—広瀬忠司
C—泉大津ライオンズクラブ
1995

787
ガス会社
D—林 孝憲
A—ポス
C—エコーガス
1996

788
学会「第31回世界小児がん学会
'98 YOKOHAMA」
AD—合田 彰・水木喜美男
D—西川嘉一・石原達三
C—Slop JAPAN
1997

789
音楽出版ビジネス
D—山田昌樹
C—ソイツァーミュージック
1996

790
華道会PR誌記事
D—工藤強勝
C—龍生華道会
1997

791
自動車整備販売会社
AD—齋藤忠秀
D—太田雄一
C—マジシャン
1996

792
プライベートマーク
D—小亀 沢
C—田中勝文
1997

793
インテリア制作会社
D—篠原榮太
C—ロベルト・インテリア
1996

794
健康食品
D—石田文明
C—ヴェントゥーノ
1996

795
ショッピングセンター
AD—縄田健次・松本篤子
D—石井龍介
A—中国広告通信社
C—パセーラ
1996

796
振付家の団体
D—和田 誠
C—日本振付家協会
1995

797

Tosu Dance Studio

798

W E

We Love Alcohol & Terra

DahDahCoop

799

800

MERCURY

801

JIN

CORPORATION

802

803

CLOSE UP

THE ENTREPRENEUR

804

MITSUI

DENTAL

CLINIC

805

806

797
ホテルのキャンペーン「ザ・マジックナイト'96」
AD—墨 勝之・アイデア萬
D—墨 雅之
A—ヨツハシ
C—長良川ホテル
1996

798
ダンススタジオ
D—岸本良博
C—鳥栖ダンス練習場
1996

799
アウトドア・クラブ
D—栗田次男
C—野外生活協同組合
1995

800
ビデオ制作会社
D—石井達吉
C—DICA'S COMPANY
1995

801
サッカークラブ
AD—伊藤勝一
D—舟橋全二
C—フジタ
1995

802
レジャー関連会社
D—佐野純二
C—ジン・コーポレーション
1997

803
書籍
AD—山口至剛
D—茂村巨利
C—ユーリーグ
1995

804
雑誌特集
D—丸塚久和
C—日経ホーム出版社
1996

805
歯科クリニック
AD—飯坂暁子
D—塚本明彦
C—三井歯科クリニック
1995

806
PR誌「ガスエポック」
AD—大久保敏幸
D—田代保友・徳野なおみ
A—N.I.S. パンセインターナショナル
C—日本ガス協会
1996

807
文化・コミュニティ振興財団
AD—石田 隆
D—石田 隆・石川和市
C—調布市文化・コミュニティ振興財団(東京)
1996

808
ショッピングセンターのオープニングキャンペーン
D—八木健夫
A—オフィス・ピーアンドシー
C—ルミネ(大宮店)
1997

809
社会福祉法人
AD—武友正修
D—武友朋子
C-尾道さつき会
1996

810
診療所
AD—平井安男
D—藤澤俊行
A—メシオ
C—ひろし整形外科
1995

811
社会福祉法人
AD—石田 隆
D—石田 隆・石川和市
C—清徳会
1995

812
不動産会社
D—渡嘉敷徳男
C—光建
1996

813
インテリアショップのキャラクターマーク
D—内野 隆
C—ユニコ
1995

814
産婦人科
AD—山崎健吾
D—内野 隆
A—Kプロジェクト
C—蔵本ウイメンズクリニック
1995

815
県会議員のプライベートマーク
D—伊藤久恵
C—もり まさし
1995

816
宮城県総合運動公園
D—内野 隆
C—宮城県
1995

807

808

809

HIROSHI
CLINIC

810

811

812

813

814

815

816

817

SHIN
MATSUNAGA

818

819

820

821

822

824

825

823

SPHYNX
INVESTMENT RESEARCH

826

827

817
編集・出版会社
D—石橋政美
C—メディア・ポート
1997

818
デザイナーのオリジナルブランド
D—松永 真
C—松永 真
1997

819・820・821
施設のキャラクター
AD—村上三千朗・玉熊由美子
D—小谷和香子
C—星と森のロマントピアそうま
1997

822
電子ピアノキャンペーン
D—山田正彦
A—萬年社
C—河合楽器製作所
1996

823
病院
AD—太田克己
D—太田克己・梶谷砂里
A—北川潤之介事務所
C—西本クリニック
1996

824・825
お茶栽培製造直営会社
D—いのうえ 栄
C—川根銘茶「松島園」
1997

826
インベストメント・リサーチ会社
D—小川一衛
C—スフィンクス・インベストメント・リサーチ
1996

827
広告代理店
D—松本一実
C—エムアンドパートナーズ社
1996

828
エステティックサロン
D—山田正彦
C—COSMOS
1995

829
建築設計事務所
D—福島文雄
C—鍋持建築設計事務所
1997

830
保育園
D—高羽賢一
C—クレヨンの森保育園
1996

831
女性会議
AD—石田 隆
D—石田 隆・石川和市
C—日本女性会議'96うつのみや
実行委員会(栃木県)
1995

832
メンテナンス会社
D—渡嘉敷徳男
C—国際ビル産業
1997

833
病院
D—今井 毅
C—守田クリニック
1997

834
セールスレディのセルフキャラクター
D—うちの夢魚
A—博多少年
C—中上美子
1996

835
専門学校
D—水野谷悌子
C—郡山情報ビジネス専門学校
デザインカレッジ
1995

836
マラソン大会
D—柏田賀久
C—日向ひょっとこマラソン実
行委員会
1995

837
JAGDA福岡のポストカード展のためのキャラクターマーク
AD—高野俊朗
D—内野 隆
C—JAGDA福岡
1996

828

829

830

831

832

833

834

Design College

835

HYUGA HYOTTOKO MARATHON IN HOSOSHIMA

836

837

838

839

840

841

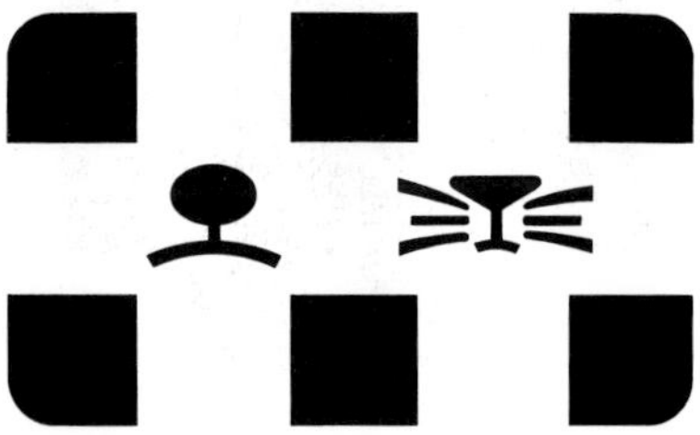

843

842

844

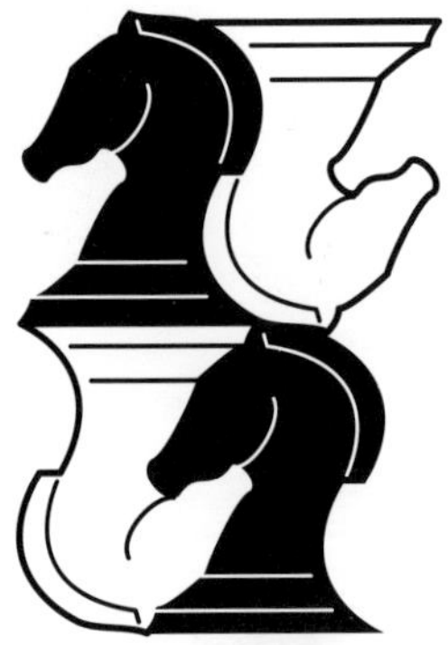

845

846

847

838
眼科医院
D—冠 英輝
A—ダ・ピンチ
C—平山眼科
1997

839
耳鼻咽喉科医院
D—橋本勝久
C—いがらし耳鼻咽喉科
1996

840
雑誌特集
AD—山口至剛
D—柴村毅彦
C—スイングジャーナル社
1997

841
中古車販売キャンペーンのためのキャラクター
D—五十嵐直実
A—ノヴェロ(旭川支社)
C—オールトヨタ
1996

842
動物病院
D—山田洋勝
C—関動物病院
1996

843
動物病院
D—保田濠照
C—アドック動物病院
1997

844
病院
AD—伊藤久恵
D—宮田裕美詠
C—大島くるみ病院
1995

845
書籍
D—よぐち たかお
C—山海堂
1995

846
自動車会社のキャンペーン
AD—小島晋作
D—伊藤 典
A—アドインターナショナル
C—マツダ
1996

847
自動車販売キャンペーンのためのキャラクター
D—五十嵐直実
A—ノヴェロ(帯広支社)
C—トヨペット
1996

848
印鑑製造販売会社
D—荻原祥一
C—山田商工
1996

849
フォーラム
D—ナガイ 毅
A—富士パブリィックス・畝崎
辰登
C—西中国山地ツキノワグマフ
ォーラム
1996

850
カレンダータイトル
D—伊藤勝一
C—王子製紙
1995

851
市場
AD—岡田一雄・TCD
D—松田 徹・川西裕子・TCD
C—ロイヤルエンタープライズ
1996

852
鮮魚問屋
AD—鈴木聡太郎
D—三浦 敏
A—仙台放送エンタープライズ
C—港魚類
1996

853
学会
AD—蓮見智幸
D—蓮見智幸・蓮見絵里子
C—日本野生動物医学会
1997

854
内科医院
AD—神垣博文
D—浴中明美
A—パシフィックグループ
C—やまね内科
1995

855
獣医学者
AD—蓮見智幸
D—蓮見絵里子
C—増井光子
1997

856
茶店舗
AD—真田 彬
D—真田 彬・原 彰彦
C—筑邦製茶
1996

857
絵本教室
AD—石田 隆
D—石田 隆・石川和市
C—西春町
1995

848

849

ANIMAL SCRAPTURE

850

まいど

851

852

853

854

855

856

857

858

859

860

861

862

863

864

866

867

865

868

869

858
上海マンション
AD—岩野 了・TCD
D—松田 徹・TCD
C—松下電工
1997

859
生花業
D—相本武士
C—花の清水園
1997

860
小学校
D—梅林敬蔵
C—京都市教育委員会学校統合推進室・京都市立御小南小学校
1995

861
アミューズメント
AD—パシオ
D—足立 隆
C—サンパワー
1997

862・863
高齢者サービスセンター
D—吉田たろう
A—おばけ箱
C—水仙の家
1996

864
ホテルのキャンペーン「'96サマーブライダル」
AD—墨 勝之・アイデア萬
D—田中康真
A—ヨツハシ
C—長良川ホテル
1996

865・866
ブランド
D—儘田能光
C—エトワール海渡
1995

867
CDタイトル
D—竹智 淳
C—オフィス福助
1996

868
林業労働対策基金
D—深川重一
C—岩手県林業労働対策基金事務局
1995

869
建設会社
D—一戸健一
A—デザインオフィス・イチノエ
C—竹山工務店
1997

870
不動産
AD—長谷川正廣
D—長谷川 裕(ユタカ)
A—エー・ティ・エー
C—大師地所
1996

871
コンサート
D—暮沼宏一
C—津田ホール
1995

872
ブライダル用ギフトのし
AD—真田 彬・原 彰彦
D—真田 彬
A—柳井紙工
C—左ェ間
1996

873
「俳句の館」
D—北嶋徳三
A—萬年社
C—彦根市
1996

874・875
医薬品
AD—宍戸 隆
D—宍戸 隆・久住重雄
C—久光製薬
1995

876
ソーラー発電
AD—三井 剛
D—吉延高明
A—読売広告社
C—京セラ
1995

877
ガラスびんのリサイクル
AD—岩井 一
D—鎌田正和
C—ガラスびんリサイクル促進
協議会
1997

878
建具メーカー
AD—西岡譲二
D—奥藤さえ子
C—ウッドワークス
1995

879
清掃会社
D—徳山敦子
C—ハナノイ
1996

870

871

872

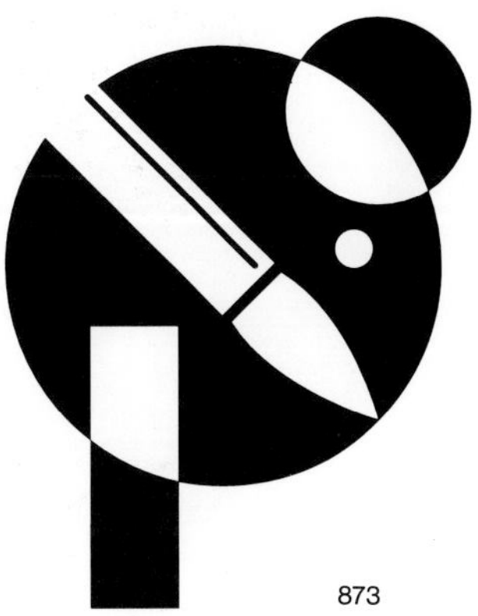
873

874

875

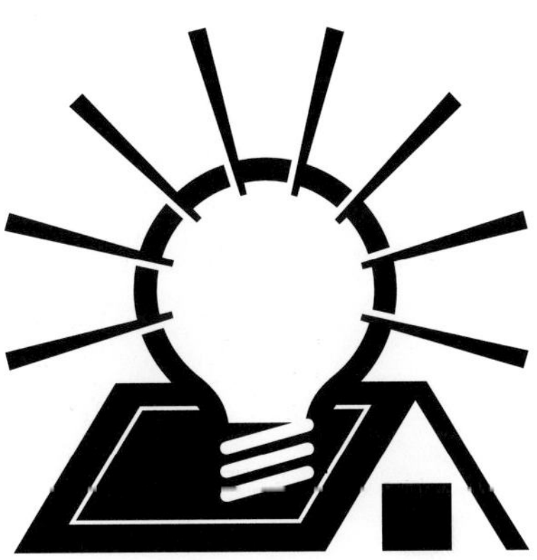
876

877

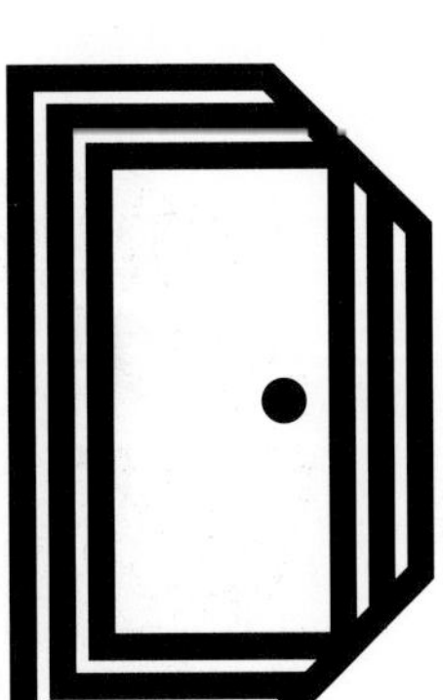
878

879

880

881

882

883

884

885

886

887

888

880
旅行会社のピクトグラム
D—よぐち たかお
C—日本交通公社
1996

881
熱気球イベント会社
D—石橋政美
C—エクセム
1997

882
広告代理店
D—五十嵐直実
A—ノヴェロ(旭川支社)
C—ノヴェロ
1996

883
公共団体文化ホール
D—東條純三
C—斑鳩町文化振興財団
1996

884
文化支援キャンペーン「時を超えて・祇園祭」
D—辻田和樹
C—京都新聞社
1995

885
ビル
D—高田雄吉
C—りんくうゲートタワービル
1996

886
世界遺産連続フォーラム
D—辻田和樹
C—京都新聞社
1996

887
美術館
D—松木良介
C—小国町(熊本県阿蘇郡)
1997

888
コンサルティング会社
D—竹下秀未
C—エコメディア研究所
1995

889
スキー場
D—ナガイ 毅
A—富士パブリィックス・大垣
雅史
C—道後山高原スキー場
1997

890
総合レジャー施設
D—中易一成
C—農水振
1996

891
日本フィンランド都市セミナー
D—田中一光
C—日本フィンランド都市セミ
ナー実行委員会
1997

892
食品サービス
D—神谷利男・TCD
C—一冨士フードサービス
1995

893
市水道局
D—北川正昭
C—札幌市水道局
1997

894
地ビールブランド
D—高田雄吉
C—クニロクビア・ファクトリー
1996

895
華道会PR誌記事
D—工藤強勝
C—龍生華道会
1997

896
七夕文化デザイン交流祭
D—平松 暁
A—PART II
C—七夕文化デザイン交流祭実
行委員会
1995

897
自然環境保全団体
D—河嶋利行
C—大阪自然環境保全協会
1997

898
ベアリング会社
D—河嶋利行
C—光洋精工
1997

DOGOYAMA KOGEN
889

FUNAO SPORTS PARK
COUNTRY OF HARUNA
890

891

IFSCO
892

893

NAGARA
LOCAL BREWED
BEER
894

895

896

NATURE OSAKA
897

898

—1

—18

899
国民体育大会「くまもと未来国体」マスコット<ひのっこ>
D—松木良介
C—第54回国民体育大会熊本県実行委員会
1996

—1　マスコット　基本形
—2　競泳
—3　飛込
—4　シンクロナイズドスイミング
—5　カヌー(スラローム・ワイルドウォーター)
—6　ヨット
—7　漕艇
—8　ソフトボール
—9　軟式野球
—10　陸上競技
—11　ハンドボール
—12　サッカー
—13　卓球
—14　テニス
—15　バレーボール
—16　レスリング
—17　ウェイトリフティング
—18　マスコット(立体)

—2

—3

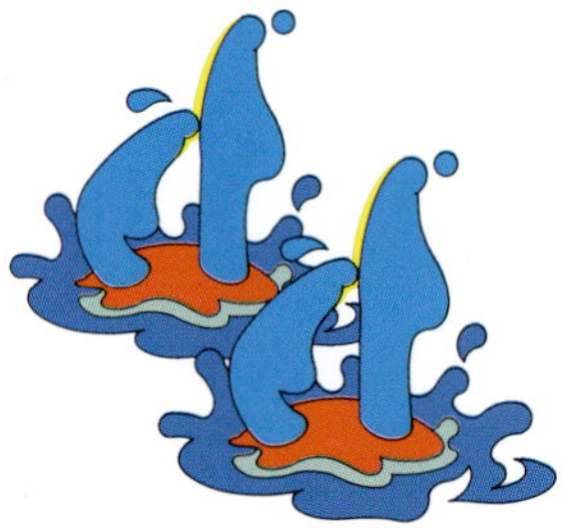

—4

—5

—6

—7

—8

—9

—10

—11

—12

—13

—14

—15

—16

—17
899

899

—19　バドミントン
—20　バスケットボール
—21　体操(新体操)
—22　体操(競技)
—23　ライフル射撃(CPを除く)
—24　フェンシング
—25　ボクシング
—26　相撲
—27　弓道
—28　柔道
—29　空手道
—30　剣道
—31　馬術
—32　自転車(ロードレース)
—33　山岳(登はん)
—34　炬火リレー

—19

—20

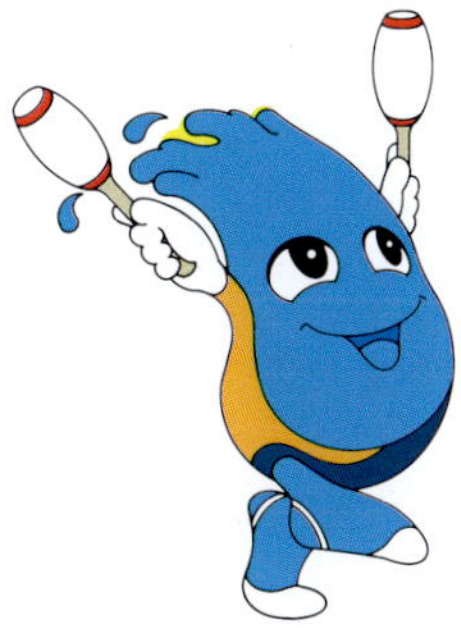
—21

—22

—23

—24

—25

—26

—27

—28

—29

—30

—31

—32

—33

—34　899

899

900

—1 —2 —3 —4 —5 —6 —7 —8 —9 901

900
福島国体身体障害者運動競技
AD—鵜原幸男
I—川口圭司
C—福島県
1995

901
'98長野パラリンピック冬季競技大会
D—小島貞彦
C—長野パラリンピック冬季競技大会組織委員会事務局
1995

—1　基本
—2　アルペンスキー
—3　クロスカントリースキー
—4　バイアスロン
—5　アイススレッジスピードレース
—6　アイススレッジホッケー
—7　聖火リレー
—8　歓迎
—9　ボランティア

902
スポーツセンター・ペイブメント
ピクト
AD—寺沢 徹
D—大沢純子・小林三夫
C—群馬県総合スポーツセン
ター
1996

903
テーマパーク館内イベントガ
イド
AD—有田吉秀・アイデアベイス
D—アイデアベイス・山本みの
り・梅田香保里・小嶋安子
A—長苗印刷
C—リトルワールド
1997

—1　まつり
—2　手工芸実演
—3　民族衣装
—4　体験イベント
—5　エンターテイメント
—6　音楽

902

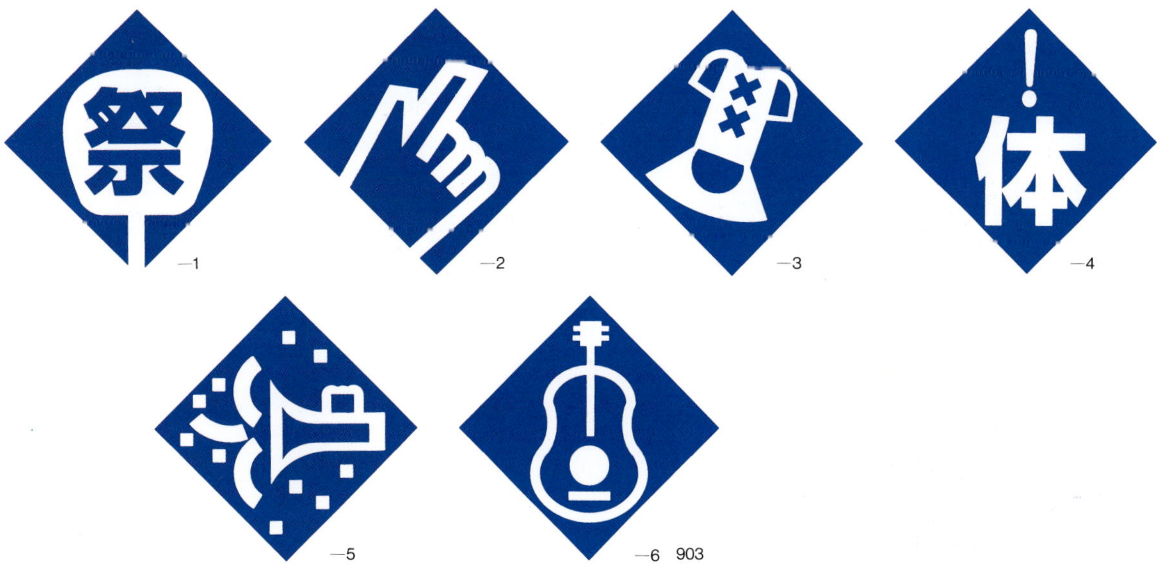

—1 —2 —3 —4

—5 —6 903

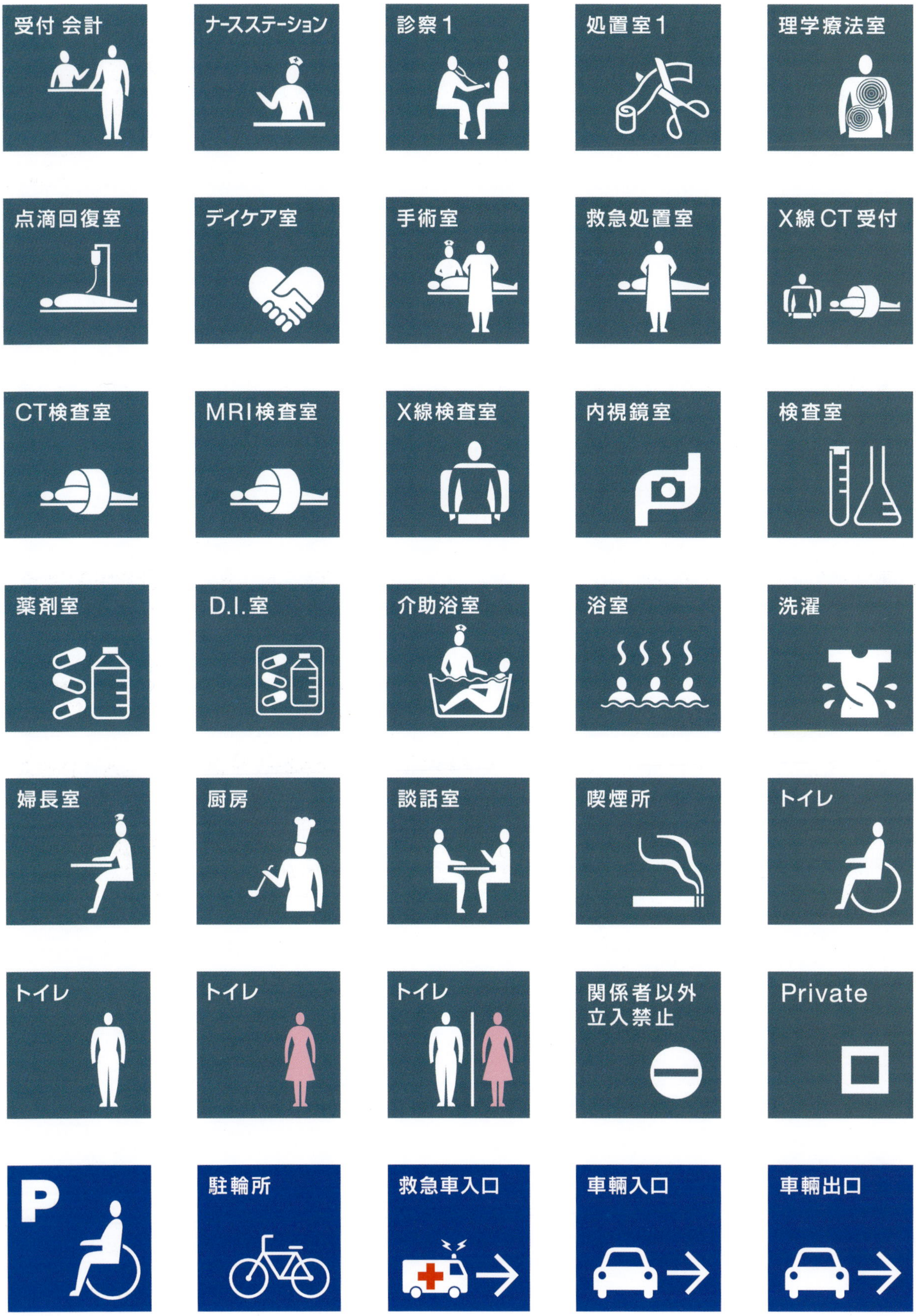

904

904
病院
AD—山口至剛
D—安野洋子
C—楽生会・馬場病院
1996

905
総合病院のピクトグラム
AD—高橋文吾
D—松村有祐
C—R総合病院
1996

—1　内科
—2　外科
—3　麻酔科
—4　薬局
—5　会計
—6　レントゲン科
—7　歯科口腔外科
—8　耳鼻科
—9　眼科
—10　循環器科
—11　泌尿科
—12　産婦人科
—13　小児科
—14　心臓外科
—15　整形外科
—16　神経内科
—17　ナースステーション
—18　放射線検査
—19　脳神経外科
—20　入院
—21　手術室
—22　証明書
—23　初診
—24　人工透析
—25　生理検査
—26　皮膚科
—27　人間ドック

906
自動車会社
D—吉楽浩志
A—トリムライン東関東
C—オート・ワン
1996

—1

—2

—3

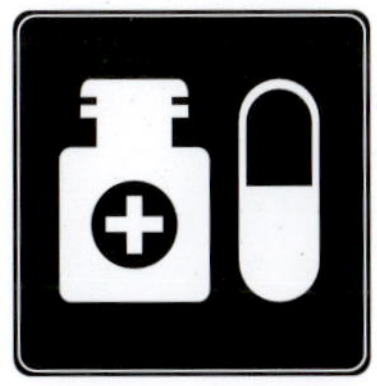
—4

—5

—6

—7

—8

—9

—10

—11

—12

—13

—14

—15

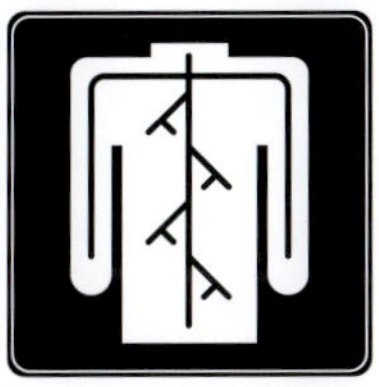
—16

—17

—18

—19

—20

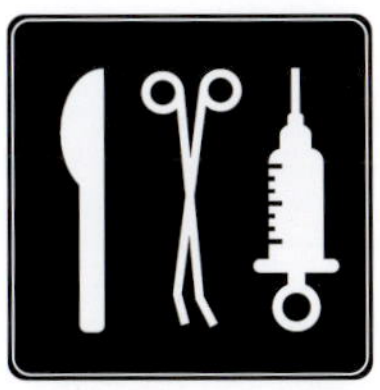
—21

—22

—23

—24

—25

—26

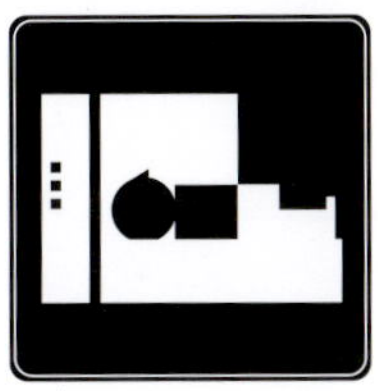
—27

905

906

—26　907

—6　908

907
クリスチャンの大会
AD—池田典夫
D—原島広至・池田恵夫・岩井正美・恩田 薫・国玉美智子・笹森理子
C—エホバの証人地域大会
1996

—1　本部
—2　司会者
—3　ステージ
—4　案内
—5　会場整理
—6　報道
—7　イヤホーン席
—8　音響
—9　自発奉仕
—10　劇
—11　トイレ
—12　男子トイレ
—13　女子トイレ
—14　浸礼
—15　救護
—16　記録
—17　サイン
—18　清掃
—19　設営
—20　設備
—21　文書
—22　落し物
—23　ゴミ置場
—24　運送
—25　駐車場
—26　宿舎

908
百貨店のピクトグラム
AD—中沢康雄
D—中沢デザインオフィス・山下美千代
C—京急百貨店
1996
—1　手話
—2　外国語会話
—3　CSパートナー
—4　宝石鑑別士
—5　ソムリエ
—6　インテリアコーディネーター

LOGOTYPE-1

SF

1

2

3

4

U.S. stadium

5

Ion Supply
HotPo
ホットポー

6

COLOR
ZAURUS
カラーザウルス

7

1
地下鉄のプリペイドカード
D—山田壮稔
C—帝都高速度交通営団
1996

2・3・4
オーディオカセットテープ
D—富士写真フイルム デザイン センター
C—富士写真フイルム
1996

5
スポーツカジュアルショップ
D—中島祐二
C—ヴィヴァン
1996

6
粉末清涼飲料
AD—木内政幸
D—佐藤 弦
A—ホワイトルーム
C—大塚製薬
1996

7
液晶ペンコム
D—シャープ
C—シャープ
1996

8
クリスタルメーカーの展示会
D—大川栄司
C—スワロフスキー・ジャパン
1997

9
格闘テレビゲームソフト
D—竹浪利行
C—タイトー
1996

10・11
国際テレフォンカード
AD—鈴木善博
D—ビーバイスタジオ
A—ヘルム・エージェンシー
C—コネッコ・インターナショナル
1996

12
燃料電池製品のブランド
AD—吉岡謙一
D—市川文子
C—石川島播磨重工業
1996

13
カラープリンター
AD—富士写真フイルム・デザインセンター
D—三浦宏一郎
C—富士写真フイルム
1996

14
健康食品
D—野仲瑠璃方
C—そら
1996

Tutti Frutti
Fruity and Floral impression

8

FIGHTERS' IMPACT

9

CND
TRAVEL PHONE CARD

10

CND
TRAVEL PHONE CARD

11

I-MAT

12

Print-it

13

14

15

タフィー
Taffy
[tǽfi]

16

VegitaBeta®
ベジータベータ®

17

FUJIKO MATE
PRODUCED BY HIRAMATSU

18

15
コンサートツアー
AD—鈴木善博
D—ビーバイスタジオ
C—ファンキー・ジャム
1996

16
キャンディー
D—田中優子
C—日邦製菓
1995

17
清涼飲料
D—三谷 豊
A—電通
C—日本コカ・コーラ
1997

18
学生服メーカー
D—野田幸嗣
A—エス・プリ
C—平松商店
1996

19
コンピュータ編集システム
AD—ソニー・コーポレートデザインセンター
D—尾村匡昭
C—ソニー
1996

20
ネットワーク
D—TCD
C—情報技術コンソーシアム
1996

21
住宅展示場
AD—池田武仁
D—池田武仁・斉郷隆喜
A—セーラー広告
C—住宅展示場ジュピア
1995

22
複合商業施設
AD—矢部信明
D—小倉栄二
A—乃村工藝社
C—大阪ガス岩崎開発
1997

23
ワイシャツ
D—新里一裕
C—山喜
1995

24
ワインレストラン
D—安達和子
A—快演隊
C—三笠屋
1996

25
コンパクトカメラ
D—オリンパス光学工業・市橋篤
C—オリンパス光学工業
1996

EDIT STATION ™

19

KIKI Net

20

Jupia

21

padou

22

Global Family

23

Vino de MiCASA Since 1996

24

LT zoom 105

25

GAME CITY

26

Bean Stalk
Series Otsuka a total system for baby

27

Bean Stalk
Series Otsuka a total system for baby

28

ECO
TECHNOLOGY
NA GA SA KI

29

IDEA
I&T
HEAD FACTORY
KOSAKA FACTORY
ISHIKIRI FACTORY
ISHIKIRI 2ND FACTORY
KUSATU FACTORY
TECHNOLOGY

30

HITEX

31

26
アミューズメントゲーム店
D―市橋 篤
C―アイ・エンタープライズ
1996

27・28
乳児製品シリーズ
AD―木内政幸
D―佐藤 弦・戸田寿美子
A―ホワイトルーム
C―大塚製薬
1992

29
情報誌「ECO」タイトル
D―山崎加代子
A―九州広告
C―長崎市
1996

30
電機部品メーカー
D―小林信之
C―たちばな電機
1995

31
コンピュータ関連会社
AD―パシオ
D―足立 隆
C―東海ハイテック
1996

32
イベント・看板製作会社
D—林 孝憲
C—トータル
1996

33
ソフトウェア開発会社
AD—バンデコングラフィックス
AD—川本直人・川本直人
C—アニモ
1996

34
ポンプ製造会社
D—TCD
A—大広
C—森田ポンプ
1996

35
美容室
D—宮坂克己
C—ヘアークラブトムトム
1996

36
物流会社
AD—吉延高明・能丸裕幸
D—吉延高明
C—九州物流システム
1996

37
AVレンタル・販売業
AD—石山俊郎
D—イクス
A—コーポレートデザインリンケージ
C—沖縄ブックボックス
1996

38・39
テレビ局
AD—笹井隆男
D—笹井隆男・中世古佳伸
A—THE SASAI DESIGN
C—東京メトロポリタンテレビジョン
1995

40
電話番号「113」
AD—玉井 優(NTT)
D—丸塚久和
A—電通
C—NTT
1995

NEW MEDIA CREATORS
TOTAL

32

SOUND
SOLUTION
PROVIDER
ANIMO

33

MORITA

34

TOM TOM
HAIR CLUB

35

KyuButsu

36

PLANET
A&V MULTI NETWORK
BY DENEN

37

MXTV

38

MXテレビ

39

113

40

41

42

43

44

45

46

47

48

41
コンピュータソフト
AD—翔泳社
D—大林 誠
C—日本オラクル
1995

42
コンピュータソフト
AD—翔泳社
D—大林 誠
C—日本オラクル
1996

43
ジャズ・コンボ
AD—山口至剛
D—柴村毅彦
C—ハーモニージャパン
1996

44
フォーラム
AD—TCD・神谷利男
D—神谷利男
C—電通
1996

45
電話番号「116」
AD—中山美久(NTT)
D—丸塚久和
A—電通
C—NTT
1995

46
ガソリン購入カード
AD—板谷和幸
D—橋本隆裕
A—第一企画
C—日本石油
1995

47
コンピュータ・ショップ
AD—内堀法孝
D—西村 陸
A—セイコーエプソン・デザインセンター
C—エプソンダイレクト
1995

48
コンピュータ専門店
AD—翔泳社
D—大林 誠・伴 秀之
C—カスミ家電
1996

49
郊外型文具店
AD—田島一夫・カ石秀夫
D—江村信一・田島一夫
A—ワンネス
C—文具のぶんぶん
1996

50
情報サービス会社
D—システムデザイン研究所
A—ブレーンセンター
C-サービスウェア・コーポレーション
1996

51
ISSEY MIYAKEグループの新会社
AD—ソニー・コーポレートデザインセンター
D—尾村匡昭・坂本 学
C—A-net Inc.
1996

52
自治体のエコ・ショップ制度
AD—藤代範雄
D—益田 淳
C—茨城県
1996

53
オーディオコンパクトカセットテープ
AD—ソニー・コーポレートデザインセンター
D—山口幸紀
C—ソニー
1996

54
電話受付代行サービス
Producer—大石達巳
AD—原田 進・プラクシス
D—金田進哉
A—アゼタプランニング
C—NTTテレマーケティング
1995

55
建設会社
AD—ブレイン
D—大谷憲市・長屋和代
C—アサヒグローバル
1997

56
企画会社
AD—石山俊郎
D—イクス
A—ブランズフォー
C—システムブレーン
1995

49

50

51

52

53

54

55

56

Digital Cinema Sound

57

THE ROYAL FLUSH JAZZ BAND

58

2008 OSAKA

59

DESIGN 21

60

GOL Global OnLine Japan

61

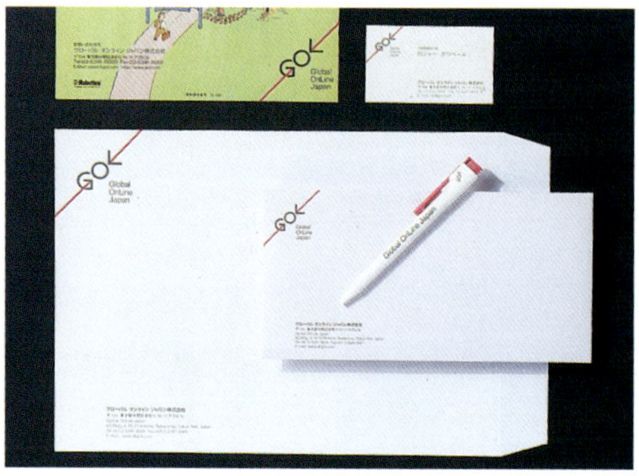

TESHIMA OFFICE
手島土地家屋調査士事務所

62

A B C D E F G H
I J K L M N O P
Q R S T U V W X

63

c:ihc

64

made in Kobe

65

57
デジタルの音場処理技術フォーマット名
AD—ソニー・コーポレートデザインセンター
D—尾村匡昭
C—ソニー
1996

58
ジャズバンド
AD—奥村昭夫
D—松村 路
C—ロイヤルフラッシュジャズバンド
1996

59
オリンピック誘致
D—奥村昭夫
C—2008 OSAKA
1996

60
国連・ユネスコ・フェリシモ共同イベント
AD—奥村昭夫
D—梶原恵美
C—国連・ユネスコ・フェリシモ
1996

61
インターネットプロバイダー
Producer—江角真一
AD—原田 進・プラクシス
D—原田 進・花田太郎
A—秀巧社印刷
C—グローバルオンラインジャパン
1996

62
土地家屋調査士事務所
D—村田 満
C—手島土地家屋調査士事務所
1996

63
オフィス家具
AD—中川憲造
D—中川憲造・森上 暁・中山典科
C—UBインターナショナル
1995

64
ブランド名
D—Arlet Lacour
C—ワールド
1996

65
ボランティアグループのブランド
D—田中 晋
C—がんばろう神戸
1996

66・67
眼科医院
D—上野文子
C—すみ眼科クリニック
1997

68
事務器販売会社
D—松本一実
C—馬郡喜商店
1996

69
照明器具販売会社
Producer—櫻井稔之
AD—原田 進・プラクシス
D—佐藤早苗
A—大日本印刷
C—オーデリック
1995

70
ビルメンテナンス会社
D—森 裕之
C—ミスタークリーン
1996

71
競輪協会
AD—ACT
D—別井清美
C—日本プロフェッショナルサイクリスト協会
1997

sumi EYE CLINIC

66

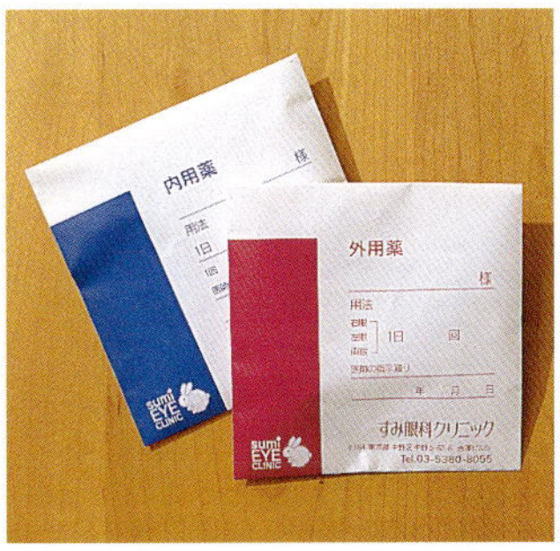

sumi EYE CLINIC

67

magori

68

ODELIC

69

Mr. CLEAN
MAINTENANCE & CONSULTING SYSTEM

70

JPCA

71

HONDA
CLEAN AIR VEHICLE

72

HONDA
CLEAN
AIR
VEHICLE

73

TSUCHI
HARU
Jeaning Life Creater

74

CLUB
KeBim's
KEEP ON BEING MARVELLOUS
BANK CARD

75

76

nobita
Clear book

77

自分で選べ 自由に選べ
Yourself・

78

72・73
自動車会社のキャンペーン
AD—高橋コージ
D—宮崎貴之・村井智彦
A—博報堂
C—本田技研工業
1997

74
衣料販売会社
D—システムデザイン研究所
C-つちはる
1996

75
ビルメンテナンス会社
D—勝部進一郎
C—協栄ビルメンテナンス
1995

76
ビルメンテナンス会社のキャラクター・ロゴ
AD—勝部進一郎
I—小泉陽子
C—協栄ビルメンテナンス
1996

77
文具(クリアブック)タイトル
D—山内義彦・TCD
C—コクヨ
1995

78
たばこのキャンペーン
AD—佐藤 新
D—高木孝浩
A—U.P.U
C—JT日本たばこ産業
1996

79
土地測量会社
D—栗田次男
C—スズキ測量設計
1996

80
医薬・医療機器総合卸売業
AD—イン21・峯山信行
D—電通テック・生形 剛
A—アド電通(大阪)
C—三星堂
1994

81
衛星デジタルテレビ局
AD—福井崇人
D—佐藤恵美子・富澤真琴
A—電通
C—日本デジタル放送サービス
1996

82
衛星デジタルテレビ局
AD—福井崇人
D—佐藤恵美子
A—電通
C—日本デジタル放送サービス
1996

83
ステーションビル
D—正木 茂
A—リックデザイン
C—和歌山ステーションビル
1995

84
機能性飲料
D—窪田仁志
C—ポーラフーズ
1996

80

79

81

82

83

84

Hot Spice CReative
有限会社 ホット・スパイス・クリエイティブ
85

PICTURE PLUS
86

Morning Salad
87

Shop Sports Museum
88

KEIKYU
89

Play-it
90

Fotojoy
91

ASAKUSA
M'S CAFE
RESTAURANT
92

85
クリエイティブスタジオ
D—細田正幸
C—ホット・スパイス・クリエイティブ
1996

86
デジタルフォトシステム
AD—富士写真フイルム・デザインセンター
D—佐藤 純
C—富士写真フイルム
1996

87
食品「おしゃれサラダ」
AD—森井克也
D—斉藤玲子
C—カネハツ食品
1995

88
スポーツ用品ショップ
AD—中川憲造
D—中川憲造・森上 暁
C—ミズノ
1996

89
百貨店
D—三木 健
A—PAOS
C—京急百貨店
1996

90
フォトプレイヤー
AD—富士写真フイルム・デザインセンター
D—白石貴子
C—富士写真フイルム
1996

91
デジタルフォトシステム
AD—富士写真フイルム・デザインセンター
D—三浦宏一郎
C—富士写真フイルム
1996

92
飲食店
D—石川 源
C—エムズカフェ
1997

93
氷菓
AD—山口至剛
D—茂村巨利
C—カルピス食品工業
1995

94
清涼飲料水
D—山口至剛
C—カルピス食品工業
1996

95
炭酸飲料
AD—三谷 豊
D—小山 弘
A—電通
C—日本コカ・コーラ
1996

96
ホテルのオリジナル商品
ショップ
Producer—矢野直一
AD—原田 進・プラクシス
D—花田太郎
A—大広
C—ホテルシーホーク
1996

97
デンタルクリニック
AD—山田崇雄・TCD
D—岡 久夫・TCD
C—ふじた歯科クリニック
1997

98
飲料
D—カンパニースタイル, Inc.
C—ダイドードリンコ
1997

CALPIS FRAPPÉ

93

CALPIS Water®

94

RealGold®
リアルゴールド®

95

REFLECTIONS

96

Fujita
DENTAL CLINIC

97

Hoppin' Lemon

98

99

100

101

102

103

104

105

106

99
船舶用建機
AD—兜木速雄
D—システムデザイン研究所
A—博報堂
C-SKK
1996

100
GPS測量システム
AD—プラン・ドゥ・シー
D—田中弘幸
A—創芸プランニング
C—近代技研
1995

101
14か国語FM放送局
D—中澤 淳
A—電通
C—関西インターメディア
1995

102
新聞の販促キャンペーン
AD—石山俊郎
D—イクス
A—プランズフォー
C—朝日新聞社(販売部)
1996

103
写真集「坂上香織写真集・Violeta」
D—児玉 敦
C—ぶんか社
1996

104
マルチメディア企業
AD—吉延高明・横井信良
D—吉延高明
A—コネクションズ
C—好國際有限公司
1996

105
ターミナルビル内アミューズスペース
Producer—竹田 洋
AD—原田 進・プラクシス
D—末次詩郎
A—ATA
C—小倉ターミナルビル
1996

106
情報機器
AD—松野 勲
D—宮坂克己
A—イサオインク
C—オーバルジュニア
1996

107
レジャー施設
D—高田雄吉
A—NIA
C—オトム
1995

108
イベント会社
AD—佐藤 明
D—宮坂克己
C—クラブ・ジオ21
1995

109
財団
D—宮坂克己
C—田中記念財団
1995

110
タレントコンポジット
D—田頭 誠
C—コミーインターナショナル
1996

111
総合住宅建築業
D—橋本勝久
A—フクコー・アド
C—VIEW
1996

OTOM

107

CLUB 21

108

TMF

109

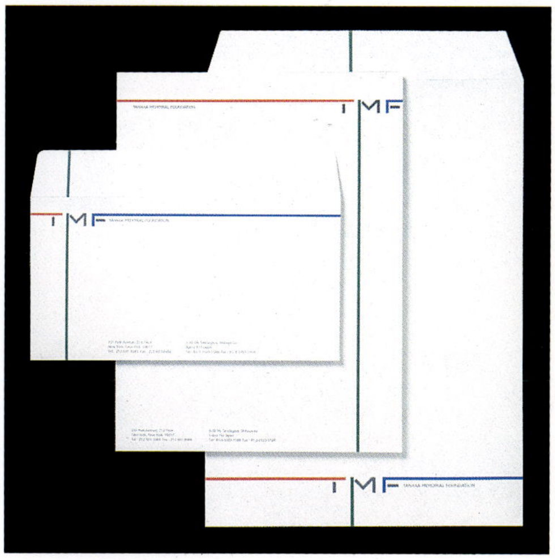

Hikaru Kawamura

110

VIEW

111

112
コンサルティング会社
D—丸塚久和
A—CASE-LEE
C—AMC INC.
1996

113
書店
AD—橋本浩一
D—山下知章
A—西川印刷
C—らくだ書店
1995

amc

112

BOOKERS
RAKUDA

113

114

115

116

117

119

118

120

121

122

114・115・116
化粧品
D—室橋 勝
C—アハヴィー化粧品
1996

117
コンピュータソフトのキャンペーン
D—丸塚久和
A—CASE-LEE
C—メディアドライブ
1996

118
デザインビジネスコンベンション
AD—杉崎真之助
D—板谷 淳
C—大阪サイドビジネスコンベンション
1997

119
展示会
AD—翔泳社
D—大林 誠
C—エー・アイ・ソフト
1996

120
インターネット活用雑誌
AD—今氏亮二(hot type 工房)
C—日経BP社
1996

121
プリペイドカード
D—ザ・デザイン・アソシエイツ
C—日本カードセンター
1995

122
CD・レコード販売店
D—細川光夫
A—電通
C—バンダレコード
1996

123
ドラッグストア
AD—三浦 敏
D—吉川広志
A—マクロス
C—エスロード
1997

124
印刷会社
D—三浦 敏
A—マクロス
C—遠山青葉印刷
1997

125
ファッションブランド
AD—浅埜 勝
D—米澤帛芙・木下博美
A—アーサー・ハンドレッド・カンパニー
C—オーク
1996

126
自動車整備会社
AD—ハートクリエイション
D—大場節男
C—ガレージミナミ
1996

127・128
トラクター機種名称
D—デザインオフィス バックス
C—ヤンマー農機
1995

129
衛星デジタルテレビ局
AD—レマンプラス
D—野山浩三
C—ジュピター・プログラミング・ネットワーク
1993

130
デジタルカメラ
AD—富士写真フイルム・デザインセンター
D—加藤真子
C—富士写真フイルム
1996

131
炭酸飲料
D—小山 弘
A—ビッグアップル
C—ダイドードリンコ
1997

123

124

125

126

127

129

128

130

131

132

C-TWO-NETWORK
OKUMASHOJI
DAIZEN

CATCH
OUR
DREAM

フェア'96

133

FM

JAPAN COMMUNITY
BROADCASTING ASSOCIATION

134

135

136

138

137

139

140

132
歯科医院
AD—TCD
D—山田崇雄・TCD
C—小室歯科
1995

133
展示会
D—宮坂克己
A—フジヤ
C—COD合同見本市
1996

134
コミュニティFM放送協議会
D—小出真己
C—全国コミュニティ放送協議会
1996

135
クルマ雑誌のタイトル
D—小出真己
C—三栄書房
1996

136
パソコンスクール
AD—ディー・エイ・ティ・コーポレーション
D—溝田 明
C—オーシーエル
1996

137
ショッピングセンター
AD—上條喬久
D—川田勝也
A—トータルメディア
C—ツルヤ
1996

138・139
フォークリフトの型式名称
AD—中村宏三
D—小川美奈子
A—アクレックス
C—三菱重工
1996

140
ショッピングセンター
AD—ゼア
D—藤岡宏満
A—船場
C—コモーレSC
1995

141
電話会社のショールーム
AD—寺沢 徹
D—松嶋史枝
C—NTT(群馬支店)
1995

142
ブランドロゴ
AD—多留利治
D—赤岩一海
A—アルマ
C—又一洋行
1995

143
カタログ
AD—戸所信二
D—森 隆臣(崇)
A—プラネットアルファ
C—アガツマ
1996

144
ガイドブック
AD—藤代眞美
D—村上健一
A—MAT
C—ナムコ
1997

145
スポーツドリンク
D—坂元良弘
C—カゴメ
1997

146
子供用品のレンタル業
AD—タカムランド
D—高村佳克
C—キッズスペース ウィービィー
1995

147
フラワーアレンジメントショップ
AD—デザインオフィス アルマン
D—冨田和博
C—フローラ
1997

148
労働組合連合会機関誌タイトル
D—小俣昌久
C—全トヨタ労働組合連合会
1996

149
臨海保育施設
AD—タカムランド
D—高村佳克
C—青葉幼稚園
1995

PRESENTATION ROOM

141

PERCIA

142

'96 CATALOGUE

143

NAMCO

144

SPORTOP

145

Pio
KID'S RENTAL

146

FLORA

147

ZONE
【ゾーン】

148

SEASIDE ASSOCIATION
CUTE CUE
9109

149

OJIPAPERGALLERYOSAKA

150

OJIPAPERGALLERYSAPPOLO

151

152

150
製紙会社ギャラリー
AD—奥村昭夫
D—南 勝治
C—王子製紙
1995

151
製紙会社ギャラリー
AD—奥村昭夫
D—江口美知子
C—王子製紙
1996

152
製紙会社ギャラリー
AD—奥村昭夫
D—上野光生
C—王子製紙
1997

153
マルチメディアテレビ
AD—東芝デザインセンター
D—松本牧生
C—東芝
1995

timm
TOSHIBA INTEGRATED MULTIMEDIA MONITOR

153

PREMIER

154

154
スキーウェアブランド
D—成瀬始子
C—デサント
1995

155
セルフサービス用カーピット
Producer—吉峰 剛
AD—上原 昌
D—上原 昌
C—トヨタ部品鹿児島共販
1996

156
委託販売・カーエステ会社
AD—池田武仁
D—池田武仁・ブジンアート
C—ガリレオコーポレーション
1995

my GARAGE

155

GARIREO
CORPORATION

156

157
女性月刊誌
AD—ザ・ステューディオ・トウキョウ・ジャパン
D—奥村靫正
C—マガジンハウス
1997

158
清涼飲料
Producer—坂口恵之佑
AD—高田雄吉
D—高田雄吉
A—NIA
C—大塚化学
1996

159
駅前テナントビル
D—田村 至
A—電通
C—住宅都市整備公団
1995

160
コンピュータソフト開発会社
D—林 孝憲
A—ボス
C—サイバー・ネット・コミュニケーションズ
1996

161
飲料
AD—カルピス広告部
D—ザ・デザイン・アソシエイツ
C—カルピス
1996

162
文具・紙製品見本市
AD—浜口 哲(三菱鉛筆)
D—代永 勉(パブリシティ・アドベンチャーズ)
C—東京文具工業連盟
1997

163
熟年向け雑誌の題字
AD—本間章成
D—本間章成・日の友太
C—朝日新聞社(出版局)
1996

GINZA

157

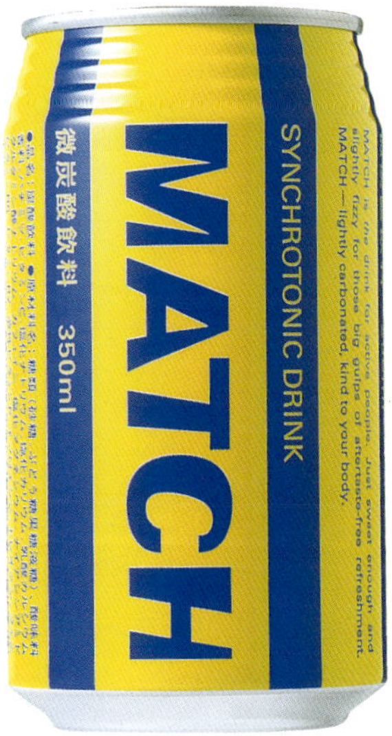

MATCH

158

BiviO

159

CyNet
CYBER NET COMMUNICATIONS

160

nude

161

JASPEX'97
JAPAN ALL STATIONERY AND PAPER EXPOSITION

162

Asante

163

Libretto

164

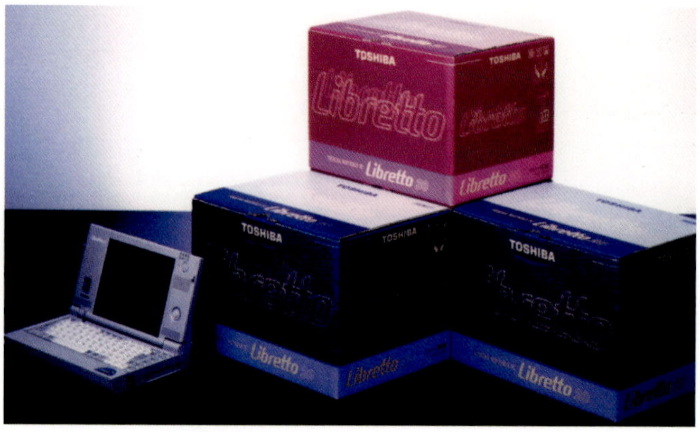

Cue キュー
CHOCOLATE

165

New Classic Soul

166

Trendy

167

ぴぴ
PiPi
ベビーおむつ

168

Babyせん

169

164
ミニノートパソコン
AD—東芝デザインセンター
D—松本牧生
C—東芝
1996

165
チョコレート
AD—カバヤ食品
D—デザインメイト
C—カバヤ食品
1996

166
雑誌記事タイトル
AD—山口至剛
D—茂村巨利
C—スイングジャーナル社
1997

167
パソコン専門店
Producer—宮地省治・上田享子
AD—原田 進・プラクシス
D—佐藤早苗
A—スペース
C—ソフマップ
1995

168
ベビー用紙おむつ
AD—衣川亮一
D—クリエイティブスペース
C—トーヨー衛材
1988

169
ベビー用せんべい
D—岩本禎雄
C—鈴木商会
1997

170
百貨店のショッピングカード
AD—石山俊郎
D—イクス
A—コーポレートデザインリン
　ケージ
C—ラルズ
1995

171
コンパクトカメラ
D—市橋 篤
C—オリンパス光学工業
1996

172
月刊誌題字
D—岡本一宣
C—サンマーク
1996

173
乳飲料
AD—柳瀬 誠
D—暮沼宏一
A—電通
C—森永乳業
1995

174
雑誌記事タイトル
AD—山口至剛
D—茂村巨利
C—スイングジャーナル社
1996

RARA card

170

OZ
CLASSY 105

171

Monthly Magazine
evah

172

ピクニック
Piknik
Wherever you are, everyone has a picnic with Piknik.

173

174

SATO KANKO BUS

175

TACKEY 816
FM STATION

176

BLACK

177

FACEBALANCE

178

STUDIO IGREK
corporation

179

美容室
MIKA LADY

180

Velviscan

181

175
観光
D—池田典夫
A—トリム・ライン東関東
C—佐藤観光
1997

176
FM局
AD—高田雄吉
D—高田雄吉・檜垣平太
C—みのおFM
1995

177
ノート型パソコン
D—高松里江
C—エス・エス・アイ
1996

178
化粧品
AD—袋 晋
D—カレノアール・渡辺隆史
C—花王ソフィーナ
1997

179
写真・デザイン会社
AD—吉塚健司
D—依田直子
C—スタジオ・イグレック
1995

180
美容室
AD—ネスト・グラフィックス
D—河北信彦
C—ミカレディ
1997

181
フラットヘッドカラースキャナー
AD—富士写真フイルム・デザインセンター
D—ミックブレインセンター
C—富士写真フイルム
1996

182
カフェ・ベーカリー
AD—亀島 琳
D—中島敬子
A—シック
C—ネオ・セルフ「トレーノ」
1996

183
保育園
AD—タカムランド
D—高村佳克
C—キッズスペース ウィーピィー
1995

184
クリエイティブファクトリー
AD—永富敬士
D—高田倫典
C—VIIM(ビーム)
1997

185
快適機能素材ネーミング
AD—田口直樹・甲斐万暢
D—甲斐万暢
A—ノザークインターナショナル
C—ゴールドウィンモーダ
1996

186
健康増進施設
AD—神垣博文
D—浴中明美
A—パシフィックグループ
C—IGLグループ
1996

187
DTP入門書タイトル
D—宮坂克己
C—アスキー
1995

188
ソニーPCカテゴリーの総称
AD—ソニー・コーポレートデザインセンター
D—後藤禎祐・坂本 学
C—ソニー
1996

NEO=SELF
TRENO

182

KID'S SPACE
weepee

183

VIIM
VISUAL IMAGE IMPEL METHOD

184

ACT

185

KUARIUM
chalet

186

DTP
(DESKTOP PUBLISHING)

187

VAIO

188

189

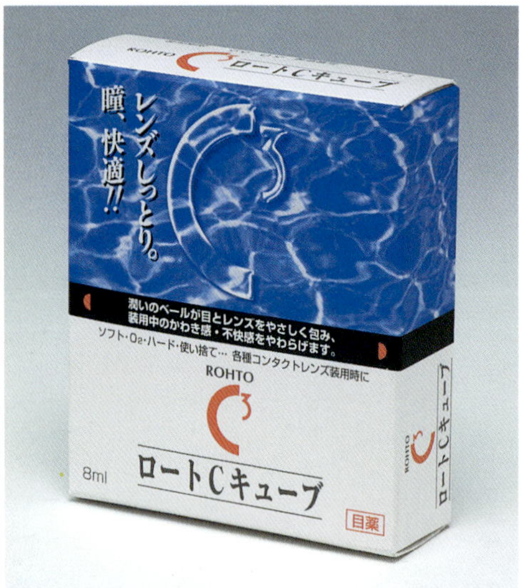

190

191

192

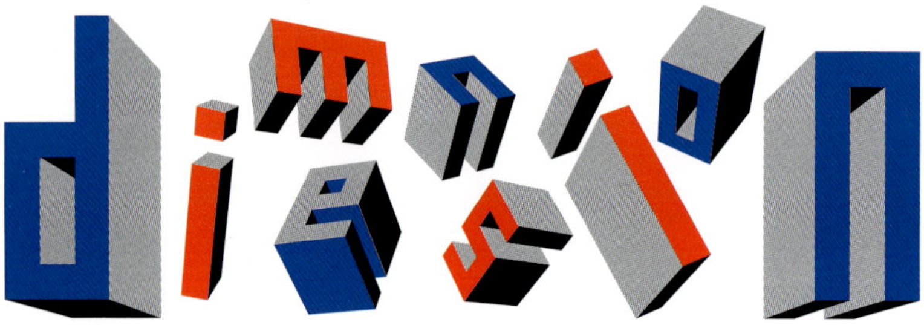

193

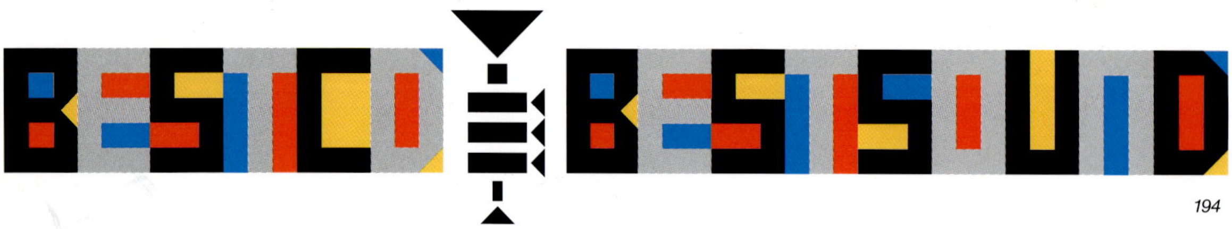

194

189
目薬
AD—桝井耕一郎
D—ブラスト
C—ロート製薬
1995

190
化粧品
D—鈴木英之
A—博報堂
C—カネボウ化粧品
1996

191
ジュエリーデザイン専門学校キャリアカレッジ
AD—鈴木善博
D—ビーバイスタジオ
C—専門学校ヒコ・みづのジュエリーカレッジ
1995

192
97年版カレンダー
AD—山口至剛
D—茂村巨利
C—スイングジャーナル社
1996

193
ミュージシャン
AD—山口至剛
D—茂村巨利
C—スイングジャーナル社
1996

194
雑誌記事タイトル
AD—山口至剛
D—茂村巨利
C—スイングジャーナル社
1996

195
土木業
D—伊藤久恵
C—クリオス
1997

196
木工所
AD—伊藤久恵
D—宮田裕美詠
C—波田嚴木工所
1995

197
家庭用木製品製造販売会社
AD—クリエーティブ・エージェンシーオーク
D—鶴田 亨
C—マルヨシ
1997

198
美術研究所
AD—官能右泰
D—官能右泰デザイン室
C—京都洛北美術研究所
1996

199
デザイン会社
D—塚本明彦
C—エイバックカンパニー
1996

200
CDタイトル
AD—山口至剛
D—柴村毅彦
C—バンダイ・ミュージック・エンタテインメント
1996

201
バッグブランド
D—太田雄一
C—大磯産業
1995

202
ミュージシャン
AD—山口至剛
D—茂村巨利
C—スイングジャーナル社
1996

195

196

197

198

199

200

201

202

LOUVRE

Les peintures françaises du XVIII ème siècle de la collection du Musée du Louvre

203

SENKEN MD

1997.3.31 "MONDAY"

204

μ [mju:]-II

205

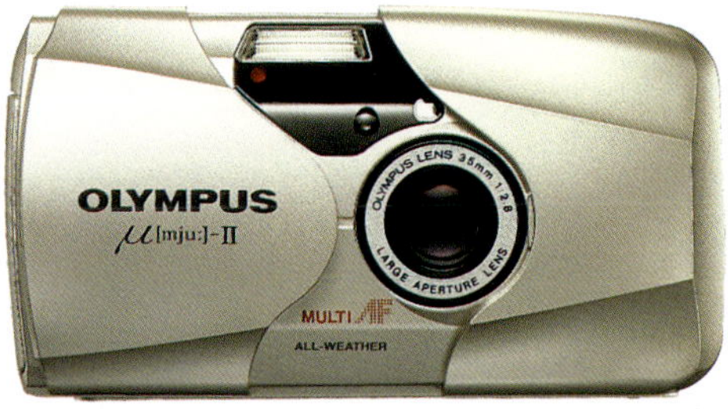

NEUTRAL CORPORATION

206

GRAND Cafe

グラン カフェ

207

Made in YOKOHAMA

208

203
展覧会「ルーブル展」
AD—松永 真
D—松永 真・正木賢一
C—東京都美術館・読売新聞社
1996

204
繊維業界紙
AD—浅埜 勝
D—米澤帛笑・木下博美
A—アーサー・ハンドレッド・カンパニー
C—繊研新聞社
1997

205
コンパクトカメラ
AD—オリンパス光学工業・市橋 篤
D—市橋 篤
C—オリンパス光学工業
1996

206
広告企画・制作会社
AD—浅埜 勝
D—米澤帛笑
A—アーサー・ハンドレッド・カンパニー
C—ニュートラル・コーポレーション
1996

207
飲食店
AD—ヤマモト ヒロユキ
D—中林賢治
C—グランカフェ
1995

208
スーベニアショップ
AD—中川憲造
D—中川憲造・森上 暁・印田裕之
C—タワーショップ
1996

Polaire
SAPPORO WINE

209
飲料
D—ランドー アソシエイツ(ロゴタイプ)・パド企画(パッケージデザイン)
C—ポッカコーポレーション
1995

210
ワインシリーズ
D—ザ・デザイン・アソシエイツ
C—サッポロ
1996

Mr. Coffee

209

210

Essential
II
211

mari-net
212

APRiL WiND
Shin Matsunaga
213

FUCHU
FOREST
SIDE
WALK
214

CEYLON
TEA
Dimbula Straight
There's a gallon of deliciousness in every drop. Reach for the taste of good taste, reach for DyDo.
セイロンティ
ディンブラストレート
215

211
シャンプー&コンディショナー
AD—小嶋佳子
D—廣根礼子
C—花王
1996

212
情報誌タイトル
AD—木寺和文
D—牧野博泰
C—積水ハウス
1996

213
作品集タイトル
AD—松永 真
D—松永 真・正木賢一
C—第一紙行
1997

214
市街地再開発組合
AD—井山高秀
D—太田雄一
A—コーゾーデザインスタジオ
C—府中駅南口第二地区市街地再開発組合
1996

215
飲料
D—カンパニースタイル, Inc.
C—ダイドードリンコ
1995

216
コンピュータゲーム会社
AD—翔泳社
D—大林 誠
C—ブレイク
1996

217
テーブルウェアブランド
AD—中沢康雄
D—中沢デザインオフィス
C—中沢技術研究所
1996

218
雑誌記事タイトル
AD—山口至剛
D—安野洋子
C—スイングジャーナル社
1996

219
お米販売会社
D—田中優子
A—東名商会
C—米常商事
1996

220
洋服販売専門店の春のキャンペーン
D—五日市俊哉
C—葡萄屋
1996

221
化粧品会社
AD—渡辺綾子
D—雑賀知子
C—ウテナ
1996

222
書籍
D—竹智 淳
C—トレヴィル
1995

216

217

218

219

220

221

222

THE PRIVATE

223

naoki
collection

224

MAIYA

225

resorces with conversation
GRANDIR
TOYODA
グランディール・トヨダ

226

Meiji
ZAGAG
CHOCOSNACK
ザグザグ

227

Fiesta
DE
Galicia

228

223
ファッションビル
Producer—鄭 淑子・金 忠行
AD—原田 進・プラクシス
D—佐藤早苗
A—韓国LCA
C—ザ・プライベート
1995

224
オリジナルブランド
AD—平井直樹・平井雅子
D—平井直樹
C—creative work natural
1997

225
スーパーマーケット
AD—石山俊郎
D—イクス
A—コーポレートデザインリンケージ
C—マイヤ
1997

226
ガソリンスタンド
AD—弓制作室・中武 弓
D—クリエイティブオフィスゼーラ、フルカワ・サダハル
C—グランディール・トヨダ
1996

227
チョコスナック
AD—菅原裕介
D—佐々木雅裕
C—明治製菓
1996

228
テーマパークのイベント
AD—磯田礼子
D—クリエイト・ゼン
A—メディアート
C—志摩スペイン村
1995

229・230・231
カセットテープ
AD—高橋 敏
D—信貴 涉
C—TDK
1996

232
ミニディスク
AD—高橋 敏
D—長澤 学・高田裕二
C—TDK
1996

233
ゴルフ会員権プロデュース会社
AD—熊谷幸雄
D—三浦 敏
A—仙台放送エンタープライズ
C—アユーゼ
1995

234
美容室
D—保田濠照
C—美容室BIJIN
1996

235
土木建設会社
D—ザ・デザイン・アソシエイツ
A—電通PR
C—ガイアートクマガイ
1995

229

232

230

231

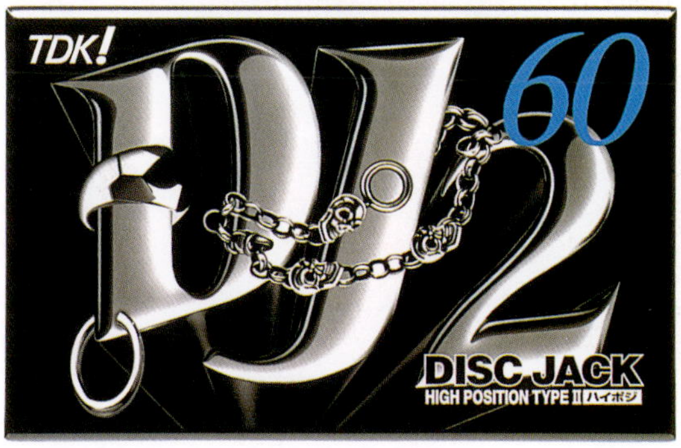

AYOUZ

233

SINCE 1996
BIJIN
HAIR REVOLUTION

234

GAEART
KUMAGAI

235

236

237

238

239

240

241

236・237
オーディオカセット
AD―富士写真フイルム・デザインセンター
D―ミックデザインワークス
C―富士写真フイルム
1996

238
飲料
D―カンパニースタイル, Inc.
C―ダイドードリンコ
1995

239
菓子
D―犬塚デザイン・犬塚達美
A―大日本印刷
C―明治製菓
1995

240
印刷分野の高画質フィルム製版処理システム
AD―富士写真フイルム・デザインセンター
D―白石貴子
C―富士写真フイルム
1995

241
飲料
D―カンパニースタイル, Inc.
C―ダイドードリンコ
1996

242
文具用品
AD—ハーズ実験デザイン研究所・村田智明
D—生地利行
C—極東ノート
1996

243
食用油のブランド
D—ザ・デザイン・アソシエイツ
C—味の素
1995

244
電話機
D—ランドー アソシエイツ
C—NTTパーソナル
1995

245
スポーツサークル
D—太田雄一
C—モースト
1995

246
食品物流業
AD—石山俊郎
D—イクス
A—浪漫堂
C—伊藤忠食品
1996

eyesoft

Kyokuto Note Co.,Ltd. wins popularity to use smooth and the most harmless paper of the quality "Eye Soft Green."

242

OLIVE OIL
EXTRA VIRGIN
100% PURE & HEALTHY
Premium grade virgin olive oil obtained from the first pressing gives freshness and most flavorful.

243

PALDIO

244

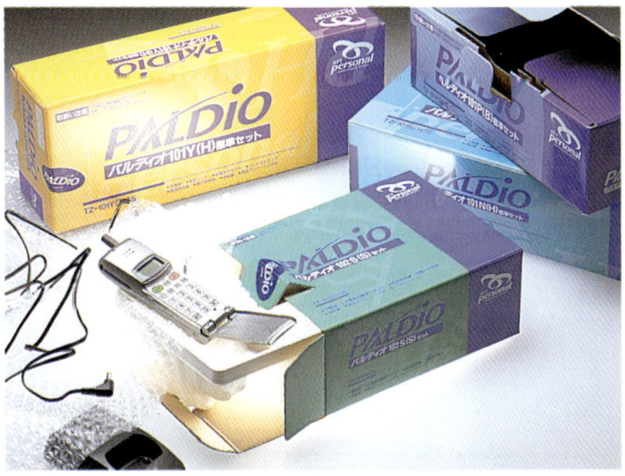

MOST

245

ISC

246

247

248

249

250

251

252

253

254

247
演奏会
AD—飯守恪太郎
D—飯守恪太郎・上野文子・小林珠美
C—ブルーメンシュトラウスコンサート事務所
1996

248
広告代理店
AD—矢野聖二
D—森 秀樹
C—ジェイランド
1997

249
通信カラオケ
AD—山下 泰
D—吉延高明
A—大広
C—日光堂
1997

250
エンジンオイル
D—羽山 恵
A—ビスコム、C.O.タブコ
C—出光興産
1996

251
遊園地のアトラクション
AD—竹智 淳
D—竹智 淳・竹智こずえ
A—I&S
C—スペース・ワールド
1996

252
住宅資材会社
D—町田健二
A—共立プラニング
C—鹿北
1995

253・254
観光パンフレット(春・夏・秋用及び冬用)
AD—井堀悦郎
D—博田真由美
A—ながのアド・ビューロ
C—志賀高原
1996

255

256

257

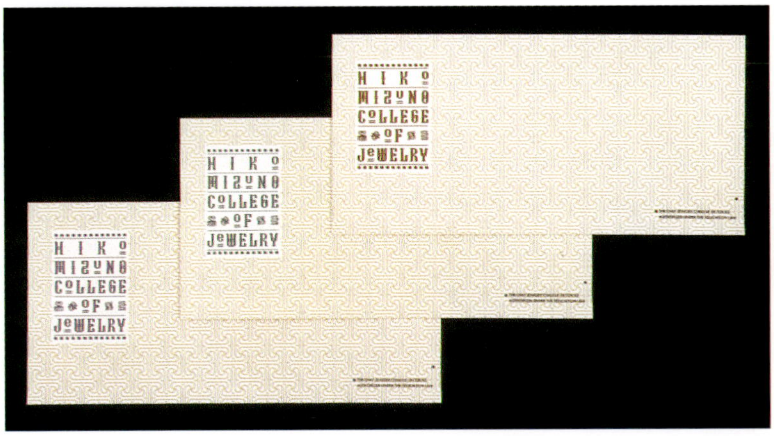

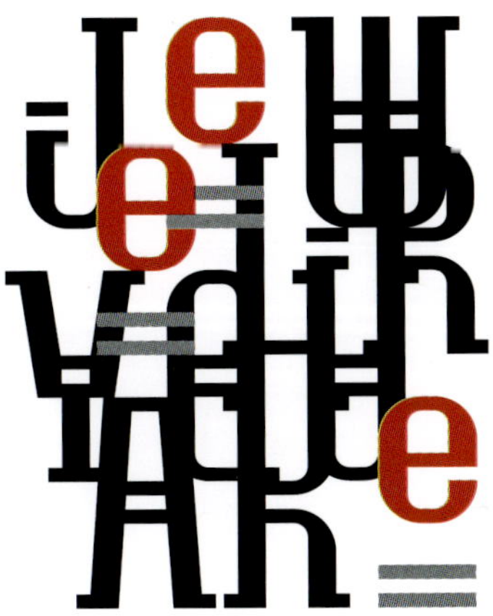

258

259

255
清涼飲料
Producer—瀧澤奈美
AD—原田 進・渡辺 聡・ブラクシス
D—ブラクシス
C—キリンビバレッジ
1996

256
雑貨店
AD—神谷敬久
D—宇田川一美
C—チャンプ
1996

257
ジュエリーデザイン専門学校
AD—鈴木善博
D—ビーバイスタジオ
C—専門学校ヒコ・みづのジュエリーカレッジ
1995

258
ジュエリーデザイン専門学校のイベント
AD—鈴木善博
D—ビーバイスタジオ
C—専門学校ヒコ・みづのジュエリーカレッジ
1995

259
金融商品
AD—鈴木善博・上野 淳
D—ビーバイスタジオ
A—電通
C—東洋信託銀行
1995

BS fan

260

Nature
ANIMAL HOSPITAL ®

261

Mother pot マザーポット

262

UMESIMA
ANIMAL HOSPITAL

263

Piano

264

INTERNET CAFE
alice

265

260
テレビ番組雑誌タイトル
D—笹本欣伸
C—共同通信社
1991

261
動物病院
D—グレン 勉 浜田
C—ネイチャーアニマルホスピタル
1995

262
ファーストフード店
D—石原一慶
A—エスピー・ゲイン
C—マザーポット
1996

263
動物病院
D—グレン 勉 浜田
C—梅島動物病院
1995

264
自動車会社
D—池田典夫
A—トリムライン信州
C—三菱自動車
1995

265
インターネットカフェ
AD—西岡譲二
D—藤野真弘
C—梅花学園
1996

BOARD SHOP
Surf eye

266

SURFBOARD DESIGNS
Surf eye

267

100% high value information paper
Bease

268

アンビバレント
Ambivalent

269

Heroine's Memory

270

FDC
FLOWER DESIGN COLLEGE TAKASAKI

271

BEER & RESTAURANT
Rafflesia

272

pN

273

266・267
サーフショップ(ボードショップ)
D—杉山享由
C—サーフアイ
1996

268
情報誌タイトル
D—中島祐二
C—ビーズ編集室
1997

269
生活コンサルタント
D—永石繁信
C—アンビバレント
1997

270
メダルゲーム機
D—竹浪利行
C—タイトー
1997

271
商事会社のブランド
CD—喜多村 誠
AD—滝沢計久
D—井上 進・石沢智恵子
A—トラスト
C—トム商会
1997

272
ビール会社・レストラン
AD—神谷敬久・小室由美子
D—松山祐子
C—伊豆高原ビール
1997

273
化粧品
AD—廣 哲夫・斗ヶ沢哲雄
D—渋谷克彦・畝野裕司・池場
千世
C—資生堂
1996

274

275

276

277

278

279

280

281

282

274〜279
旅行案内の表紙タイトル
AD—山本雅也
D—進藤洋子
A—オフ・デザイン
C—日本旅行
1993

280
旅行案内の表紙タイトル
AD—山本雅也
D—進藤洋子
A—オフ・デザイン
C—東亜ツアーズ
1994

281・282
表紙タイトル
AD—吉田佳広
D—進藤洋子
C—旺文社
1994

283
デザイン会社
AD—ヌードルス
D—川口 誓・古川 貢
C—ヌードルス
1996

284
グリーンリース会社リーフレット用タイトル
D—木寺清美
C—保野春華園
1997

285
FM放送局
AD—永石 勝
D—永石 勝・隆 俊作
C—FM福岡
1995

286・287
家庭日用品
AD—東矢春夫
D—戸倉正則
A—現代企画
C—オーエ
1997

288
ミュージック・バンド
AD—mega
D—溝端秀章
C—ポットベリーバンド・ザ・ブートルズ
1995

289
CS放送局
AD—太田賀司彦
D—岡田露愁
A—ワックス
C—スペースビジョンネットワーク
1993

290
小売業
D—システムデザイン研究所
A—MTMインターナショナル
C-パティオ
1996

Noodles

Design & Concept works

As boys, they made a pact to share their fortunes, their loves, their lives. As men, they shared a dream to rise from poverty to power. Forging an empire built on greed, violence and betrayal, their dream would end as mystery that refused to die. We are NOODLES

283

GRREN LIFE

284

beat station Fukuoka

285

PASTAMIN

286

PASTAMIN

287

the Bootles
Potbelly Band since 1995

288

GAORA

289

Patio

290

JT ART HALL

Affinis

291

291
イベントホール
AD—山下 泰・吉延高明
D—吉延高明
A—大広
C—日本たばこ産業
1995

292
洋菓子ブランド
AD—ロフト
D—藤井智恵
A—ライフサイエンスインフォ
　メーション
C—ラボレス
1995

293
コンサルティング会社
D—早川晋二
C—エム・コンサルタンツ
1995

クッキー工房

Lapores

COOKIE'S WORKSHOP

292

M-CONSULTANTS

293

294
美容室
D—寺沢 徹
C—クレオ ヘア ワールド
1996

295
酒造会社
AD—升川敏雄
D—平 勇樹
A—ハイスタッフ
C—月山酒造
1995

cReO
Hair World

294

さくらんぼ
Kiss

295

TSURUYA
Weekend Together
ウィークエンド・トゥゲザー
聞いてるだけがラジオじゃない!!
DJ/Y.KUROKI
EVERY FRIDAY PM8:00~ON AIR
KUMAMOTO CITY FM 79.1MHz

296

PIZZERIA
COLOM BACCIO
コロンバッチョ
1996

297

Bui Bui

298

イタリア料理
テルニ
TERNI

299

PAC

300

pad
PERFORMING ARTS DIRECTION INC.

301

festivalgate

302

296
FM局番組タイトル
D—園田偉也
A—熊日広告社
C—TSURUYA
1995

297
ピッツアハウス
AD—磯谷福守
D—磯谷淳子
C—コロンバッチョ
1996

298
エスニックグッズ・ショップ
Producer—矢野直一
AD—原田 進・プラクシス
D—渡辺 聡・井村智枝
A—大広
C—ブイブイ
1996

299
レストラン
AD—木戸高志
D—吉田 純
A—ウインズInc.
C—名古屋観光ホテル
1996

300
観光開発会社
AD—若江 宏・上杉眞基子
D—上杉眞基子・桑原 剛
A—にほんれいあうと
C—遠鉄観光開発
1997

301
プロダクション
D—和田 誠
C—パフォーミング アーツ ディレクション
1996

302
複合アミューズメント施設
AD—若江 宏・上杉眞基子
D—上杉眞基子
A—にほんれいあうと
C—フェスティバルゲート
1996

303

304

303・304
ゲームソフト
D—SNK企画宣伝部デザイン課
C—SNK
1996

305
パソコンゲーム
AD—荻原孝弘
D—島津典史
C—アルゴラボ算法研究所
1996

306・307・308
女子プロレス選手
D—檜山 公
A—サンステージ
C—Jd'吉本女子プロレス
1995

309
遊園地の乗物名
AD—ヤマモト ヒロユキ
D—林 律子
A—大阪読売広告社
C—神戸ポートピアランド
1997

306

305

307

309

308

310
スキー板
D—ヤマハ・デザイン研究所
C—ヤマハ
1996

311
スキー板
D—ヤマハ・デザイン研究所
C—ヤマハ
1996

312
雑誌記事タイトル
AD—山口至剛
D—茂村巨利
C—スイングジャーナル社
1996

313
ゲーム機
D—指田 稔
C—ナムコ
1996

314
インターネットプロバイダー
AD—鷗原幸男
D—滝川小百合
C—MTCI東北基地局
1996

315
ゲームソフト
D—田中良太
C—アスキー
1996

316
CDタイトル
AD—山口至剛
D—柴村毅彦
C—バンダイ・ミュージック・エンタテインメント
1996

310

311

312

313

314

315

316

317

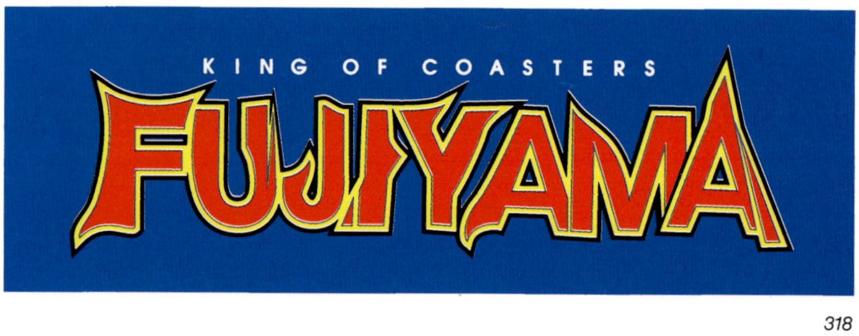

318

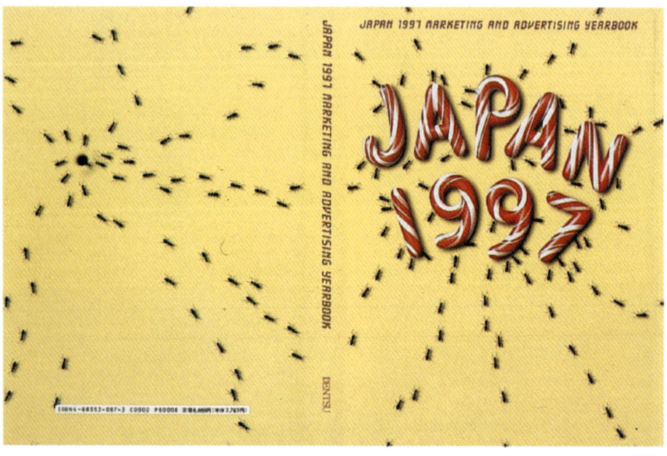

319

320

317
遊園地年間広告キャンペーンタイトル
AD—ヤマモト ヒロユキ
D—藤本志子
A—大阪読売広告社
C—神戸ポートピアランド
1997

318
遊園地「富士急ハイランド」
AD—高橋秀明
D—鈴木祐司・杉浦 豊
A—電通
C—富士急行
1996

319
書籍タイトル
AD—高橋秀明
D—杉浦 豊
C—電通
1996

320
チョコレート
CD—加地賢太郎
D—森田充則
I—山田芳雄
A—旭通信社
C—不二家
1996

321
デザイン制作会社
AD—川崎修司
D—尾崎哲夫
C—ABCDESIGN
1996

322
文具(バインダー表紙)
D—山内義彦・TCD
C—コクヨ
1996

323
ジャズバンド
D—西村 陸
C—8：30 Big Band
1995

324
化粧品
AD—廣 哲夫
D—渋谷克彦、デビッド・ハッベル、菊地泰輔
C—資生堂
1996

325
代理店
D—吉延高明
A—デューク・コーポレーション
C—ラッキーウェル
1996

326
創業200年キャンペーン
D—山田正彦
C—サンジルシ醸造
1995

327
冷凍庫
AD—川崎修司
D—川崎修司・尾崎哲夫
C—日本フリーザー
1996

328
ブティック
D—五日市俊哉
C—葡萄屋
1997

329
金融商品
D—菅谷貞雄
A—日本企画印刷
C—オムニコ
1997

ABCDESIGN

321

INWORD

322

8:30
EIGHT THIRTY
Big Band

323

untied

324

LUCKYWELL

325

2001

326

B|O
FREEZER

327

Who's Who
MEN'S CLOTHING

328

PLATINUM
白金先物取引の手引
Guide of
Platinum Futures Trading

329

ESPACIO

330

OKREADER®

331

FOOTWORK

332

DataGRIP

333

ReBLACK

334

ROKO

335

TRAIL
COMMUNICATION

336

330
イベント企画会社
AD—水谷孝次
D—山下雅士
A—T.M.S
C—ESPACIO
1995

331
OCRソフト
D—正木 茂
A—スーパーステーション
C—住友電気工業
1996

332
企画制作会社
D—太田雄一
C—フットワーク
1996

333
デジタルストップウォッチ
AD—内堀法孝
D—鈴木 亘
A—セイコーエプソン・デザインセンター
C—服部セイコー
1996

334
男性化粧品
AD—川崎修司
D—尾崎哲夫・河西 亮
C—資生堂コスメニティー
1995

335
不動産
D—神谷利男・TCD
C—芦甲開発
1996

336
アウトドアクラブ
AD—吉延高明・内野 究
D—吉延高明
A—デューク・コーポレーション
C—トレイル・コミュニケーション
1995

337
美容室
AD—水谷孝次
D—山下雅士
C—PASM
1995

338
モデル事務所
AD—水谷孝次
D—大溝 裕
C—アマゾーヌ
1995

339・340
旅行代理店
D—杉山享由
C—コロンブストラベル
1996

341
雑貨店
AD—神谷敬久
D—高橋信子
C—チャンプ
1995

342
炭酸水
D—岩橋直人
C—アサヒ飲料
1996

343
遊戯施設
AD—伊藤勝一
D—伊藤勝一・藤原俊哉
C—東京プラザ
1996

344
3D映像シアタービジネス
D—山田昌樹
C—シネクエスト
1996

337

338

339

340

341

342

343

344

345
デザイン事務所
D—江口一政
C—カズーデザインオフィス
1995

346
スタンプ事務機器
AD—武市道雄
D—馬場雄二
C—キングジム
1996

347
雑誌記事タイトル
AD—山口至剛
D—茂村巨利
C—スイングジャーナル社
1996

348
クラブ
D—上原 昌
C—クレフィール湖東
1996

349
氷菓
AD—真田 彬・原 彰彦
D—原 彰彦
C—ロイヤル食品
1996

350
スペースコンサルティング
AD—伊藤久恵
D—熊代雅樹
C—ティーネット
1997

351
ファクシミリのモード
AD—三谷 豊
D—小山 弘
C—通信機械工業会
1996

352
ソフトウェア輸入・販売会社
D—彦根 正
C—日欧技術インターフェイス
1995

353
ロケーションコーディネイト
会社
AD—細谷 巖
D—星山 充・高梨治人
C—J.WEST Co.,Ltd.
1994

354
寝装品のブランド
D—太田雄一
C—松本繊商
1996

355
通信事業
D—屋山朋康
C—ブレイン
1995

356
飲料
D—山口至剛
C—カルピス食品工業
1997

357
海外用飲料
D—山口至剛
C—カルピス食品工業
1997

358
化粧品
AD—酒井重彌
D—三澤恵理子・畝野裕司
C—資生堂
1995

359
化粧品のブランドロゴ
AD—廣 哲夫
D—ヘルムート・シュミット
C—アユーララボラトリーズ
1995

360
デジタルビデオカメラ
AD—高田 努・松田利典
D—原 孝治
A—電通(関西支社)
C—松下電器産業
1995

361
生活用品メーカー
D—高田雄吉
C—ナストーコーポレーション
1996

362
時計
AD—松永 真
D—松永 真・正木賢一
C 黒川雅之建築設計事務所
1996

363

364

365

366

367

368

369

370

363
不動産
AD—池田武仁
D—片岡裕之
C—ハウジング夢有
1995

364
施工会社
D—成瀬始子
C—ヴォウズ
1996

365
テニススクール
AD—田中 晋
D—田中晋デザイン室
C—新川テニススクール
1995

366
展覧会
D—橋本勝久
C—日本建築家協会JIA福島
1996

367
スキーウェアアイテム
D—成瀬始子
C—デサント
1996

368
コンピュータショップ
AD—國本桂史
D—國本和代
C—コムロード
1996

369
鋸
AD—住本吉隆
D—住本光繁
C—ユーエム工業
1995

370
事務機販売会社
D—野村邦弘
C—オフネット
1996

371
自動車タイヤチェーンのブランド
AD—岩野 了・TCD
D—牧野孝文・坂本成志・TCD
C—オートバックスセブン
1996

372
シルバーアクセサリーブティック
D—中島祐二
C—辻雅嘉
1996

373
新システムカメラ
AD—富士写真フイルム・デザインセンター
D—加藤真子
C—富士写真フイルム
1996

374
東京シティ競馬(TCK)
AD—水谷孝次
D—大溝 裕
A—第一企画
C—東京シティ競馬
1996

375
衣料品販売
D—屋山朋康
C—ウィージャック
1995

376
ワンショットバー
AD—西村公利
D—森 裕之
C—クロス
1997

377・378
ゴルフクラブ
AD—上條喬久
D—松下貴昭
C—ヨネックス
1995

ZAGPICK
371

DEFI
silver studio
372

EPION
373

TCK
374

WHAT YA WANT HERE AT CROSS.
YOU CAN DRINK WHAT YA LIKE AND HEAR

WEJAC
375

CROSS
376

REX KING TITAN
377

TITAN PRO
378

Point Card

379

TETSU
NAKATA
DIET FACTORY

380

add

AD·DISCOVERY

381

maccarina

382

nadya park

383

Pakira

384

EPOCA DESIGN

385

WLM

386

379
百貨店のポイントカード
AD—井堀悦郎
D—森田文子
A—共立プランニング
C—諏訪 丸光
1997

380
ダイエット商品販売会社
AD—北野明人
D—小倉栄二
A—旭通信社
C—オフィスタナカ
1996

381
代理店業
AD—佐々木 猛・石田文明
D—石田文明
C—アド・ディスカバリー
1997

382
レストラン「マッカリーナ」
AD—田中一光
D—田中一光・大内 修
C—真狩村
1997

383
デザインサービス業
AD—松永 真
D—松永 真・正木賢一
C—国際デザインセンター
1996

384
自動車販売会社
D—山下浩一
C—パキラ
1995

385
プロダクトデザイン事務所
D—高田雄吉
C—エポカデザイン
1996

386
企画会社
D—伊丹 恵
C—オフィス ウィン
1996

387

388

389

390

391

392

393

394

387
企業のアメリカン・フットボール・チーム
D—上野秀樹
AD—電通(関西支社)
C—サンスター
1996

388
動物病院
D—グレン 勉 浜田
C—エンジェル動物病院
1996

389
CDタイトル「内田有紀 BABY'S GROWING UP」
D—児玉 敦
A—神馬嘉久
C—キングレコード
1995

390
番組タイトル
D—黒木遠志
C—日本テレビ放送網
1995

391
スキーのブランド
D—町田健二
A—グレイス
C—小賀坂スキー製作所
1997

392
スーベニアグッズ
AD—中川憲造
D—中川憲造・延山博保
C—タワーショップ
1996

393
エステティックサロン
D—山田正彦
C—Sarah
1996

394
ブティック
D—藤本 豊
C—ブティック・ドゥー
1996

Embroidery

395

RISE

396

397

池田家

398

SEASON
MARKET

399

Ricordo
EMRoS Record version
The world's smallest autonomous,
self-propelled micro robot.

400

Petit
Naris
LASARA

401

LUBIE
EMRoS Capricious version
The world's smallest autonomous,
self-propelled micro robot.

402

395
大学専攻コース
AD—田村廣子・岡田宣世
D—佐藤一宇・中川 繁
C—女子美術短期大学
1997

396
企画会社
D—竹智 淳
C—RISERISE
1996

397
企画会社
D—竹智 淳
C—トップスピン
1995

398
企画制作会社
D—太田雄一
C—池田家
1995

399
百貨店の婦人服コーナー
AD—武市眞治
D—片岡伸代・山田壮稔・山田淳子
C—高島屋
1996

400
マイクロロボット
AD—内堀法孝
D—西村 陸
A—セイコーエプソン・デザインセンター
C—セイコーエプソン
1995

401
化粧品
AD—岡本真砂子
D—小原祐子
C—ナリス化粧品
1996

402
マイクロロボット
AD—内堀法孝
D—西村 陸
A—セイコーエプソン・デザインセンター
C—セイコーエプソン
1995

403
眼鏡のブランド
AD—浅埜 勝
D—米澤帛笑・早川治子
A—アーサー・ハンドレッド・カンパニー
C—Mic
1993

404
食料品店
D—山田壮稔
C—高島屋サンローゼ
1996

405
旅行会社
AD—石川 明
D—田村 至・安達元保
C—KSツーリスト
1996

406
ギャラリー
D—畠山博子
C—テトテ
1995

407・408
カタログ用アイテム
D—鈴木法義
C—サイクル・ヨーロッパジャパン
1997

409
リーフレット用
AD—上野博之
D—河越康彦
C—砺波市花と緑の財団
1996

410
フランス菓子店
Producer—矢野直一
AD—原田 進・プラクシス
D—渡辺 聡・井村智枝
A—大広
C—ホテルシーホーク
1996

Bbay Cclub

403

FOOD SHOP
サンローゼ
SUNROSER

404

KS TOURIST

405

Team line

407

TETOTE

406

Exocet

408

TONAMI
flower promenade

409

côte de fleur

410

Coffee shop

411

Lewis Taylor

412

MARCUS

413

TONY

414

MusicLand

415

ミランドラ
MILANDRA

416

HAUNTED CASTLES
幽霊城
Simon Marsden
in Search of the Undead from Ireland to Transylvania

417

WORKSHY

418

411
アパレルブランド
D—太田雄一
A—フットワーク
C—タキヒヨー
1995

412
雑誌記事タイトル
AD—山口至剛
D—茂村巨利
C—スイングジャーナル社
1997

413
雑誌記事タイトル
AD—山口至剛
D—茂村巨利
C—スイングジャーナル社
1995

414
雑誌記事タイトル
AD—山口至剛
D—茂村巨利
C—スイングジャーナル社
1996

415
雑誌記事タイトル
AD—山口至剛
D—安野洋子
C—スイングジャーナル社
1996

416
ゲームソフト
D—田中良太
C—アスキー
1996

417
書籍
D—竹智 淳
C—トレヴィル
1996

418
雑誌記事タイトル
AD—山口至剛
D—柴村毅彦
C—スイングジャーナル社
1995

419
化粧品
AD—池田修一
D—斗ヶ沢哲雄・松本 泉
C—資生堂
1995

420
ハンドバッグショップ
D—川崎修司
C—アディロン
1997

421
メイクアップ化粧品
D—飯田佳代子
C—カネボウ化粧品
1994

422
雑貨販売
AD—坂元良弘・関 孝之
D—坂元良弘
A—ノットデザインst.
C—The Garden
1996

423
書籍
D—よぐち たかお
C—秋川書房
1995

424
飲料
D—カンパニースタイル, Inc.
C—ダイドードリンコ
1995

425
総合文化会館
AD—武藤正彦
D—武藤正彦・須藤一幸
C—雄勝町
1996

426
飲料
D—カンパニースタイル, Inc.
C—ダイドードリンコ
1995

clé de peau
BEAUTÉ

419

A/PARK

420

MEDÍA

421

THE
gar
den

422

Computer Aided Design
IT'sCAD

423

Kilimanjaro
Your assurance of superb flavour is
the DyDo trademark.
キリマンジャロ100%

424

Ohbion
Ogachi Intercommunication Stage オービオン

425

GRAPE
SQUASH

426

Letter's ADLIB

427

HOTLIVE

428

OGASAKA KS

429

m's PARK

430

envy

431

Créer

créer ijima

JEWELRY WORLD • Since 1939

432

433

CLUB MEW

434

427
雑誌記事タイトル
AD—山口至剛
D—柴村毅彦
C—スイングジャーナル社
1996

428
雑誌記事タイトル
AD—山口至剛
D—柴村毅彦
C—スイングジャーナル社
1996

429
スキーのブランド
D—町田健二
A—グレイス
C—小賀坂スキー製作所
1996

430
アパレルショップ
D—小出真己
C—ムーンバット
1996

431
CDタイトル
AD—水谷孝次
D—大溝 裕
C—エイベックス
1996

432
ジュエリーのブランド
D—大川栄司
A—大日本印刷
C—井島貴金属精錬
1995

433
生活雑貨製造販売会社
AD—牧 晃士郎・大野祐嗣
D—牧 晃士郎・デザインワーク
マキ
A—ハロープランニング
C—セ・ドゥ
1995

434
クラブ
AD—ヤック
D—永島 光
C—クラブミュー
1996

435
商社
D—木寺清美
C—ロゾーコーポレーション
1996

436
潜在能力開発会社
D—広瀬弘之・神田俊治
C—ホロンピーピーアイ
1996

437
トランペット奏者
AD—木村郁也
D—木村デザイン事務所
C—アイ企画
1995

438
アパレルブランド
D—太田雄一
C—カーム
1995

439
ウェルネス企業展示会
D—新居邦一
C—トコリ
1997

440
イベントタイトル
D—安居院一展
C—吉本興業
1996

441
レストランバー
AD—宮薗雅彦
D—宮田 有
A—河童空間工房
C—アンジュ
1997

442
エスニックレストラン
AD—PASIO
D—伊藤マリコ
A—a&T
C—ヘイマーケット
1996

Rozo
ROZO
CORPORATION
435

HOLON
436

Trumpet
437

Calme de la nuit
438

PURE
OASYS
439

MANBÖO
440

料理とカクテルのお店
Anjou
アンジュ
441

ASIAN
QUISINE
HAYMARKET
442

eiko

443

Big Wing CO.,LTD.

444

Big Wing

445

FIELD LIFE

Pot·Belly

446

Cut House Bruno

447

JAA

448

LON LON

449

443
ブライダルドレスのブランド
D—落合弘樹
A—新通
C—京都マリエ
1995

444・445
アウトドア用品輸入卸売業
D—牧野博泰
C—ビッグウィング
1996

446
釣具店オリジナルブランド
D—村田 満
A—アクティブ・デザイン
C—山本釣具センター
1996

447
美容室
AD—mega
D—溝端秀章
C—カットハウス・ブルーノ
1995

448
団体
D—和田 誠
C—日本アニメーション協会
1997

449
駅ビルポイントカード
AD—岩崎欽一
D—鈴木 浩
A—ジェイアール東日本企画
C—吉祥寺ステーションセンター
1995

LOGOTYPE-2

お

450

ん　ん　ん
でで　でで
んでおでん
でで　でで
ん　ん　ん

451

ら
ぷ　ぷ　ぷ
ぷぷんんんぷぷ
らぷんてんぷら
ぷぷんんんぷぷ
ぷ　ぷ　ぷ
ら

452

漆宝
CRYSTAL LACQUER
[SHITUPPO]
by COLSYS

453

漆宝
CRYSTAL LACQUER
[SHITUPPO]
by COLSYS

454

信州 Shinsyu 美食 gourmet 全集 The complete works
風香健美
The Ladies selection

455

信州 Shinsyu 美食 gourmet 全集 The complete works
故郷選味
The Special selection

456

Fantastic RPG Simulation Game
闇の聖母
ロクス・アルバ2

457

450・451・452
飲食店
D—杉崎真之助
C—A to Z
1996

453・454
ギフト製品ブランド
AD—中沢デザインオフィス
D—中沢康雄・池畑泰久
C—中沢技術研究所
1996

455・456
食品詰合せセット
AD—内堀法孝
D—西村 陸
A—セイコーエプソン・デザイン
　センター
C—長野県食品工業協会
1996

457
パソコンゲーム
AD—荻原孝弘
D—松延冬樹
C—アルゴラボ算法研究所
1996

458・459
のむヨーグルト
AD—三谷 豊
D—小山 弘
C—オハヨー乳業
1995

460
建築現場仮囲い
D—鶴原幸男
A—野原産業
C—地下鉄12号線工事共同企業体
1996

461
映画タイトル
AD—山本勝弘
D—松原 通
A—新通
C—ギャガ・コミュニケーションズ
1995

462
けん銃追放キャンペーン
AD—山本洋司
D—山本洋司・長谷誠二郎
A—ジェイアール東日本企画
C—警視庁
1997

463
自治体の政策キャンペーン
AD—上條喬久
D—上條喬久・池田徳彦
C—山形市
1996

464
華道会PR誌記事タイトル
D—工藤強勝
C—龍生華道会
1997

のむ果実
ヨーグルト
苺

458

のむ果実
ヨーグルト
ぶどう

459

460

不滅の恋
ベートーヴェン
Ludwig van Beethoven

461

けん銃を持つな持たすな社会の目。
銃

462

いきいき
躍動
山形プラン

463

植物の貌
features

464

465

陶工房

466

ニット展

467

GALLERY
KAZE

468

GALLERY
KAZE

469

GALLERY
KAZE

470

津本陽展

471

川本喜八郎展

472

465
お茶飲料
Producer—玉村律子
AD—原田 進・渡辺 聡・ブラクシス
D—金田進哉
C—キリンビバレッジ
1995

466
雑誌タイトル
D—大久保 學
C—誠文堂新光社
1996

467
ニット展
D—吉延高明
C—石渡嘉子グループ
1996

468・469・470
ギャラリー「風」
D—平松 暁
A—PART II
C—和光堂
1997

471
展覧会タイトル
AD—浅田 茂・佐藤一宇
D—佐藤一宇
A—電通テック
C—日動火災海上保険
1997

472
展覧会タイトル
AD—浅田 茂・佐藤一宇
D—佐藤一宇
A—電通テック
C—日動火災海上保険
1996

473
紅茶飲料
CD—島崎紘而
AD—暮沼宏一
D—暮沼宏一
C—カルピス食品工業
1997

474
茶業グループ
D—柏田賀久
C—みやざき茶緑葉会
1996

475
暮らしの工房
D—山本勝弘
C—丸和商業
1995

476
書籍タイトル
D—竹智 淳
C—トレヴィル
1995

477
書籍タイトル
AD—鳴中行雄
D—中山泰次郎
A—スタヂオユニ
C—中央公論社
1996

478
ポスターのタイトル
D—工藤強勝
C—毎日新聞社
1995

HEART-WARMING TEA TIME • Chris • HEART-WARMING TEA TIME • Chris •

果実紅茶

Original Fruit Flavoured Tea

473

お茶が一番!!

みやざき茶緑葉会

474

和

YAWARAGI

475

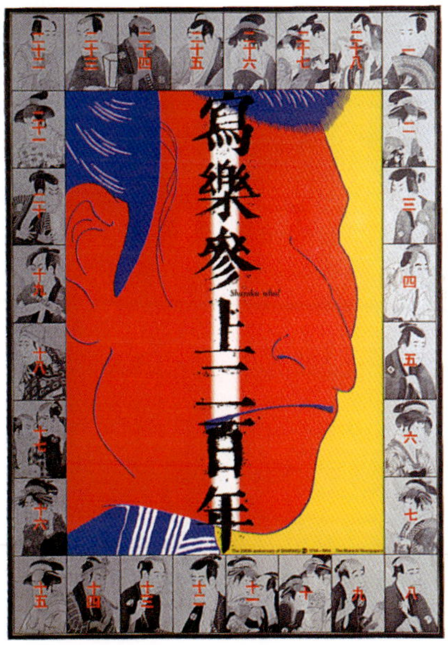

寫樂参上二百年

478

Les Larmes d'Eros

エロスの涙

476

477

沈丁花

479

女郎花

480

くまもとの青春
夏目漱石展

481

洋食倶楽部/門
MON

482

はなまるカフェ展

483

俳遊館

484

CUT SHOP
フレール

485

スカイ レストラン
Enjoy your meal while watching the sunset.
ソレイユ

486

479・480
花店のキャンペーン
D—篠原榮太
C—フラワー 彩
1996

481
展示会のタイトル
D—松木良介
A—熊本日日新聞社
C—'96漱石博実行委員会
1996

482
洋食レストラン
AD—羽土冨士雄
D—牧野博泰
C—門
1995

483
イベントタイトル
D—安居院一展
C—東京放送
1996

484
「俳句の館」
D—北嶋徳三
A—萬年社
C—彦根市
1996

485
理容室
AD—ハートクリエイション
D—大場節男
A—ヤマグチ
C—フレール
1997

486
レストラン
AD—木戸高志
D—吉田 純
A—ウインズInc.
C—名古屋観光ホテル
1996

487
雑誌題字
AD—山口至剛
D—山口至剛・茂村巨利
C—講談社
1997

488
雑誌題字
AD—Aleph Zero
D—田中晃二
C—マガジンハウス
1996

489
個展タイトル
D—伊藤勝一
C—ミキモト
1996

490
キャットフード
Producer—橋詰彰一・山本恵一
AD—原田 進・プラクシス
D—井村智枝
A—アド電通東京
C—日本ペットフード
1995

487

488

489

491
映画キャンペーン
D—千葉浩明
A—ハヤカワ・エージェンシー
C—UIP
1996

492
冬まつりタイトル
AD—はんどれい
D—渡会 薫
C—鶴岡市
1996

493
住宅会社のブランド
AD—安達 脩
D—坂井和実
A—電通
C—三井デザインテック
1996

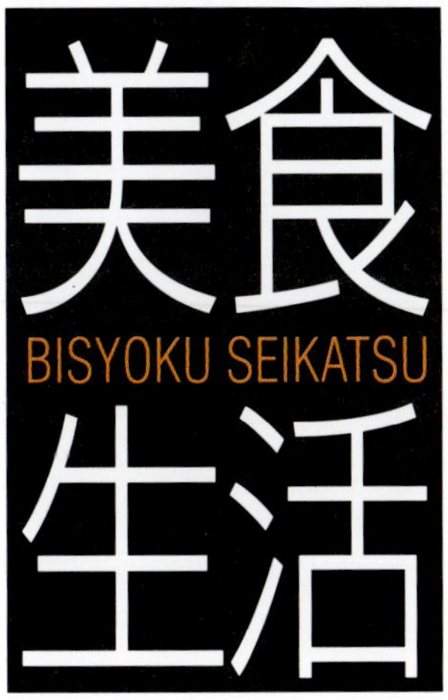

490

491

492

493

モスラ

494

鉄拳
TEKKEN 2™

495

鉄拳
TEKKEN 3™

496

太陽系
大惑星博

497

生活情報マガジン【月刊】
熊本版
なんでんかんでん

498

ぎもん・しつもん!
むし歯の予防

499

家族であそぼう

500

ぷらら

501

494
映画タイトル
AD—暮沼宏一・米田興弘
D—暮沼宏一
C—東宝映画
1996

495
ゲーム機
D—伊藤秀昭
C—ナムコ
1995

496
ゲーム機
D—伊藤秀昭
C—ナムコ
1996

497
博覧会
AD—瀬木康夫
D—伊藤勝一・大山 武
A—博報堂
C—福井県観光キャンペーン推進協議会
1995

498
雑誌タイトル
D—松木良介
C—九州雇用促進事業会
1996

499
ビデオソフトタイトル
AD—藤代員美
D—森本亜紀
C—NHKソフトウェア
1997

500
雑誌タイトル
D—儘田能光
C—日本交通公社
1997

501
コンピュータ通信業
Producer—飛岡正宏・関 敏雄
AD—原田 進・ブラクシス
D—渡辺 聡
A—電通
C—ジーアールホームネット
1996

502
ナチュラルチーズ
AD—三谷 豊
D—小山 弘
C—オハヨー乳業
1995

503
果汁入り清涼飲料
D—小山 弘
C—オハヨー乳業
1996

504
ゲームソフト
D—SNK企画宣伝部デザイン課
C—SNK
1995

505
ゲームソフト
D—田中良太
C—アスキー
1996

506
テレビ番組のタイトル
D—中畑康代
C—テレビ和歌山
1996

507
公設市場
AD—神尾安宏
D—藤岡宏満
A—環境演出研究所
C—木川公設市場・ブルーム
1996

508
テレビ番組のタイトル
D—中畑康代
C—テレビ和歌山
1996

509
清掃メンテナンス会社
D—新居邦一
C—土佐JUN美装
1996

ピザランド

502

新撰果実 トロピカル

503

サムライスピリッツ 天草降臨

504

I'S STRANGE WORLD
ガンプル
GUNMAN'S PROOF

505

わかやま パチンコ 最前線

506

ブルーム

507

お!ススメ WTV

508

おそうじ倶楽部
TOSA JUN BISO

509

GALLERY あじさい

510

カネダイ

511

とさの新鮮組

TOSA NO SINSENGUMI

512

電激倉庫

DENGEKI-SOKO

513

墓石展

514

日経ベストPC

515

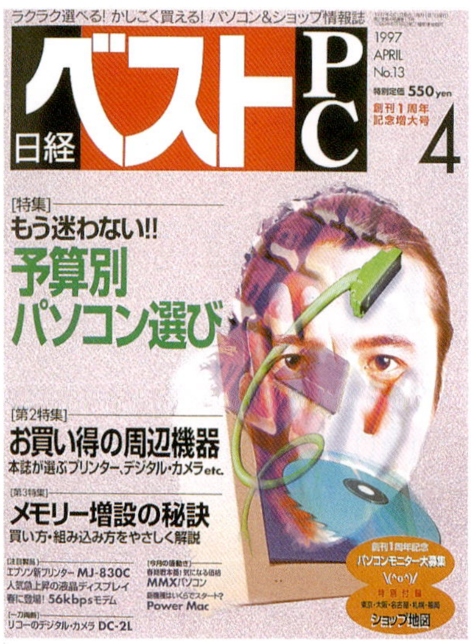

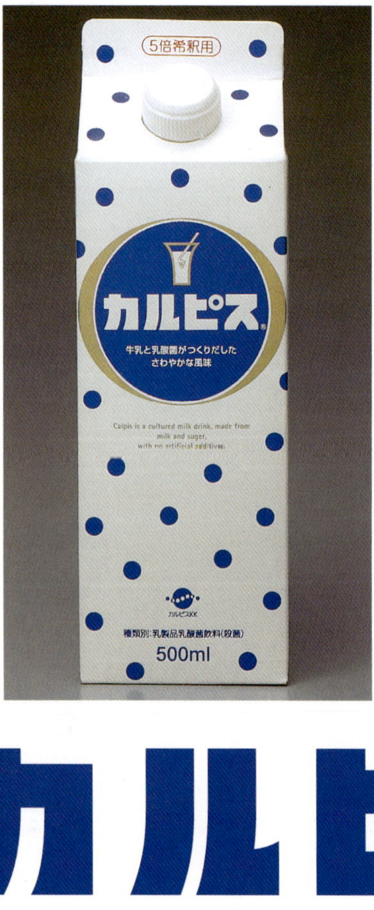

カルピス®

516

510
ギャラリー
AD—高田雄吉
D—高田雄吉・檜垣平太
C—ギャラリーあじさい
1995

511
仏壇製造会社
AD—武藤正彦
D—武藤正彦・小松田 圭
C—カネダイ
1995

512
宅送パック商品のブランド
D—新居邦一
C—土佐料理 森澤
1995

513
電化製品販売店
D—TCD
A—大広
C—庄子デンキ
1995

514
石材会社のキャンペーン
AD—土岐耕司
D—木野田 満
C—やまと石材
1997

515
パソコン・ショップ情報誌
AD—佐々木啓吉
D—山本康之(コミュニケーションアーツ)
C—日経BP社
1996

516
飲料のブランド
AD—カルピス広告部
D—ザ・デザイン・アソシエイツ
C—カルピス
1996

517
厨房機器
AD—TCD
D—坂本成志・宮崎昭秀・TCD
A—大日本印刷
C—大阪ガス
1997

518
テレビ番組タイトル
D—安居院一展
C—東京放送
1995

519
専門店街の母の日キャンペーン
D—葛城加代
A—朝日広告社
C—メイト専門店街
1996

520
学習塾
D—花谷和昌
C—高杉塾
1996

521
フラワー教室
AD—伊藤久恵
D—宮田裕美詠
C—花庵
1995

522
雑誌タイトル
D—丸塚久和
C—日経ホーム出版社
1996

523
国際会議
AD—中川憲造
D—中川憲造・森上 暁・印田裕之
C—企業メセナ協議会
1995

524
金融商品
D—丸塚久和
A—日経ホーム出版社
C—日本ユニコム
1996

525
時間延長のお知らせ
AD—坂元良弘
D—坂元良弘・寒河江亘太
C—東京三菱銀行
1996

517

518

519

520

521

522

523

524

525

建築知識

526

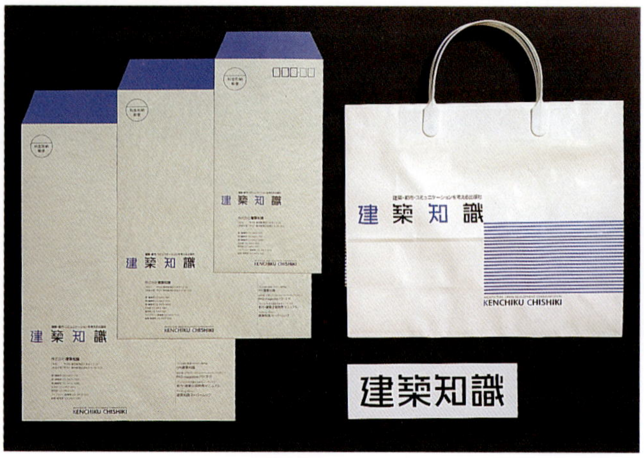

赤道直下熱帯楽園紀行!

自遊人快汗

527

個 ニット 性 快適 提 地球人 案

528

おいしんぼ
倶楽部

529

'96 Tokyo Knit Creation Forum

的考え

的売る

530

S 有限会社
SUGIMOTO
杉本

531

ビーツ

533

山田町
Yamada Machi

532

ビーツ

534

526
建築関係出版社
AD—工藤強勝
D—宮坂克己
C—建築知識
1995

527
社内報
D—渡邊邦雄
C—キップス
1995

528
ニットファッション組合フォーラム
D—渡邊邦雄
C—東京ニットファッション工業組合
1995

529
食品加工販売
AD—池田武仁
D—斉郷隆喜・ブジンアート
C—おいしんぼ倶楽部
1995

530
ニット組合フォーラム展示会タイトル
D—渡邊邦雄
C—東京ニットファッション工業組合
1996

531
工具製造販売会社
D—吉川秀太郎
C—杉本
1995

532
町おこしキャンペーン
D—諏訪山良和
C—山田町商業協同組合
1995

533・534
スナック菓子
AD—東ハト・企画開発本部、大日本印刷・TAQ'S
D—表現探偵団・仲田一郎
C—東ハト
1996

535・536
テレビ番組タイトル
D—竹智 淳
C—日本テレビ放送網
1996

537
テレビ番組タイトル
D—竹智 淳
C—日本テレビ
1997

538
テレビ放送局のキャンペーン「日テレちゃん」
D—布村順一
C—日本テレビ放送網
1996

539
旅行団体
AD—池田典夫
D—高林裕美・池田あや子
A—池田村あせだくしょん
C—雪の倉
1995

540
時計店
AD—武市眞治
D—山田壮稔・グリーンアイズ
C—ミスズ
1996

541
展覧会タイトル
AD—浅田 茂・佐藤一宇
D—佐藤一宇
A—電通テック
C—日動火災海上保険
1996

542
遊園地施設
D—早川晋二
A—千修
C—東急不動産興産
1996

543
雑誌タイトル
D—木村 彰
C—毎日コミュニケーションズ
1995

544
CD—ROMタイトル
D—境 修一郎
A—ハイブライト
C—アテイン
1995

535

536

537

538

539

540

541

542

543

544

545

546

547

548

549

550

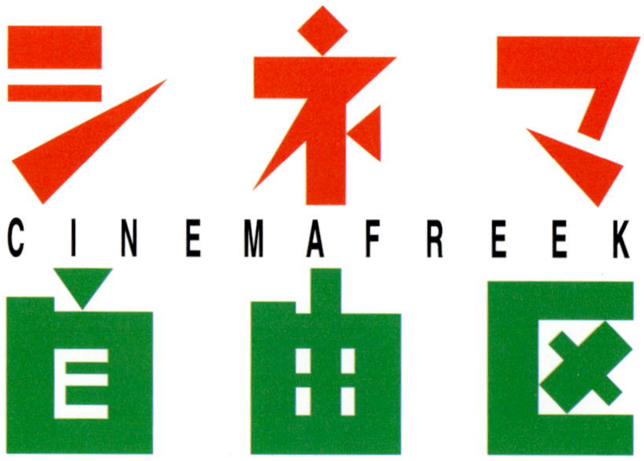

551

552

545
雑誌の記事タイトル
D—針生 実
C—プラントピア
1996

546
書籍タイトル
AD—小林博明
D—Kプラスアートワーク
C—メディアワークス
1995

547
ゲームソフト
D—SNK企画宣伝部デザイン課
C—SNK
1996

548
テレビ番組タイトル
AD—布村順一
D—青木康純
C—日本テレビ放送網
1996

549
記事タイトル
D—篠原榮太
C—西出版
1996

550
作品展
AD—佐藤一宇・山内住夫
D—佐藤一宇
C—スタジオ・アングル
1995

551
映画ポスター販売店
D—今西眞夫
C—シネマ自由区
1992

552
月刊文芸誌
AD—成瀬始子
D—成瀬始子・土屋きょうか
C—ベネッセコーポレーション
1995

553
CDタイトル
AD—境 修一郎
D—大和田 昇
C—ビクターエンターテインメント
1996

554
商事会社のブランド
CD—喜多村 誠
AD—滝沢計久
D—井上 進・石沢智恵子
A—トラスト
C—トム商会
1997

555
酒造会社のコミュニケーションマーク
AD—竹智 淳・阿部憲人
D—竹智 淳
A—I&S
C—奥の松酒造
1996

556
植物園・フラワードーム
D—大久保 學
A—ジャパン・アドシステムズ
C—宇都宮ろまんちっく村
1996

557
イベントタイトル
AD—宮本泰弘
D—木戸照恭
A—博報堂
C—ベネッセコーポレーション
1996

558
展覧会タイトル
D—下東英夫
C—ギャラリー パライソ
1995

559
演劇公演タイトル
D—下東英夫
C—劇団プロジェクトナビ
1995

560
雑誌のタイトル
D—針生 実
C—プラントピア
1995

553

554

555

556

557

558

559

560

561

562

563

564

565

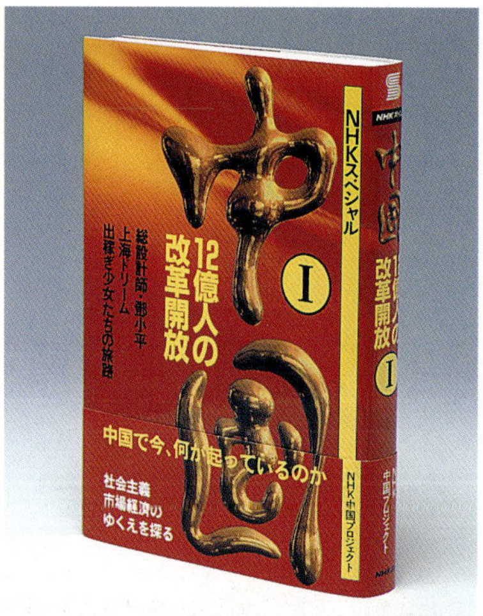

566

567

568

561
雑誌のタイトル
AD—矢崎 進(Aleph Zero)
D—米谷洋志(Aleph Zero)
C—マガジンハウス
1996

562
旅行会社カタログのタイトル
AD—工藤 賢
D—塚本明彦
A—読売広告社
C—JTBワールド
1996

563
雑誌のタイトル
D—岡本一宣
C—リクルート
1997

564
自治体
D—小林百合江
A—DKプラン
C—遠軽町
1996

565
ビデオソフトタイトル
Producer—寺田将人
AD—川島信浩
C—バンダイビジュアル
1995

566
書籍タイトル
D—斉藤秀造
CG—垰田嘉一
C—NHK出版
1995

567
CDタイトル(坂本冬美)
AD—児玉 敦
D—神馬嘉久
C—東芝EMI
1997

568
テレビニュース番組
AD—金田全央
D—金田全央・山名田裕樹
C—フジテレビ
1997

あるば

569

YAMAGATA
ゆとり都
山形

571

あるば
ALBA

570

やわらか

573

YAMAGUCHI

572

五色こんにゃく

574

お惣菜の
なの花
HEALTHY DAILY DISHES
NANOHANA

575

大丈夫

576

Susi-Butai
鮨舞台

577

569・570
スナック
AD—官能右泰・岩切洋子
D—官能右泰
C—あるば
1996

571
自治体の政策キャンペーン
AD—上條喬久
D—田代 猛
C—山形県
1996

572
個人表札
D—永石繁信
C—山口三代治
1996

573
チョコレート
AD—明治製菓・食料商品企画部
デザイングループ、谷口智子
D—プラムナッツ・坪谷一利
A—周プランズワーク
C—明治製菓
1995

574
漬物
AD—メロウ・デザインマーケット
D—松下政代
C—ダイマツ
1995

575
総菜店
D—葛城加代
C—なの花
1996

576
健康情報誌タイトル
D—BRC
C—尚健社
1995

577
回転寿司のチェーン店
D—野田公基
A—新通
C—鮨桝食品
1996

578

579

580

581

582

583

584

578
居酒屋
AD—高木正治
D—竹内真理子
C—佐久間商事
1996

579
丼専門店
AD—プラン・ドゥ・シー
D—田中弘幸
C—どんぶり名人
1996

580
変わり丼屋
AD—武市眞治
D-高木忠彦・山田壮稔
C—柿安本店
1996

581
ラーメン屋
AD—池田武仁
D—池田武仁・片岡裕之
C—風風亭
1996

582
長唄社中
D—中野仁人
C—としみ会
1996

583
茶
D—真田 彬
C—筑邦製茶
1996

584
ブライダル情報業
D—田上晴夫
C—ジェイアイシー
1996

585
菓子
AD―真田 彬・原 彰彦
D―真田 彬
A―東タイ
C―真光
1996

586
お好み焼店
D―村田 満
C―お好み・鉄板焼 阿門
1996

587・588
情報紙テーマタイトル
AD―黒川寿明
D―竹田桂子
C―黒川デザイン研究室
1997

589
日本酒パッケージ用
AD―竹智 淳・阿部憲人
D―竹智 淳
A―I&S
C―奥の松酒造
1996

590
生活アドバイザー
AD―studio GNOSIS
D―村瀬善美
C―美咲
1996

591
国際空手道連盟
AD―ヌードルス
D―川口 誓・古川 貢
C―極真会館・京都府本部
1996

592
洋酒(ウィスキー)
AD―大日本印刷TAQ'S
D―松澤清子
C―ニッカ
1996

593
米袋
AD―石原一慶
D―高野俊朗・石原一慶
A―三豊ビジネス
C―JA福岡勝山
1997

585

Ammon
okonomiyaki & teppanyaki
586

588

587

589

590

kyokushin
Kyoto
591

592

特撰有機米
食べればわかる。
しょうざんまい
593

594

595

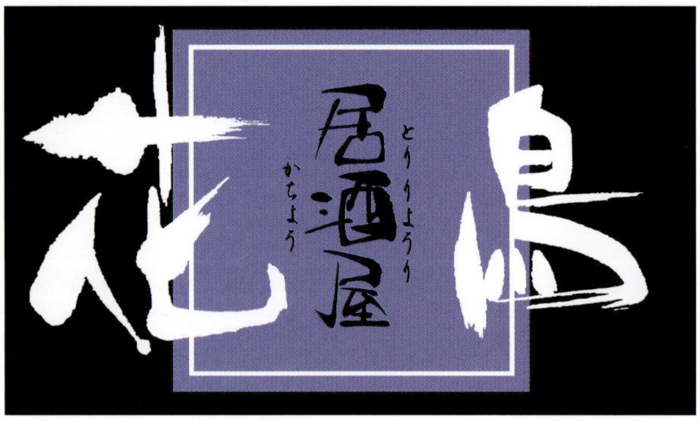

596

598

597

599

594
飲食店
AD—荻原孝弘
D—荻原孝弘・荻原典子
C—春菜
1995

595
日本酒
D—佐伯 勉
C—白鷹
1996

596
鳥料理専門店
AD—ヌードルス
D—川口 誓・古川 貢
C—居酒屋・花鳥
1996

597
ビデオのタイトル
AD—吉田佳広
D—進藤洋子
C—日本メディア・ミックス
1997

598
デジタル日本語フォント表紙タイトル
D—進藤洋子
A—日本情報科学・ニース
C—Letraset
1995

599
書籍タイトル
D—佐伯 勉
C—遊タイム出版
1995

600
ワープロソフト
AD—板東孝明
D—進藤洋子
A—板東孝明デザイン事務所
C—ジャストシステム
1993

601
ワープロソフト
AD—重清英子
D—進藤洋子
C—ジャストシステム
1995

602
栄養補助食品
AD—コミュニケーション アート カンパニー
D—佐伯 勉
C—喜多薬品工業
1996

603
女子プロレス選手
D—檜山 公
A—サンステージ
C—Jd'吉本女子プロレス
1995

604
カレンダーのタイトル
AD—木田安彦・杉野 壮
D—木田安彦・新里一裕
C—松下電工
1995

605
ビデオのカバータイトル
AD—藤代眞美
D—木田安彦
A—クリエイティブキャップ
C—NHK
1995

600

601

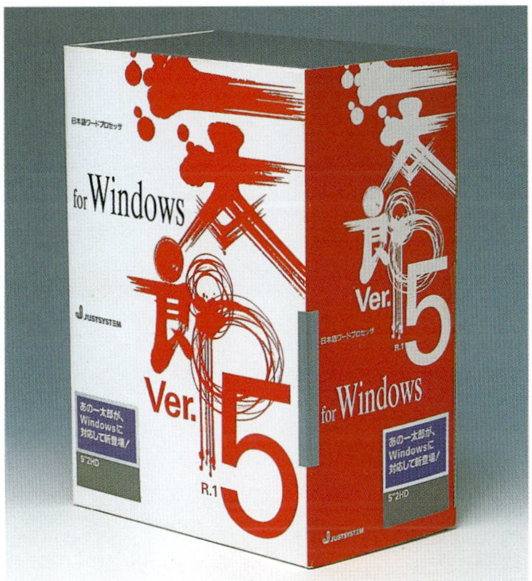

602

603

604

605

606

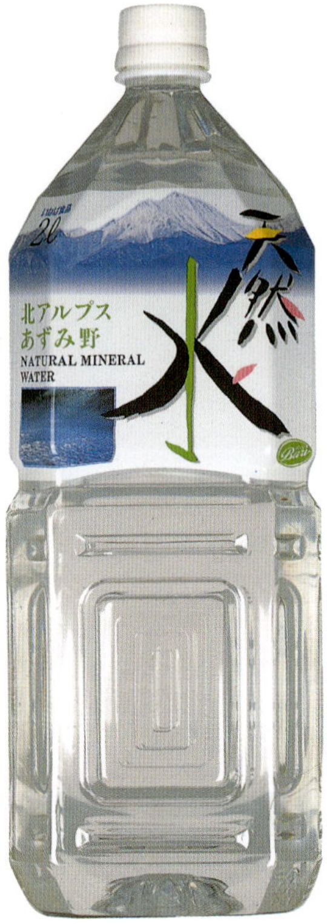

608

609

610

607

611

606
第4回京都大骨董祭
D—木田安彦
C—吾目堂
1995

607
新茶パッケージ
D—平松 暁
A—PART II
C—清和
1997

608
百貨店の和食器コーナー
AD—武市眞治
D—山田壮稔・菊地 博
C—高島屋
1996

609
飲料水「北アルプスあずみ野天然水」
AD—境 修一郎
D—大和田 昇
A—日本経済広告社
C—いなば食品
1996

610
飲食店
AD—川端敏夫
D—神谷利男・TCD
A—大阪読売広告社
C—シーガイアグループ
1995

611
ケーキレストラン
AD—河本文夫
D—熊野晃子
A—オフィス カワモト
C—本高砂屋
1996

612
農産物直売センター
D—竹原良治
C—大栄共同開発
1995

613
映画のタイトル
D—和田 誠
C—ホネ・フィルム
1996

614
缶詰
D—鳥越修治
C—エム・シー食品販売
1997

615
地ビールレストラン
D—塚田宏子
A—ミクプランニング
C—コーミ
1996

616
すし店
AD—佐藤一宇・岡 良治
D—佐藤一宇
C—桐祥
1995

617
一般道路のサービスエリア「道の駅 安達」
AD—コミュニケーション・デザイニング
D—ザ・デザイン・アソシエイツ
C—安達町振興公社
1997

618
百貨店のチラシ
AD—井堀悦郎
D—原山ルミ
A—共立プランニング
C—諏訪 丸光
1996

619
テレビ番組のタイトル
D—竹智 淳
C—日本テレビ
1995

TOTTORI DAIEI
お台場いちば
THE MARKET OF AGRICULTURAL PRODUCTS

612

ガクの絵本

613

さば
チリソース煮

614

香味
KOMI BEER
ブラウハウス藤ヶ丘
Komi's Original Brew
麦酒

615

すし
KIRISHO

616

智恵子の里

617

駿河 遠州 伊豆
物産展

618

金田一
The "JiKEMBO" of
少年の
Young Kindaichi
事件簿

619

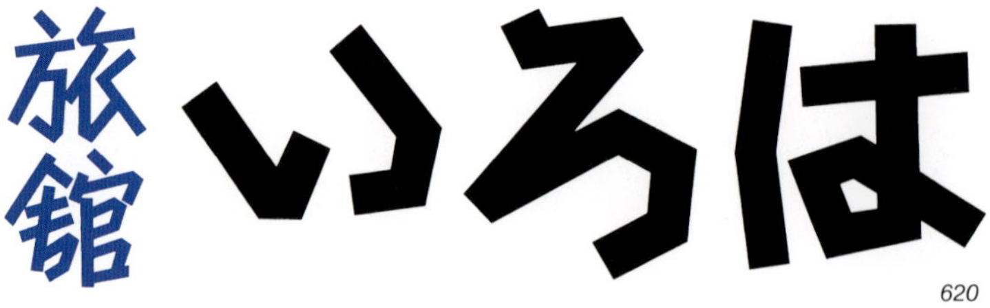

620

621

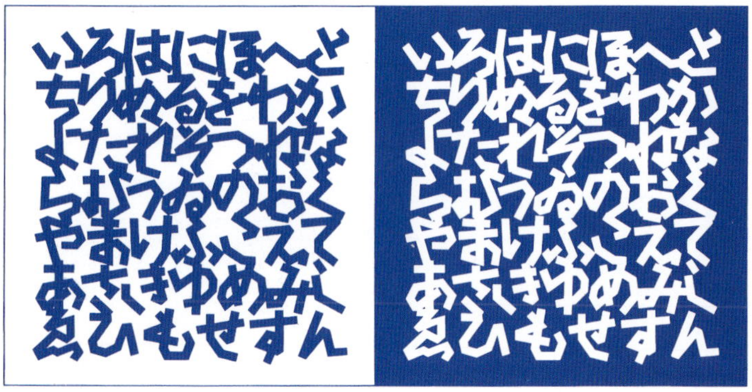

622

623

624

625

626

627

628

620・621・622
旅館
AD—桑山弥三郎
D—桑山弥三郎・市橋 篤
C—旅館いろは
1995

620—旅館名
621—室名表示
622—ゆかた地・パッケージ・包装紙の基礎パターン

623
絵文字「藩」
D—木田安彦
A—アニック
C—西洋フードシステム
1996

624・625
絵文字「萌」
D—木田安彦
A—ロフトグラフィス
C—ゼネカ薬品
1995

626・627・628
絵文字「咲」
D—木田安彦
A—ロフトグラフィス
C—ゼネカ薬品
1996

629
映画キャンペーン
D—千葉浩明
A—ハヤカワ・エージェンシー
C—UIP
1995

630
辛子明太子
AD—真田 彬・原 彰彦
D—原 彰彦
A—協同印刷
1995

631
町のPRビデオタイトル
AD—S.D.C.Bプロジェクト
D—野間清隆
A—東郷英俊OFFICE
C—新旭町商工会
1995

632
年賀用キャンペーン
D—浦辺映子
C—プリントボーイ
1995

633
出版社
AD—石原一慶
D—畑中 純・石原一慶
A—城島印刷
C—花書院
1996

634
新聞題字
AD—兜木速雄
D—伊藤勝一・宮坂克己
A—博報堂
C—JA新聞連
1994

635
水菓子
AD—ハートクリエイション
D—大場節男
C—銅山堂
1996

636
テレビ番組タイトル
AD—竹智 淳
D—竹智 淳・竹智こずえ
C—日本テレビ
1997

637
着物
AD—鈴木善博
D—内藤正比呂
C—さが美
1995

フォレスト・ガンプ
一期一会
いちごいちえ

629

辛子
めんたい

630

夢を紡ぐ町

631

子

632

花書院
図書出版

633

日本農業新聞

634

水菓子

635

ガラスの靴
A Cinderella Story

636

ニューはればれ 加工

637

茅舎
茅舎の会
638

甘納豆
639

抹茶カステラ
640

ハニーカステラ
641

ベイブ
642

フリッパー
643

総曲輪新聞
644

銀座闊歩展
645

ドラゴンハート
646

地下鉄走って70年
647

638
新聞のタイトル
AD—ハートクリエーション
D—大場節男
C—茅舎の会
1996

639
敬老ギフト
D—金井幸治
C—文明堂(日本橋店)
1955

640・641
敬老ギフト
D—金井幸治
C—文明堂(日本橋店)
1955

642・643
映画キャンペーン
D—千葉浩明
A—ハヤカワ・エージェンシー
C—UIP
1996

644
商店街100周年
AD—上野博之
D—河越康彦
C—北日本新聞社
1995

645
展覧会タイトル
AD—浅田 茂・佐藤一宇
D—佐藤一宇
A—電通テック
C—日動火災海上保険
1995

646
映画キャンペーン
D—千葉浩明
A—ハヤカワ・エージェンシー
C—UIP
1996

647
地下鉄70周年
D—山田壮稔
C—帝都高速度交通営団
1997

648
米のブランド
D—竹智 淳
C—銀座食糧販売
1996

649
組合キャンペーン
AD—斎藤 実
D—佐藤知美
C—宮城県製麺組合
1995

650
飲料水
D—池田典夫
A—トリム・ライン ジャパン
C—アクア・ウェルネス
1995

651
病院
AD—荻原孝弘
D—松延冬樹・荻原典子
C—古賀病院
1997

652
マンション
D—伊丹 恵
C—ニッセイ住宅
1997

653
医薬品
D—冨永卓司
C—サラヤ
1995

654
飲料水
AD—宮坂克己
D—長田晴夫
C—ミネラル還元水
1996

655
胃腸薬
D—岩橋直人
C—アサヒビール薬品
1996

ぎんざ舞
GINZAMAI
銀食

648

みやぎ
純米酒
倶楽部

649

アクア ウェルネス

650

古賀病院

651

ニッセイパレス

652

ヒビスコール液A

653

ミネラル還元水

654

新ラクトーンA

655

三笠製薬

656

輝製菓

657

Well加夢COME

658

カラオケスナック
スーピカ

659

コロンブス
トラベル

660

フードセンター

661

ユー・スペース

662

大廃
全墟

663

私たちは見ているぞ!
YASATO

664

656
製薬会社の看板用
AD—兜木速雄
D—伊藤勝一
A—博報堂
C—三笠製薬
1995

657
菓子製造会社
D—山尾日出道
C—輝製菓
1996

658
消費者金融の無人契約機
AD—鎌田 実
D—杉山 充
A—広企プロモーション
C—太平洋信販
1996

659
スナック
D—林 久美
A—日宣
C—スーピカ
1996

660
旅行代理店
D—杉山享由
C—コロンブストラベル
1996

661
スーパー
AD—林 久美・末坂 実
D—林 久美
A—商業スペース研究所
C—フードセンター
1996

662
システムバス
AD—浦井智津恵
D—内藤伸一郎
A—大伸社
C—大建工業
1996

663
書籍タイトル
AD—竹智 淳
D—竹智 淳・竹智こずえ
C—トレヴィル
1997

664
クリーン選挙監視マーク
AD—ハートクリエイション
D—大場節男
C—八郷クリーン選挙監視委員会
1996

665
商店街愛称
AD—田島一夫
D—長谷川真策・田島一夫
C—錦糸町商店街振興組合
1997

666
農業協同組合
D—伊藤勝一
C—あいち農業協同組合
1995

667
物流会社
AD—吉延高明・能丸裕幸
D—吉延高明
C—九州物流システム
1996

668
決算半額市
D—小島貞彦
C—小大丸
1995

669
ホームフリーザー
AD—中谷武志
D—浅野真理子
C—松下電器産業・松下冷機
1996

670
情報誌
D—長田信春
C—南山舎
1996

671
スタンプ事務機器
AD—武市道雄
D—馬場雄二
C—キングジム
1996

672
ビデオタイトル
AD—大阪東通
D—木田篤成
C—宝塚クリエイティブアーツ
1996

673
敬老の日キャンペーン
D—小倉 貴
C—大丸(心斎橋店)
1996

674
テレビ番組タイトル
D—竹智 淳
C—日本テレビ
1996

675

676

677

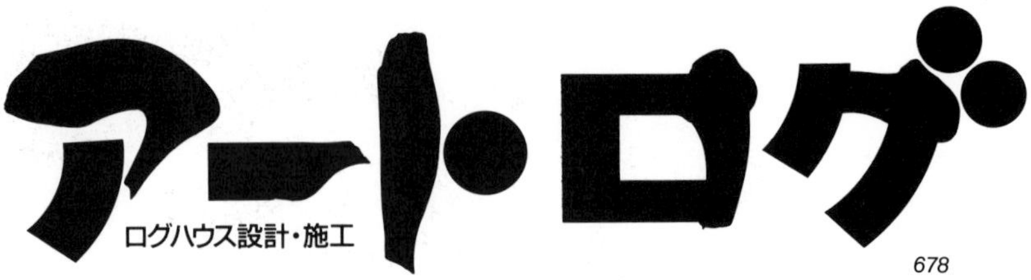

678

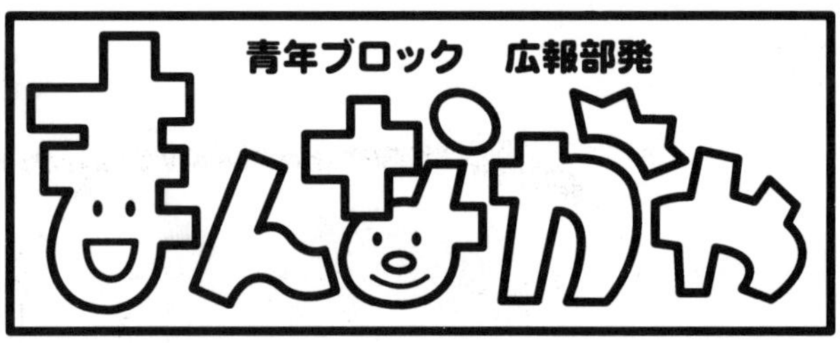

679

680

681

682

683

675
雑誌記事タイトル
D—山口至剛
C—スイングジャーナル社
1995

676
戯曲賞タイトル
D—下東英夫
C—扇町ミュージアム スクエア
1995

677
テレビ番組のタイトル
D—中畑康代
C—テレビ和歌山
1995

678
ログハウス建築会社
D—大岡典生
C—アートログ
1995

679
機関誌タイトル
D—石田恵子
C—まんなか子ども劇場
1995

680
ホテル内料飲施設
D—石川 明
C—今治国際ホテル
1996

681
コンサートのタイトル
D—竹智 淳
C—青山円形劇場
1997

682
テレビ番組タイトル
AD—竹智 淳
D—竹智 淳・竹智こずえ
C—日本テレビ
1997

683
タレント名
D—市川きよあき
C—人力舎
1995

684
料理ブックのタイトル
AD—小森英典
D—森 秀樹
A—ゼネラル・アサヒ
C—明治屋産業
1996

685
クリーニング会社のキャラクター
AD—有坂圭司・依田直子
D—依田直子・スタジオイグレック
A—サンリオファーイースト
C—日本さわやかグループ
1996

686
キャンペーンタイトル
AD—齋藤忠秀
D—太田雄一
C—東京都
1995

687
水産加工物
D—木寺清美
A—企画宣伝室
C—もとひら
1996

688
テレビ局のキャンペーン
D—布村順一
C—日本テレビ放送網
1995

689
ハウスオーガンのタイトル
AD—吉田由美子・佐藤一宇
D—佐藤一宇
C—女性・生活協会
1997

690
物産館
D—大久保 學
A—ジャパン・アドシステムズ
C—宇都宮ろまんちっく村
1996

691
ファンクラブ
D—SNK企画宣伝部デザイン課
C—SNK
1996

692
百貨店の催事
D—中山泰次郎
A—スタヂオユニ
C—伊勢丹
1996

お手軽クック

684

せん♥たくやくん

685

トークピクニック

686

いかの塩辛

食べてんしゃい

687

それって、日テレ。

688

生活研究

689

宇・都・宮
物・産・館

690

SNKサポーターズクラブ

691

大香港展

692

'95日向現代彫刻展

693

日向市民音楽会

694

ロゴ日本

695

プロ剪定

696

喫茶
おれんじ

697

木材建材
ウイクリー

698

実験医学

699

暑
お見舞申し上げます

700

高取空間計画

701

693
彫刻展
D—柏田賀久
C—日向市
1995

694
市民音楽会のタイトル
D—柏田賀久
C—日向市
1996

695
フォントのブランドネーム
AD—蟹瀬行雄
D—伊藤勝一
C—アルファコーポレーション
1996

696
鋸
AD—住本吉隆
D—住本光繁
C—ユーエム工業
1996

697
喫茶店
AD—新井 浩
D—新井 満
C—おれんじ
1995

698
木材建材市況情報誌タイト.
AD—吉岡謙一
D—市川文子
C—日刊木材新聞社
1997

699
医学雑誌
AD—松永 真
D—松永 真・正木賢一
C—羊土社
1996

700
暑中見舞いタイトル
D—山田正彦
C—ジャック
1996

701
インテリアデザイン会社
D—松永 真
C—高取空間計画
1996

702
喫茶施設
AD—村上三千朗
D—村上三千朗・佐藤貴永
C—蟹田町役場
1996

703
月刊コミック雑誌
D—福島 徹(Smile Studio))
C—新声社
1996

704
年賀状タイトル
D—山田正彦
C—ジャック
1997

705
年賀状タイトル
D—山田正彦
C—ワークショップユイ
1995

706
焼肉バイキング
D—吉田道宏
A—原工芸
C—ヒロセ
1996

707
デパートの食品売り場
D—永井正弘
C—福山そごう
1996

708
喫茶店
D—藤岡宏満
A—船場
C—カフェ・マイユ
1996

709
新聞の連載記事タイトル
D—木田安彦
C—毎日新聞社
1997

710
割烹料理店
D—篠原榮太
C—満月
1996

711
書籍のタイトル
D—竹智 淳
C—トレヴィル
1995

702

703

704

705

706

707

708

709

710

711

712

713

714

715

716

717

718

719

720

712
ビデオ講座のタイトル
D—木田安彦
C—松下電工
1995

713〜716
カレンダーの各月タイトル
D—木田安彦
C—松下電工
1995

717
旅館のサブタイトル
D—篠原榮太
C—自然館
1996

718
イベントタイトル
D—太田雄一
C—ワイワイデザインワークス
1995

719
テレビ番組のタイトル
D—篠原榮太
C—テレビ東京・PDS
1996

720
演劇タイトル
D—篠原榮太
C—松竹・新橋演舞場
1996

721・722・723
CDタイトル(北島三郎)
AD―酒井 治
D―木島杏子
A―ソーブ
C―日本クラウン
1996

724
食品のラベルタイトル
AD―伊瀬知和博・平山陽一
D―平山陽一
A―朝日広告社
C―ゴールド黒酢本舗
1996

725
展示会のPOP・DM
AD―水口かづ枝
D―福島文雄
A―たき工房
C―ハナエ・モリ
1995

726
飲食店
AD―石原保幸
D―須川とも子
C―ミュゼアリゾート伊東
1997

727
史跡
D―平松 暁
A―PART II
C―関口芭蕉庵
1995

728
餃子店
D―真田 彬
C―まるなか本舗
1995

729
展示会のPOP・DM
AD―水口かづ枝
D―福島文雄
A―たき工房
C―ハナエ・モリ
1995

721

723

722

724

725

726

727

728

729

730

731

734

732

733

735

737

736

730
乗用車キャンペーン
AD—瀬川浩樹
D—山口至剛
A—電通
C—トヨタ自動車
1996

731
永代供養塔
AD—三浦紘善
D—大西心堂・田島一夫
A—ワンネス
C—光明寺
1996

732
菓子
AD—與田幸一・原 彰彦
D—真田 彬
A—大日本印刷
C—もち吉
1996

733
豆腐屋
AD—武市眞治
D—堀田晴彦・山田壮稔・横井紘一
C—高島屋
1996

734
串揚げレストラン
D—石川 源
C—たつみ
1996

735
テレビ番組タイトル
AD—濱原輝樹
D—倉田芳琳
A—ブレーンカンパニー
C—日本テレビ放送網
1996

736
漬物
D—鳥越修治
C—八社会
1996

737
日本酒
D—田中郁夫
A—ロゴス
C—油正
1996

738
商社
D—冨松陸郎
C—日本国際興業
1995

739
塗装会社組合
AD—ヤマグチ・デザイン研究室
D—山口 勝
A—アスティオン
C—横浜市塗装事業協同組合
1996

740
地質調査会社
D—平 勇樹
C—高田地研
1995

741
建築材料販売業
AD—はんどれい
D—さとう れいこ
C—山形総販
1996

742
化粧品・健康食品メーカー
AD—ヤマグチ・デザイン研究室
D—山口 勝
C—王子食品
1996

743
博物館
AD—武藤正彦
D—武藤正彦・古室由希子
C—秋田県立博物館
1996

744
胃腸病院
D—暮沼宏一
C—長野胃腸病院
1995

745
建設会社
D—大岡典生
C—森貞建設
1995

746
地図製作会社
AD—柿崎長悦
D—中山泰次郎
A—地域イメージ研究所
C—国土地図
1996

747
歯科医院
D—柏田賀久
A—藤屋印刷
C—東郷町歯科診療所
1996

日本国際興業株式会社

738

横浜市塗装事業協同組合

739

株式会社 高田地研

740

山形総販株式会社

741

王子食品株式会社

742

秋田県立博物館

743

長野胃腸病院

744

森貞建設株式会社

745

国土地図株式会社

746

東郷町歯科診療所

747

日本物産株式会社

748

宮島建設株式会社

749

京都市立音楽高等学校
Kyoto Municipal Senior High School of Music

750

学校法人 小松原学園本部

751

小松原学園

752

小松原高等学校

753

小松原幼稚園

754

新宿総合会計事務所

755

寿 康 会 病 院

756

土佐JUN美装

757

748
販売促進用品等販売会社
Producer—竹野孝児
AD—原田 進・プラクシス
D—佐藤早苗
A—ディー・スクエア
C—日本物産
1995

749
建設会社
AD—勝野美徳
D—橋田浩美
A—たけかわ企画
C—宮島建設
1996

750
音楽高等学校
D—梅林敬藏
C—京都市音楽高等学校開設準備室
1996

751〜754
学園
D—尾上 智
C—小松原学園
1996

755
会計事務所
D—中山泰次郎
A—スタヂオユニ
C—新宿会計事務所
1996

756
病院
D—坂 雅子
C—寿康会病院
1997

757
清掃メンテナンス会社
D—新居邦一
C—土佐JUN美装
1996

758
不動産会社
D―伊丹 恵
C―ニッセイ住宅
1997

759
エレベーター製造会社
D―中野仁人
C―フジテック
1995

760
パチンコサービス業
D―井戸誠展
C―ピーコン
1996

761
マンション
D―中野仁人
C―恵仁会
1996

762
コピーライター養成学校
AD―土橋俊介
D―金城登末子
C―コピーライター養成講座事務局
1995

763
土木・建築業
AD―はんどれい
D―さとう れいこ・渡会 薫
C―太田グループ
1996

764
建築・土木会社
AD―はんどれい
D―さとう れいこ・渡会 薫
C―太田土建
1996

765
運送会社
AD―はんどれい
D―さとう れいこ・渡会 薫
C―オオタ運送
1996

766
メンテナンス会社
D―渡嘉敷徳男
C―国際ビル産業
1997

767
化学メーカー
AD―勝野美徳
D―橘田浩美
A―たけかわ企画
C―レーテック
1995

ニッセイ住宅株式会社
758

フジテック株式会社
759

ピーコン株式会社
760

ルミナスたてやま
761

ソフト開発研究所
762

太田グループ
763

株式会社太田土建
764

株式会社オオタ運送
765

株式会社国際ビル産業
766

株式会社レーテック
767

三洋住宅グループ
株式会社 三洋匠（たくみ）ホーム

768

768
住宅販売会社
AD—mega
D—溝端秀章
C—三洋匠ホーム
1995

株式会社 まるいち

769

769
不動産業
D—阿部芳一
A—創信社
C—まるいち
1995

有限会社 サンライズ

770

770
半導体製造機器販売会社
D—相本武士
C—サンライズ
1995

株式会社 ジャパンデザイン

771

771
システムインテグレーター会社
AD—井上毅士
D—宮坂克己
C—ビーグループ
1996

八王子ファイティングスポーツジム

772

772
スポーツジム
D—大武 潤
C—八王子ファイティングスポーツジム
1996

ノース・ウエスト・クラブ

773

773
アウトドア用品輸入販売会社
D—相本武士
C—ノース・ウエスト・クラブ コーポレーション
1997

イン・システム 株式会社

774

774
半導体製造機器販売会社
D—相本武士
C—イン・システム
1996

リスクマネジメント協会

775

775
協会
AD—吉延高明・駒崎民雄
D—吉延高明
A—駒崎民雄事務所
C—リスクマネジメント協会
1996

ハリマトレーディング株式会社

776

776
食品輸入販売会社
AD—渡辺敬彦
D—中山泰次郎
C—ハリマトレーディング
1995

北区まちづくり公社

777

777
まちづくり公社
D—新居邦一
C—北区まちづくり公社
1996

たちばな高齢者在宅サービスセンター

778

778
公共施設
D—田島一夫
C—墨田区
1996

CORPORATE IDENTITY & VISUAL IDENTITY

ANEST IWATA

—1

—4

—2

アネスト岩田株式会社

—5

ANEST IWATA Corporation

—6

ANEST IWATA

—3

1
空気圧縮機・塗装用機器会社
AD—木多弘之
D—岡原秀治
CI Consultant—オーディーエス
C—アネスト岩田
1996

コーポレートカラー
〈ANEST IWATA ブルー〉
DIC F60

〈ブラック〉DIC582

〈ANEST IWATA グレー〉

—1　ANEST IWATAシンボル
—2　ANEST IWATAロゴタイプ
—3　コーポレートマーク/タテ形
—4　リバースカラーによるコーポレートマーク
—5･6　社名ロゴタイプ
—7　パッケージ
—8　カタログ、ニュース
—9　封筒
—10　名札
—11　バッジ

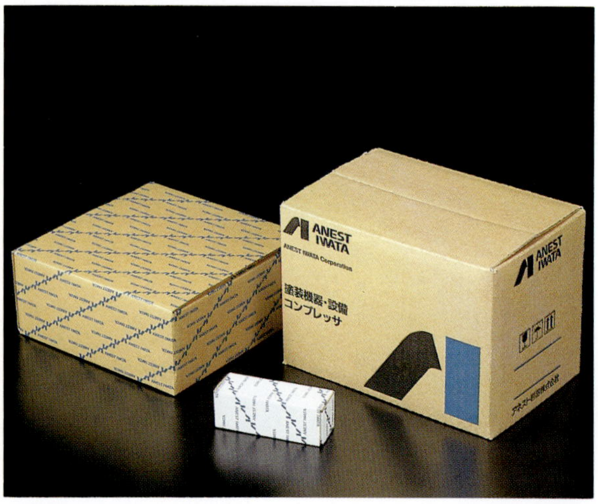

—7

—8

—9

—10

—11
1

—1

あわぎん

—2

AWA BANK

—3

—4

2

2
銀行
Producer—天野誠司
AD—原田 進・プラクシス
D—佐藤早苗
A—大日本印刷
C—阿波銀行
1994

—1　シンボルマーク
—2　略称ロゴタイプ 和文
—3　英文ロゴタイプ
—4　アプリケーションの展開例

3
快適空間創造企業
AD—池田武仁
D—斉郷隆喜
C—アメニティシステム
1995

コーポレートカラー
ブルー DIC2593

レッド DIC2501

グリーンDIC2567

イエロー DIC2532

ブラック DIC582

—1　シンボルマーク フルカラー表現
—2　シンボルマーク 2色表現
—3　和文ロゴタイプ
—4　サブグラフィック—シンボルマークのバリエーション(横型)

AMENITY
SYSTEM

—1

AMENITY
SYSTEM

—2

有限会社 アメニティ システム

—3

AMENITY
SYSTEM

—4

3

BAIKA

—1

—2

FOUNDED BAIKA 1878

—3

4
学校
AD—西岡譲二
D—藤野真弘
C—梅花学園
1996

—1　シンボルマーク
—2　シンボルマーク+ロゴタイプ
—3　エンブレム
—4　校舎へのマーキング
—5　スクールバスへのマーキング

—4

—5

4

1. BLOOD OF JESUS;
REV. 5:9
2. BASS JUNBO

TANG
JUNBO
BASS VOCALIST

1. BLOOD OF JESUS;
REV. 5:9
2. BASS JUNBO

TANG
JUNBO
BASS VOCALIST

5

5
声楽家(バス・ヴォーカリスト)
AD—飯守恪太郎
D—飯守恪太郎・小林珠美
C—唐 君波
1997

6
カジュアルショップチェーン
AD—青山満範
D—ティ・エム・シー
A—東急エージェンシー(名古屋支社)、T.M.C.
C—トリイ
1997

コーポレートカラー
〈C.C.グリーン〉DIC F57

〈C.C.ブルー〉DIC F46

〈C.C.オレンジ〉DIC F1

—1 シンボルマーク 基本タイプ
—2 シグネチャーシステム 基本型
—3 シグネチャーシステム 角型
—4 ロゴタイプ(和文)
—5 イメージポスター
—6 ショッピングバッグ
—7 店舗サイン

—1

—2

—3

—4

—5

—6

—7

6

7
金物加工会社
AD—小坂吉史
D—小坂吉史・近藤冨美子
A—グロリア・アーツ
C—日崎工業
1997

コーポレートカラー
〈Hizaki Green〉

〈Hizaki Yellow〉

—1 3Dシンボルマーク
—2 シンボルロゴ
—3 正式社名ロゴタイプ
—4 シグネチャー(視点変更)
—5 車輌マーキング

—1

—2

—3

—5

—4

7

8
損害保険会社
Producer—篠原誠司
AD—坂巻 幸
D—坂巻 幸・佐藤栄二
A—凸版印刷
C—第一ライフ損害保険
1996

コーポレートカラー
〈ライフブルー〉DIC F38

〈ライフレッド〉DIC2483

—1　シンボルマーク
—2　基本システム
—3･4　正式社名ロゴタイプ
—5　システム展開例
—6　受付サイン
—7　ステーショナリーへの展開
—8･9　パンフレット類の展開
—10　テレホンカード

—1

THE DAI-ICHI
PROPERTY & CASUALTY
—2

第一ライフ損害保険株式会社
—3

The Dai-ichi Property & Casualty
Insurance Co., Ltd.
—4

第一ライフ損害保険
—5

—6

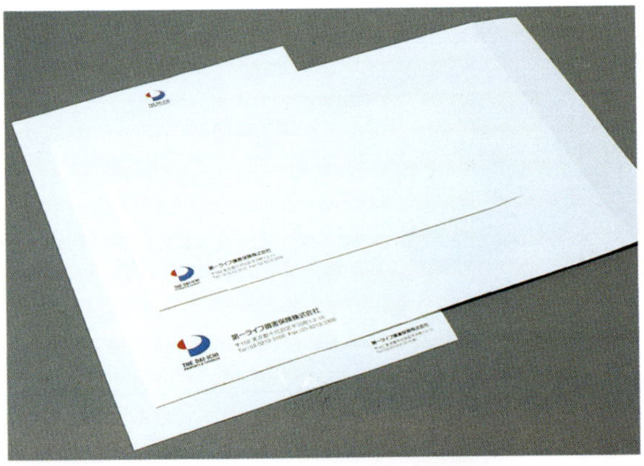
—7

—8

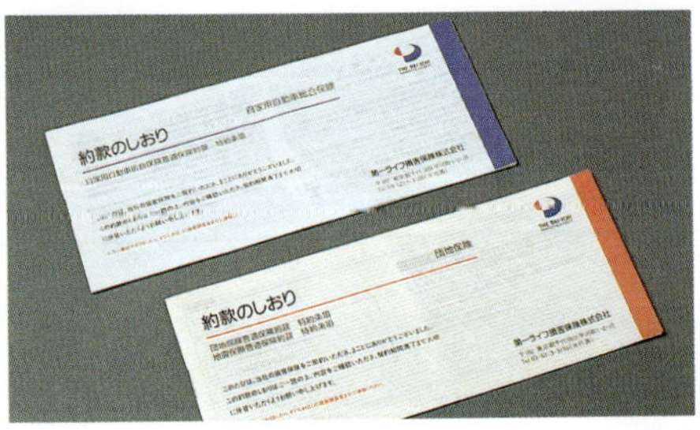

—9

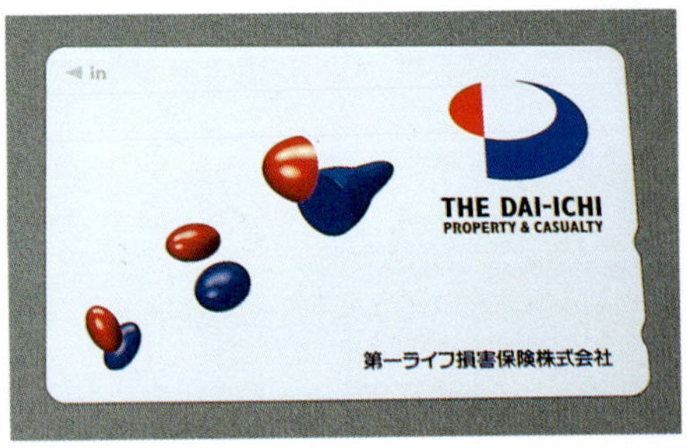

—10

9
香料会社
AD―ハーズ実験デザイン研究所・村田智明
D―生地利行
C―永廣堂本店
1996

コーポレートカラー
〈永廣堂グループグリーン〉
CFO658

〈永廣堂ブルー〉DIC C252

〈エプシルレッド〉DIC 939

―1･2　コーポレートマーク
―3･4　コーポレートメッセージと正式社名
―5･6　名刺・ステーショナリー
―7･8･9　アプリケーションの展開例

EIKODO

―1

EPSIL

―2

心に響く、香り、彩り

株式会社 永廣堂本店

―3

香りのデザインラボ

株式会社 エプシル

―4

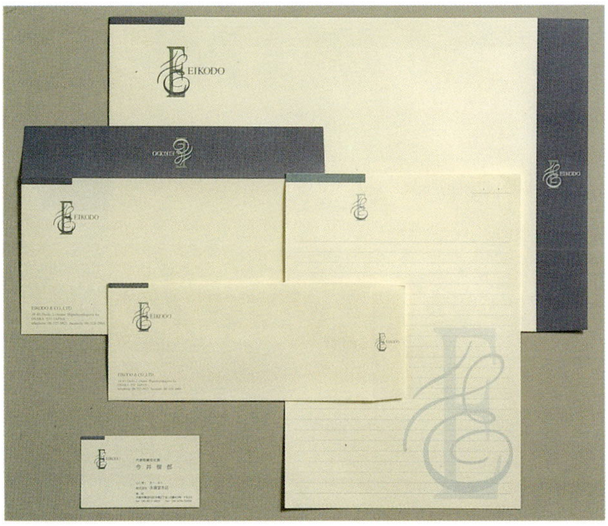

―5

―6

―7

―8

―9

Fukushima

—1

—4

Fukushima

—2

福島建築設計事務所

—3

10
建築設計会社
D—鳥越修治
C—福島建築設計事務所
1995

コーポレートカラー
〈フクシマグリーン〉DIC643

—1 コーポレートマーク Aタイプ
—2 コーポレートマーク Cタイプ
—3 シンボルマーク＋和文ロゴタイプ
—4 作業帽ヘルメット
—5 車輛マーキング
—6 ステーショナリー
—7 壁物壁面サイン
—8 ネームプレート
—9 胸章バッチ

—5

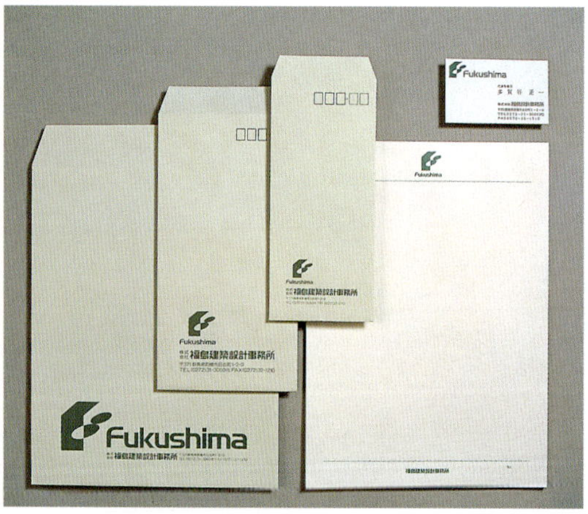

—6

—7

—8

—9

10

11
自治体
AD—伊藤勝一
D—伊藤勝一・藤原俊哉
A—ビジネスコンサルタント
C—東京都北区
1996

シンボルカラー
〈メインカラー〉DIC49

〈サブカラー〉DIC653

—1　コミュニケーションマーク
—2・3・4　ロゴタイプ
—5　シグネチュア
—6　コミュニケーションマーク 基本パターン
—7・9　キャッチフレーズとの組合せ
—8　グラフィックパターン

—1

北区
—2

東京都北区
—3

City of Kita
—4

北区
—5

少しずつ、いい顔になる
—7

—8

City of Kita
—6

少しずつ、いい顔になる
—9
11

12
建設コンサルタント会社
D—浅見 博
A—ユー・ピー・ユー
C—近代設計
1997

コーポレートカラー
グリーン DIC572

レッド DIC564

グレー DIC511

—1　コミュニケーションマーク
—2　コミュニケーションマーク 単色使用
—3・4　社名ロゴタイプ
—5　名刺と封筒

KINDAI
—1

近代設計
—2

株式会社 近代設計
—3

KINDAI-SEKKEI CONSULTANT, INC.
—4

—5
12

FUJITRANS

—1

FUJITRANS

—2

FUJITRANS

—3

フジトランス コーポレーション

—4

FUJITRANS CORPORATION

—5

—6

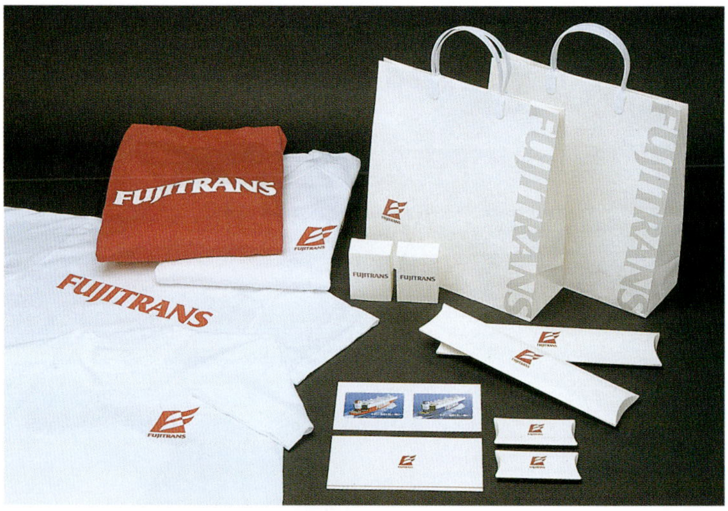

—7

—8

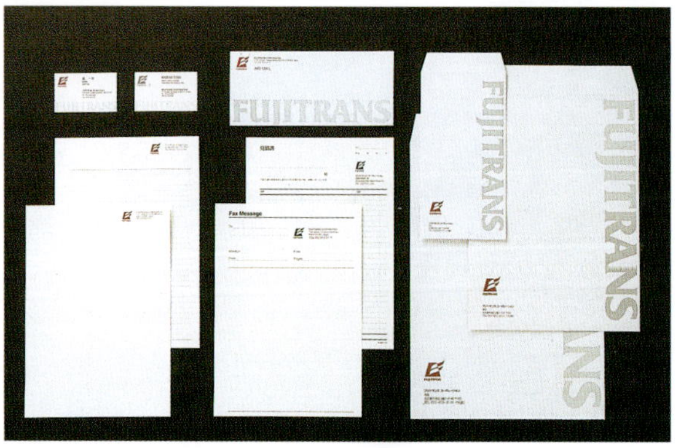

—9

—10

—11

13

13
海運業
Producer—富 一美
AD—原田 進・プラクシス
D—渡辺 聡・佐藤早苗
C—フジトランスコーポレーション
1995

—1 シンボルマーク
—2 英文略称ロゴタイプ
—3 広告用組合せ
—4･5 社名ロゴタイプ
—6〜11 アプリケーションの展開例

14
大学
AD—勝井三雄
D—石橋昌子
C—工学院大学
1996

シンボルカラー
ブルー DIC223

イエロー DIC86

—1 シンボルマーク
［メインカラー］
—2･3 シンボルマーク
［サブカラー］
—4･5･6 ロゴ［和文･欧文］
—7〜10 シンボルマーク
［地色によるヴァリエーション］の例
—11 シンボルマーク＋ロゴ
［和文＋欧文］
—12 シンボルマーク
［モノクロ］
—13 シンボルマーク［単色］
20mm以下で使用の場合
—14 シンボルマーク＋ロゴ
［欧文］ TYPE1-4

—1

—2

—3

工学院大学
—4

KOGAKUIN
UNIVERSITY
—5

KOGAKUIN UNIVERSITY
—6

—7

—8

—9

—10

工学院大学
KOGAKUIN UNIVERSITY
—11

—12

工学院大学
—13

KOGAKUIN
UNIVERSITY
—14

JaGra

—1

JaGra

—2

JaGra
ジャグラ

—3

社団法人
日本グラフィックサービス工業会

—4

the Japanese Graphic services
industry association
JaGra

—5

社団法人
日本グラフィックサービス工業会
the Japanese Graphic services industry association JaGra

—6

—7

—8

—9

—10

15

15
印刷業界団体
AD—飯守恪太郎
D—飯守恪太郎・小林珠美
C—日本グラフィックサービス工業会
1995

シンボルカラー DIC C-251

—1 ジャグラマーク
—2 英文略称ロゴタイプ
—3 カタカナ略称ロゴタイプ
—4 和文フル会名ロゴタイプ
—5･6 マークと各種ロゴタイプの組合せ例
—7･8･9 アプリケーションの展開例
—10 かるがもキャラクター

16
印刷業界団体
AD—飯守恪太郎
D—飯守恪太郎・小林珠美
C—東京グラフィックサービス
工業会
1996

カラーポリシー
メインカラー DIC C-251

サブカラー DIC724

DIC C-103

DIC C-269

—1 英文略称強調ロゴタイプ
—2 英文略称ロゴタイプ
—3 正式会名ロゴタイプ
—4 GJマーク強調ロゴタイプ
—5 和文略称ロゴタイプ
—6 英文フェア名称ロゴタイプ
—7・8 フェア(展示会)

—1

—2

—3

—4

—5

—7

—6

—8

HUMAN R&D

—1

株式会社ヒューマンランド

—2

HUMAN R&D INC.

—3

ヒューマンスクエア
ヒューマンホームズ
ヒューマンスキップ

—4

17
不動産業
Producer—小林良子
AD—原田 進・プラクシス
D—井村智枝
A—ケノス
C—ヒューマンランド
1995

コーポレートカラー
TOYO88 CF0442

—1　コーポレートマーク
—2・3　コーポレートロゴタイプ
—4　関連ブランドロゴタイプ
—5・6・7　関連ブランドマーク(3グループ)
—8・9　シート、看板への展開
—10・11・12　グラフィックエレメント

HUMAN SQUARE

—5

HUMAN HOMES

—6

HUMAN SKIP

—7

—8

—9

—10

—11

—12
17

17

—13 オフィス
—14 ステーショナリー
—15 オフィス内標識
—16 アプリケーションの展開例

—13

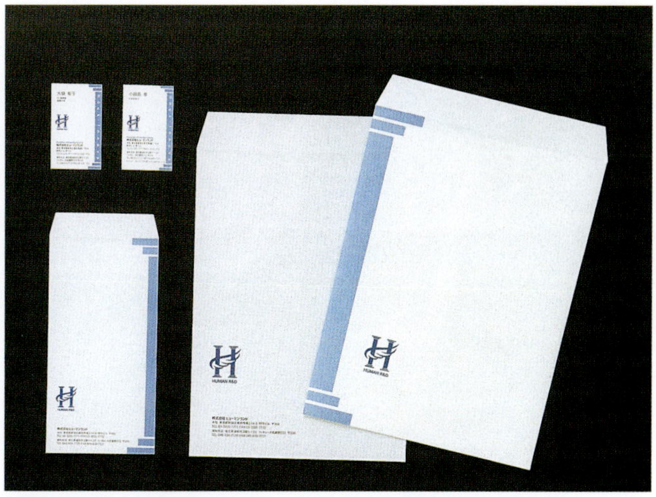

—14

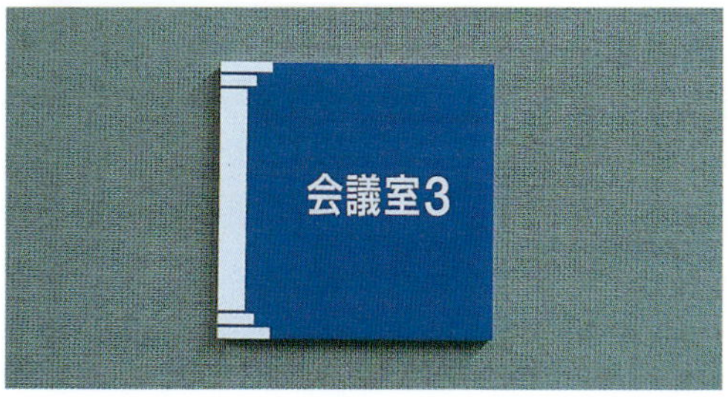

—15

—16 17

18
信用金庫
AD—山口祐一
D—山口祐一・竹村国弘
A—都屋
C—西九州信用金庫
1996

コーポレートカラー
ブルー DIC F29

ライトブルー DIC F55

—1 シンボルマーク
—2 正式庫名ロゴタイプ（和文）
—3 略称庫名ロゴタイプ（和文）
—4 正式庫名ロゴタイプ（英文）
—5 シンボルマーク＋ロゴタイプ＋スローガン
—6 シンボルマーク＋略称ロゴタイプ
—7 のぼり

—1

にししん

—6

西九州信用金庫

—2

にししん

—3

Nishikyushu Shinkin Bank

—4

もっと親近、ずっとしんきん。
西九州信用金庫

—5

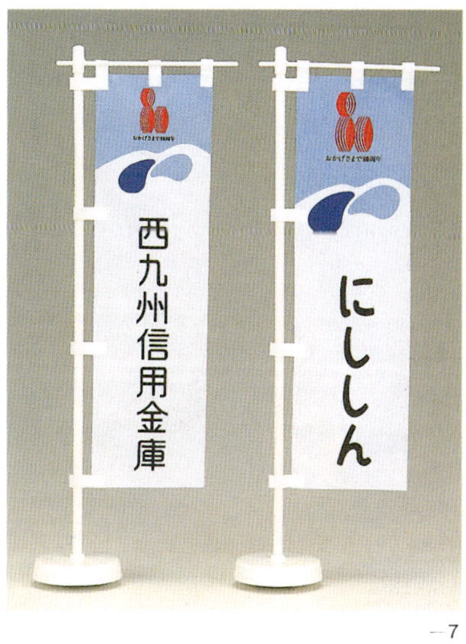

—7

18

19
自動車会社
CD—日野自動車デザインセンター・松本金太郎
AD—飯守恪太郎
D—飯守恪太郎・上野文子・小林珠美
C—日野自動車
1995

コーポレートカラー
〈HINO RED〉

〈WHITE〉

〈REAL BLACK〉

—1

—2

—3

—4

HINO

—5

Hino Motors, Ltd.

—6

日野自動車

—7

日野自動車工業株式会社

—8

日野自動車販売株式会社

—9

HinoMotorSales, Ltd.

—10

—11
19

—1·2·3 コーポレートマーク
によるトップ・マーク
—4 グラフィックマーク
—5〜10 社名ロゴタイプ
—11 モニュメント
—12·13 トレーラーフロント
—14 トラックハンドル
—15 中型フロント

—12

—13

—14

—15

—16

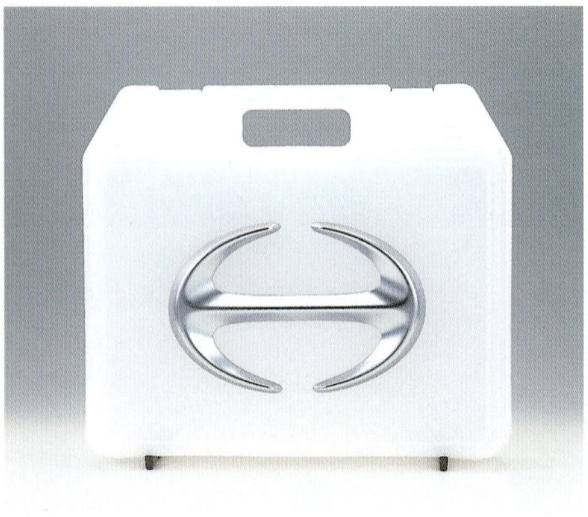

—17

19

—16　バス後面
—17　プラスチックケース
—18　展示会
—19　バッジ
—20　デモンストレーション
カー

—18

—19

—20

19

—21　封筒
—22　名刺
—23〜26　グラフィックパターン
—27　グラフィックパターンの展開例(ペーパーバッグ)

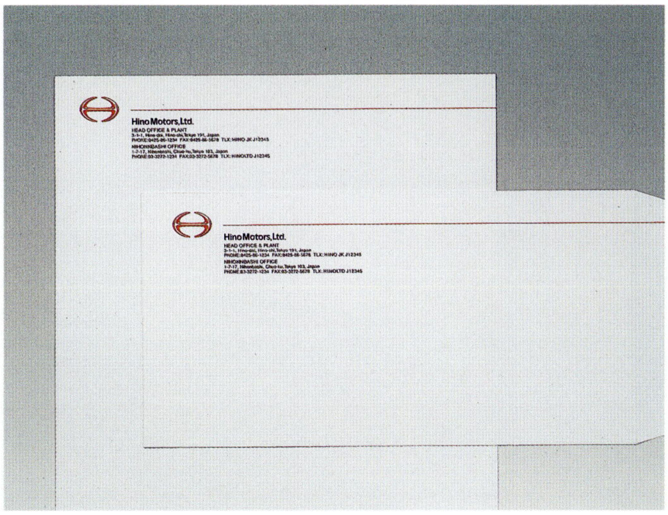

—21

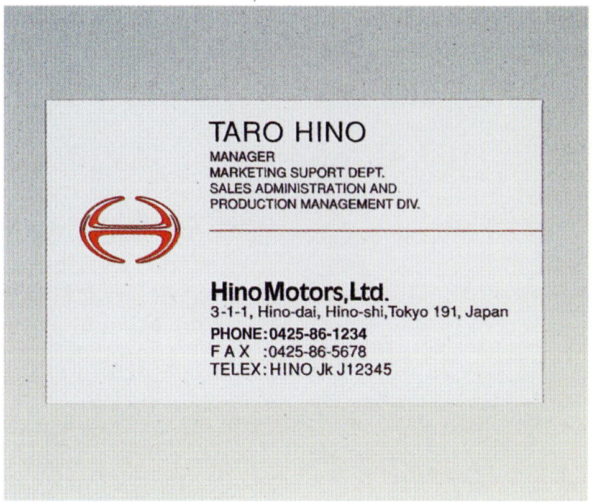

—22

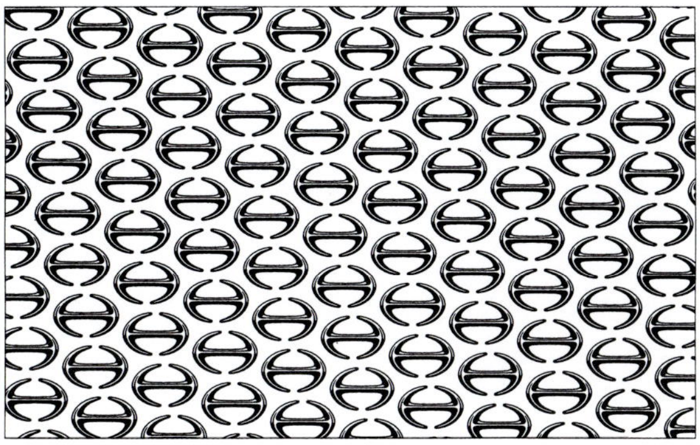

—23

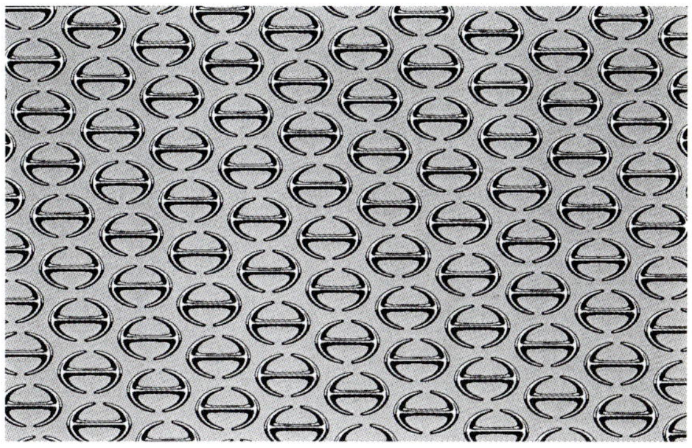

—24

—25

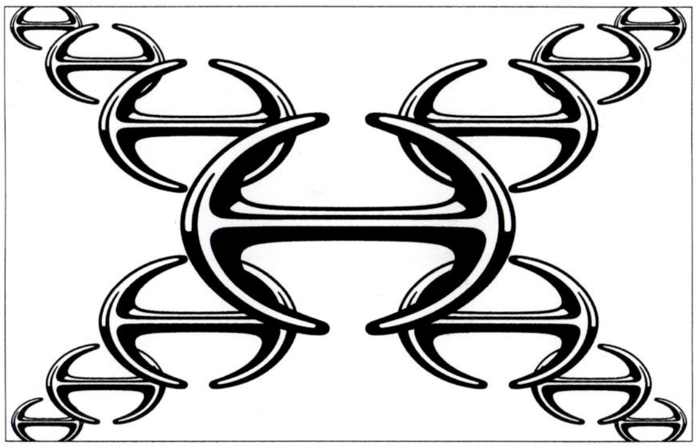

—26

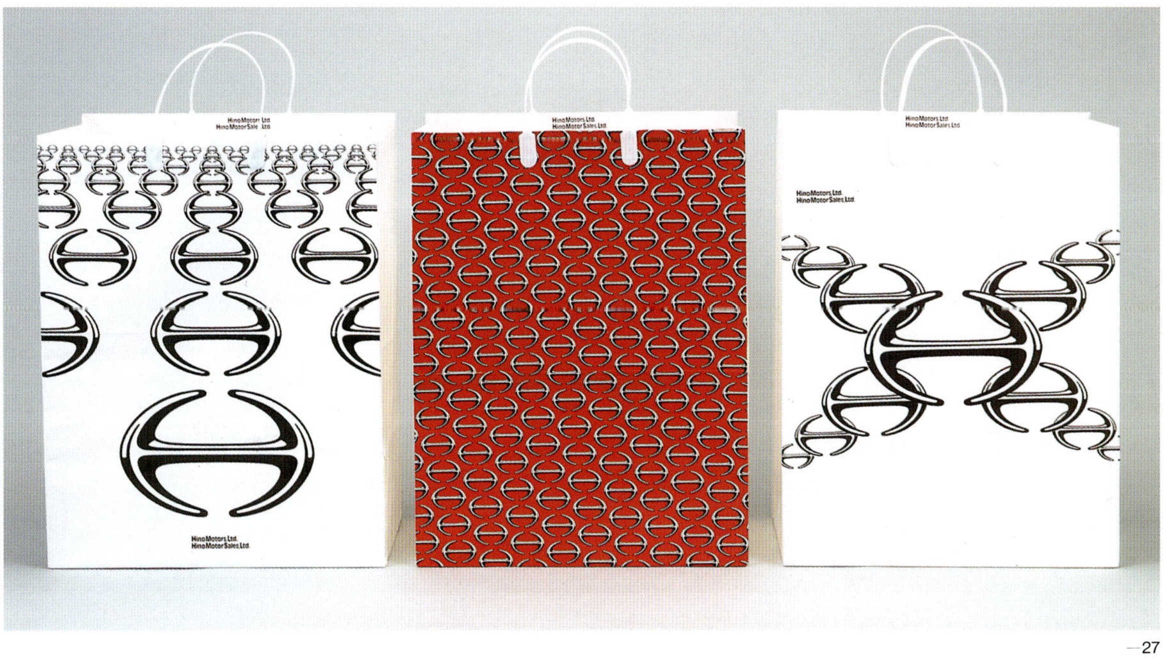

—27

—1

—8

Hiroshima
Shinkin Bank

—2

Hiroshima
Shinkin Bank

—3

20
信用金庫
AD—細川光夫
D—小沼孝至
A—トッパンアイデアセンター
西日本
C—広島信用金庫
1995

コーポレートカラー
〈アドバンスグリーン〉
TOYO88 CF0298

〈パッションピンク〉
TOYO88 CF0010

広島信用金庫

—4

ひろしん

—5

Hiroshima Shinkin Bank

—6

Hiroshima
Shinkin Bank
広島信用金庫

—7

—9

—10

—1　シンボルマーク
—2･3　コミュニケーションマーク
—4　正式金庫名ロゴタイプ
—5　略称金庫名ロゴタイプ
—6　金庫名ロゴタイプ
—7　コミュニケーションマークと正式金庫名ロゴタイプの組合せ
—8･9　サイン
—10　店舗

20

—11　案内サイン
—12　包装紙
—13　客用封筒
—14　預金通帳

—11

—12

—13

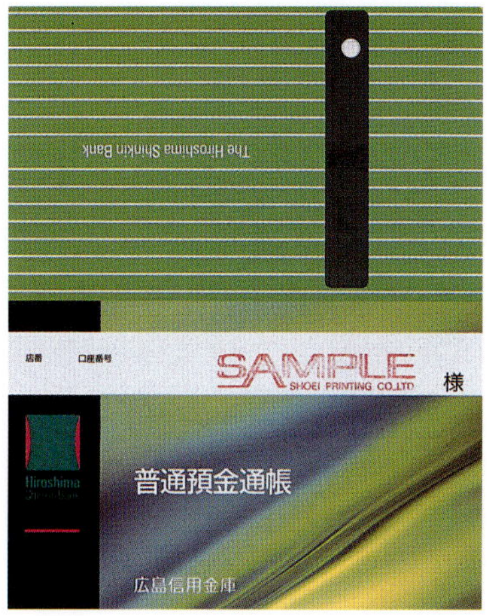

—14
20

Metalpha

—1

Metalpha

—2

21
スチールコード製造会社
AD—渡辺一人
D—佐久間年春・水波 均
C—ブリヂストンメタルファ
1996

コーポレートカラー
〈メタルファブルー〉

Metalpha

—3

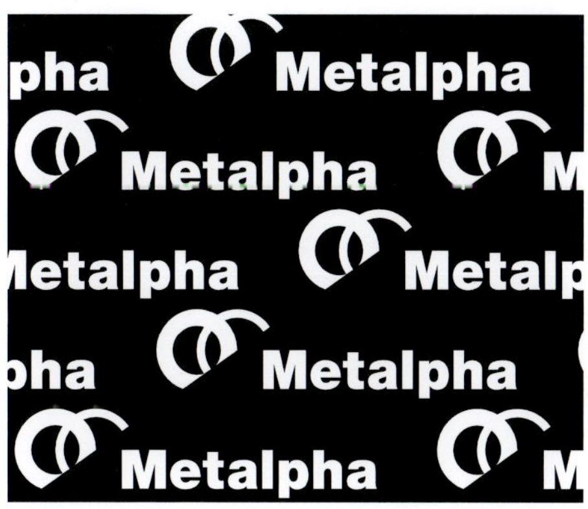

—4

ブリヂストン メタルファ株式会社

—5

ブリヂストン メタルファ

—6　**21**

—1･2　メタルファシンボル
—3　メタルファマーク
—4　シンボルパターン
—5　社名ロゴタイプ
—6　企業ブランドロゴタイプ

22
オンラインサービス会社
D—ランドー アソシエイツ
C—ニフティ
1997

—1　コアブランドマーク
—2･3･4　コアブランドマーク/シグネチャー
—5･6　社名ロゴタイプ
—7　タイライン
—8　ブランドカラー
—9　プレスキット
—10　コーポレートプロフィール

NIFTY SERVE

—1

NIFTY SERVE

—2

NIFTY SERVE

—3

NIFTY SERVE

—4

ニフティ株式会社

—5

NIFTY Corporation

—6

With Us, You Can.

—7

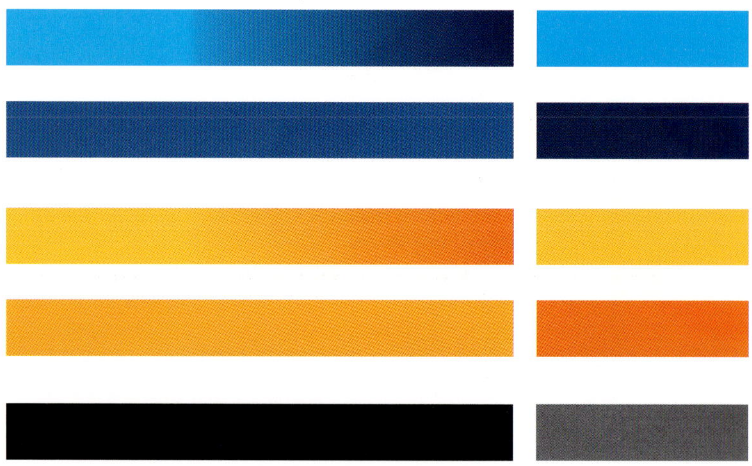

—8

—9

—10 **22**

22

—11　メニューガイド
—12　メンバーズパック
—13　レターヘッド
—14　ビジネスカード

—11

—12

—13

—14
22

23
建設会社
Producer—立野井一恵・オフィスササキ
CD—永井雅行・パラダイス
AD—藤原ゆか・パラダイス
D—藤原ゆか
A—大志印刷
C—オリエンタル建設
1996

コーポレートカラー
DIC 2496

—1　シンボルマーク
—2・3　社名ロゴタイプ
—4　シンボルマーク＋略称社名ロゴタイプ
—5　ヘルメット
—6　本社エントランス
—7　工事現場垂れ幕

ORIKEN

—1

オリエンタル建設株式会社

—2

ORIENTAL Construction Co.,Ltd.

—3

ORIKEN オリエンタル建設

—4

—5

—6

—7
23

—1

—2

麗嬰房

—3

les enphants

—4

les enphants
麗嬰房

—5

les enphants
麗嬰房

—6

les enphants
KIDS

—7

—9

les enphants
BABY

—8

24

24
子供服メーカー
AD—河合恭誌
D—佐藤綾稀子、VIA BO, RINK
C—麗嬰房股份有限公司
1996

コーポレートカラー

ブランドカラー

—1　カンパニーマーク
—2　ブランドマーク
—3･4　カンパニーロゴタイプ
—5　企業ロゴタイプ&マーク
—6　店舗ロゴタイプ&マーク
—7･8　ブランドロゴ&マーク
—9　ラッピングペーパー

25
建設会社
AD—池田武仁
D—片岡裕之
C—砂本建設
1997

コーポレートカラー
ブルー DIC881

グリーン DIC829

—1 シンボルマーク
—2 和文ロゴタイプ
—3 シンボルマークと英文ロゴタイプの組合せ
横組みタイプ
—4 封筒、名刺への展開
—5 サブグラフィック

—1

—4

砂本建設株式会社

—2

SUNAMOTO
CONSTRUCTION CO.,LTD.

—3

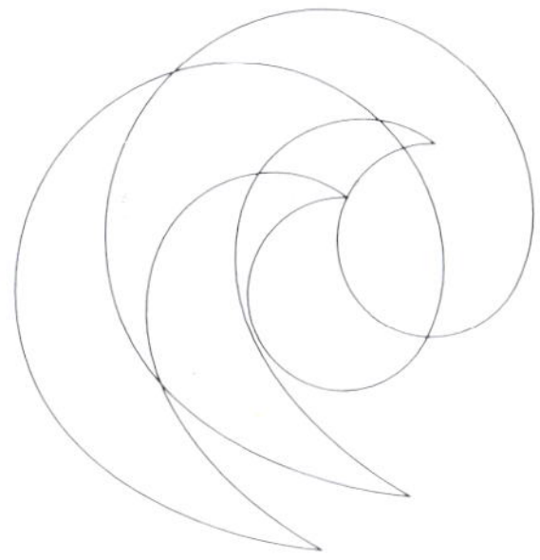

—5

25

26
野球チーム
D—吉延高明
C—サンディ
1995

—1 シンボル
—2 ロゴタイプ
—3 ユニフォームのベーシックデザイン
—4 ユニフォーム、帽子への展開例

—1

—2

—3

—4

26

むさし緑園都市
坂戸ニューシティ
にっさい

—1

むさし緑園都市
坂戸ニューシティ
にっさい

—2

—3

27

27
自治体
Producer—坂本是馬・長根英樹
AD—原田 進・ブラクシス
D—金田進哉
A—電通パブリックリレーションズ
C—坂戸にっさい
1995

基本カラー
ブルー TOYO88 CF0418

イエローCF0160

グリーンCF0285

グレーCF1003

ブラック

—1 シグネチャーBタイプ（基本形）
—2 シグネチャーAタイプ（基本形）
—3 印刷物への展開例

SPOON

—1

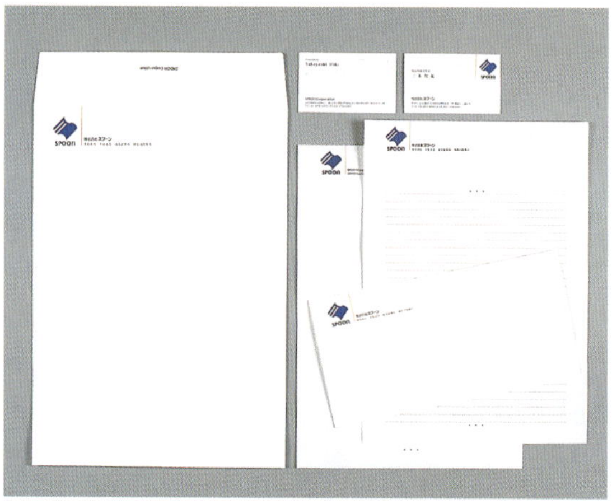

—3

株式会社スプーン

—4

SPOON Corporation

—5

SPOON

—2
28

28
道路交通・一般塗装業
AD—田川 努
D—田川 努・高橋豊志
C—スプーン
1996

コーポレートカラー
〈SPOONブルー〉

〈SPOONイエロー〉

—1･2 コーポレートマーク
—3 名刺・封筒・レターヘッド
—4･5 社名ロゴタイプ

29
空調会社
AD—木多弘之
D—塩田 修・岡原秀治
CI Consultant—オーディーエス
C—東洋熱工業
1995

コーポレートカラー
〈東熱グリーン〉

〈東熱ブルー〉

—1 シンボル基本形
—2･3 コミュニケーション・ネーム
—4 コーポレート・マーク和文(ヨコ型)
—5 シンボル応用形によるコーポレートマーク(英文)の単色表示
—6 正式社名ロゴタイプ
—7 ヘルメット
—8 会社概要、カタログなど
—9 社屋看板

—1

東熱
—2

TONETS
—3

東熱
—4

TONETS
—5

東洋熱工業株式会社
—6

—7

—8

—9
29

TANAX

—1

TANAX

—2

株式会社
タナックス

—3

TANAX

—4

株式会社
タナックス

—5

—6

—7

—8
30

30
総合建設業
AD—嶋野 修
D—嶋野 修・野口 淳・工藤こう子・伊藤晴喜
A—R2アソシエイツ
C—タナックス
1995

コーポレートカラー
〈チェリーレッド〉DIC114

〈コバルトブルー〉DIC224

〈チャコールグレー〉DIC556

—1 カラー表示用シンボルマーク
—2 基本シンボルマーク(基本シグネチャー)
—3・4 ロゴタイプ
—5 基本シグネチャー
—6 工事現場
—7 ヘルメット
—8 会社案内

31
空調機器製造会社
Producer—篠原誠司・石田英二
AD—中沢康雄
D—中沢デザインオフィス
A—凸版印刷
C—東洋製作所
1996

コーポレートカラー
〈TOYO BLUE〉

〈TOYO GRAY〉

—1　シンボルマーク
—2・3　シンボルマークとロゴタイプの組合せ
—4　和文ロゴタイプ
—5・6　正式社名ロゴタイプ
—7〜10　アプリケーションの展開例

—1

TOYO ENGINEERING WORKS
—2

TOYO ENGINEERING WORKS
—3

東洋製作所
—4

株式会社 東洋製作所
—5

TOYO ENGINEERING WORKS, LTD.
—6

—7

—8

—9

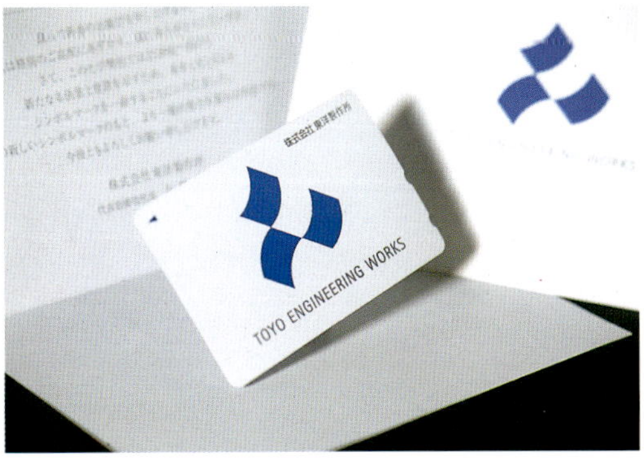

—10

Vestax
—2

—1

Vestax
—3

Vestax
—4

Vestax
—5

32
音響機器メーカー
D—グラムコ
C—ベスタクス
1995

コーポレートカラー
〈Vestax RED〉 PANTONE 485C

〈Vestax BLACK〉
PANTONE Black

〈Vestax GREY〉
PANTONE Warm Grey 9C

—1　シンボルマーク
—2･3　システム(シンボルマーク+一般表示)
—4･5　カラーシステム
—6　正式社名ロゴタイプ
—7　英文社名ロゴタイプ
—8　DJミキサーのブランドロゴタイプ
—9　ディジタル商品の総合ブランドロゴタイプ
—10　製品へのマーキング
—11･12　車輌へのアプリケーション

ベスタクス株式会社
—6

Vestax Corporation
—7

Vestax RDJ
—8

Vestax DIG
—9

—10

—11

—12

32

—13　カタログ・パンフレット
—14　イベントポスター
—15　ブランド商品
—16　ファイル
—17　パッケージ

—13

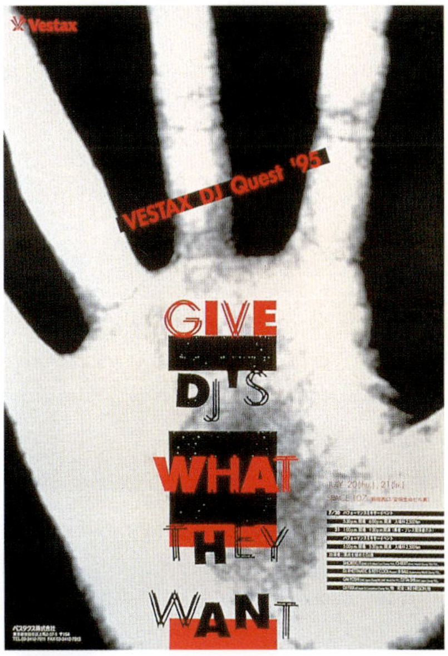

—14

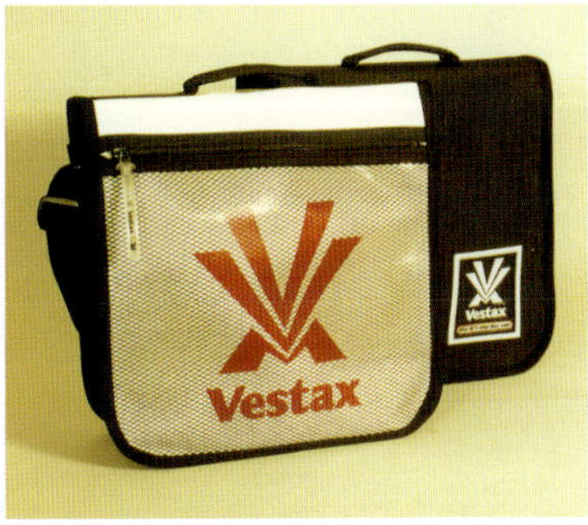

—15

—16

—17

32

33
電子機器製造販売会社
D—桑山弥三郎
C—アレクソン
1996

—1　シンボルマーク
—2　ロゴタイプ
—3　社名ロゴタイプ
—4　パンフレット
—5　名刺・封筒

—1

—4

ALEXON

—2

アレクソン株式会社

—3

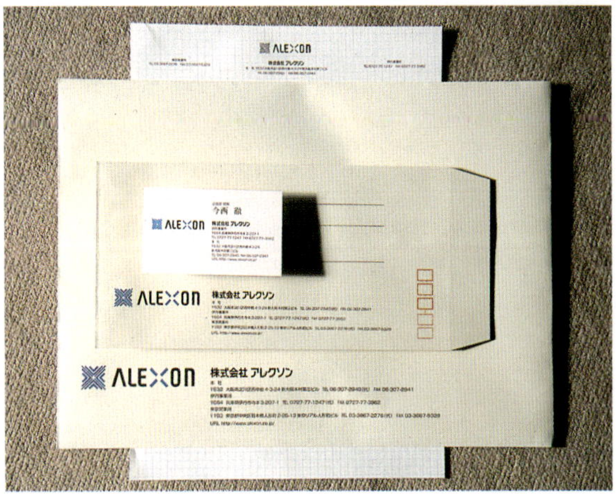

—5
33

34
銀行
Producer—菅谷公隆
CD—有山昌広・トータルメディア開発研究所
AD—原田 進・ブラクシス
D—花田太郎
A—凸版印刷
C—わかしお銀行
1996

—1 シンボルマーク
—2・3 略称社名ロゴタイプ
—4 シンボルマークと略称ロゴタイプの組合せ
—5 ステートメントの組合せ
—6 看板
—7 店舗シャッターと袖看板への展開

—1

わかしお銀行

—2

WAKASHIO BANK

—3

わかしお銀行

—4

明日へ、はつらつ
わかしお銀行

—5

—6

—7
34

—8

—11

34

—8　目かくしパターン
—9　店舗店頭への展開
—10　キャッシュカード
—11　標準パターン
—12･14　縦パターン
—13･15　横パターン
—16　名刺・封筒
—17　証書・現金封筒

—9

—12

—13

—10

—14

—15

—16

—17

—18 グラフィックパターン
—19 顧客サービスのためのアプリケーション展開
—20 預金通帳
—21 業務案内のためのパンフレット

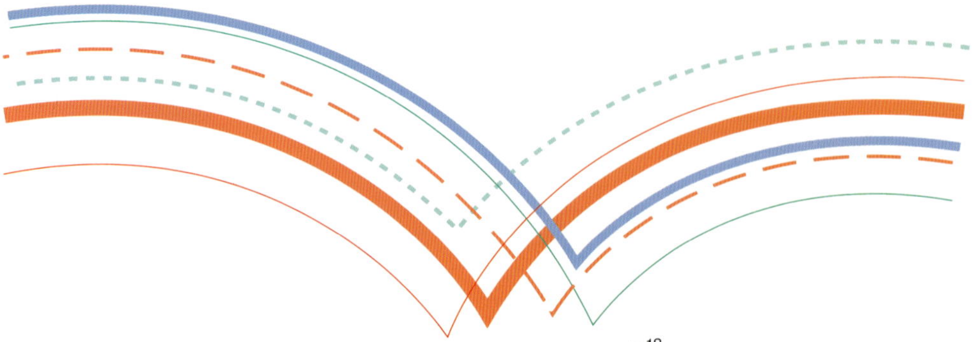

—18

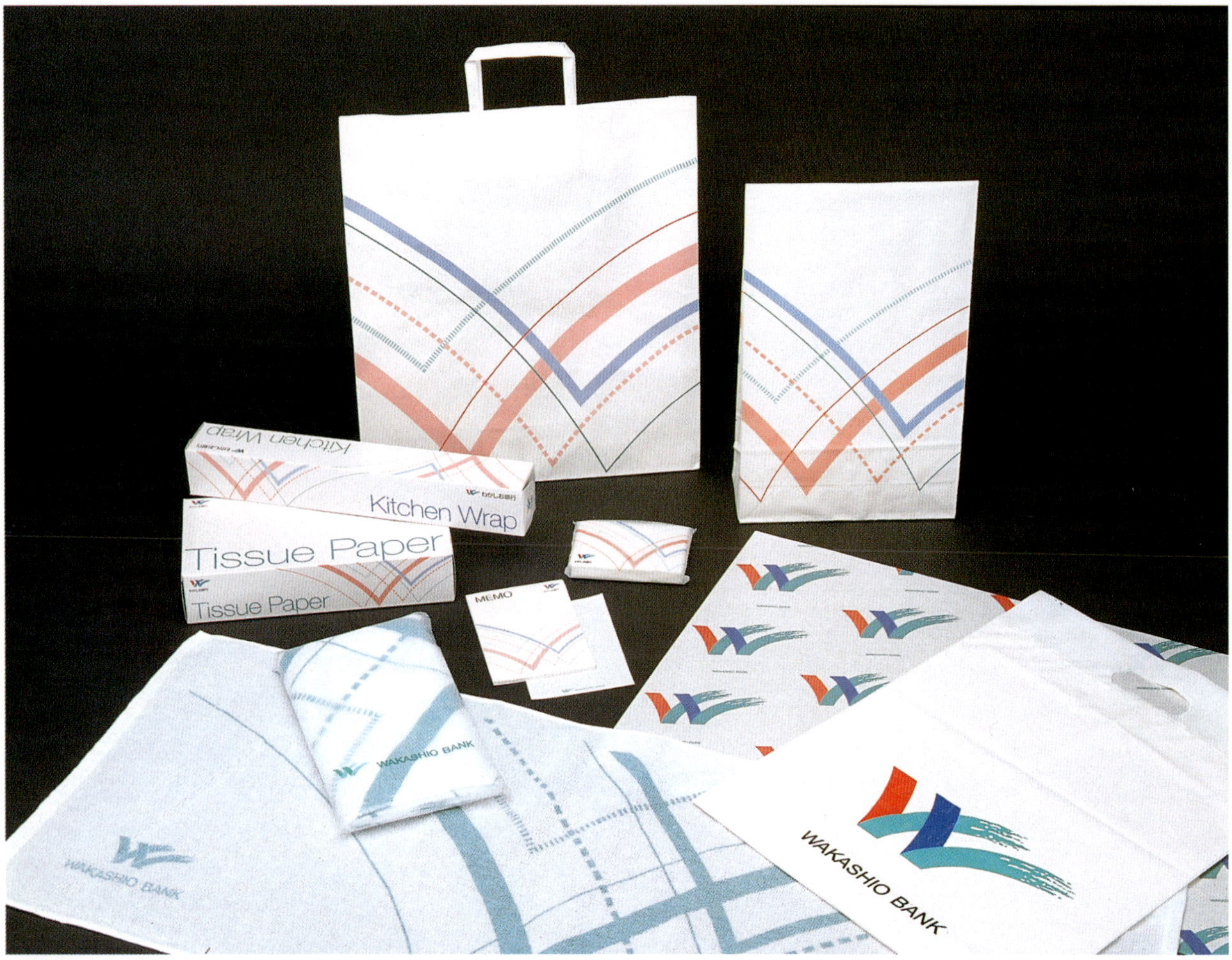

—19

—20

—21

35
総合ブライダルサービス
AD—アイデックス・日高永一
D—日高永一
A—三和総合研究所・蒲田善行
C—ワタベウェディング
1996

コーポレートカラー
DIC273

DIC157

—1•2　コーポレートマーク
—3•4•5　店頭、店内での展開例
—6　ペーパーバッグ
—7•8　正式社名ロゴタイプ

WATABE
WEDDING

—1

WATABE
WEDDING

—2

—6

—3

—4

—5

ワタベウェディング株式会社

—7

WATABE WEDDING CORPORATION

—8

35

YOURS

—1

YOURS

—2

YOURS CO.,LTD

—3

株式会社ユアーズ

—4

YOURS

—5

YOURS

—6

YOURS

—7

ユアーズ

—8

—9

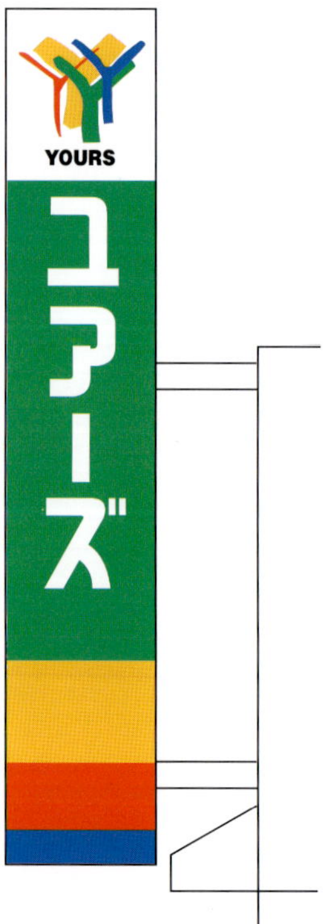

—10

36
流通業
AD—縄田健次
D—黒川寿明
C—ユアーズ
1995

コーポレートカラー
基本カラー

—1 コーポレート・シンボルマーク
—2 コーポレート・シンボルマーク バリエーションの1例
—3 マーク・ロゴタイプの組合せの1例
—4 コーポレート・ロゴタイプ
—5 ストア・シンボルマーク
—6・7・8 ストア・ロゴタイプ
—9 塔屋看板
—10 サイン・ボード

37
総合エンターテインメント産業
AD—アイデックス・可児己喜男
D—中川 亮
A—三和総合研究所・蒲田善行
C—吉本興業
1995

コーポレートカラー
〈YOSHIMOTOレッド〉DIC198

—1　シンボルマーク
—2　和文正式社名ロゴタイプ
—3　英文正式社名ロゴタイプ
—4〜8　アプリケーションの展開例

YOSHIMOTO

—1

—4

吉本興業株式会社

—2

YOSHIMOTO KOGYO CO.,LTD.

—3

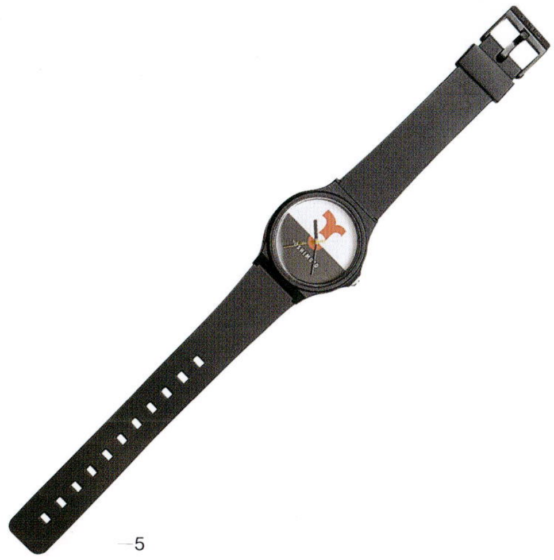

—5

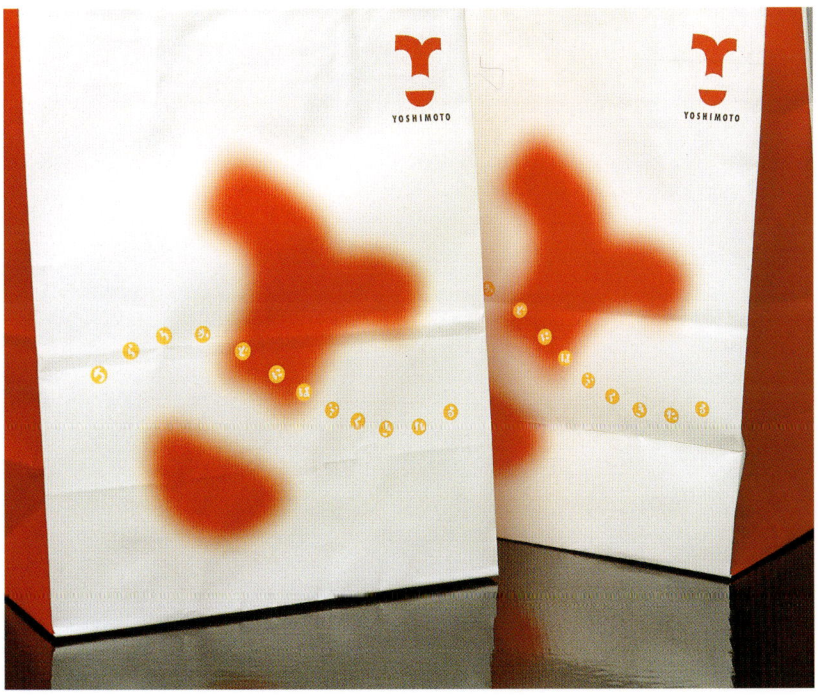

—6

—7

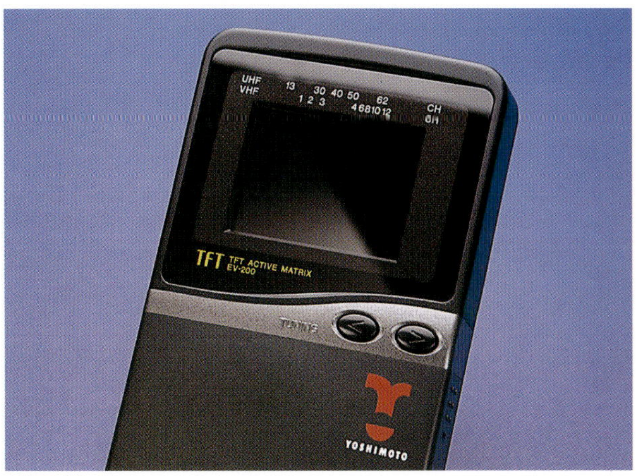

—8

—1

YATCH

—2

Y'sque

—3

有限会社 谷内金型製作所

—4

—5

38

38

成型加工会社
AD—ハーズ実験デザイン研究所・村田智明
D—村田智明
C—谷内金型製作所
1995

コーポレートカラー
TOYO88 CF0101

サブカラー

—1 コーポレートシンボルマーク
—2 コーポレートロゴタイプ
—3 コーポレートロゴタイプ（関連会社イスク用）
—4 コーポレートロゴタイプ
—5 アプリケーションツール

Sprima

—1

SUMIGIN LEASE

—2

SUMIGIN Auto Lease

—3

SUMIGIN R E X

—4

住銀リース株式会社

—5

住銀オートリース株式会社

—6

住銀レックス株式会社

—7

—8

39

39

金融業
D—PAOS
C—住銀リース
1997

コミュニケーション ブランドカラー

—1 住銀リースグループ コミュニケーションブランド〈スプリーマ〉シンボル
—2 住銀リース シンボル
—3 住銀オートリース シンボル
—4 住銀レックス シンボル
—5･6･7 グループ各社の社名ロゴタイプ
—8 〈スプリーマ宣言〉ポスター

40
建設会社の50周年
D—ランドー アソシエイツ
C—太平工業
1996

—1　基本型（フルカラー表示）
—2･3　1色カラー表示
—4〜7　コーポレートブランドマークとの組合せ例

CELEBRATING OUR 50TH ANNIVERSARY
—1

TAIHEI KOGYO
CELEBRATING OUR 50TH ANNIVERSARY
—4

CELEBRATING OUR 50TH ANNIVERSARY
TAIHEI KOGYO
—5

CELEBRATING OUR 50TH ANNIVERSARY
TAIHEI KOGYO
—6

CELEBRATING OUR 50TH ANNIVERSARY
—2

CELEBRATING OUR 50TH ANNIVERSARY
—3

TAIHEI KOGYO
CELEBRATING OUR 50TH ANNIVERSARY
—7
40

41
製粉会社
AD—渡辺一人
D—渡辺一人・佐久間年春
C—熊本製粉
1997

コーポレートカラー
〈Bears Red〉DIC2507

—1　コーポレートシンボル
—2　コーポレートシンボル＋メッセージのセットロゴ
—3･4　企業ブランドロゴタイプ
—5　工場サイン

Bears
—1

Bears
暮らしにすてきをとどけたい
—2

熊本製粉
—3

KUMAMOTO SEIFUN
—4

—5
41

AMBIA

—1

AMBIA
AUTO SERVICE

—2

AMBIA
TAXI

—3

AMBIA
BUS

—4

AMBIA
TOURS

—5

HOTEL AMBIA
松風閣

—6

42
総合サービス事業
Producer—坂本是馬・市川 昭
AD—原田 進・ブラクシス
D—ブラクシス
A—電通パブリックリレーションズ
C—アンビア
1994

—1　コーポレートマーク
—2〜6　営業部門別マーク
—7〜9　アプリケーションの展開例

—7

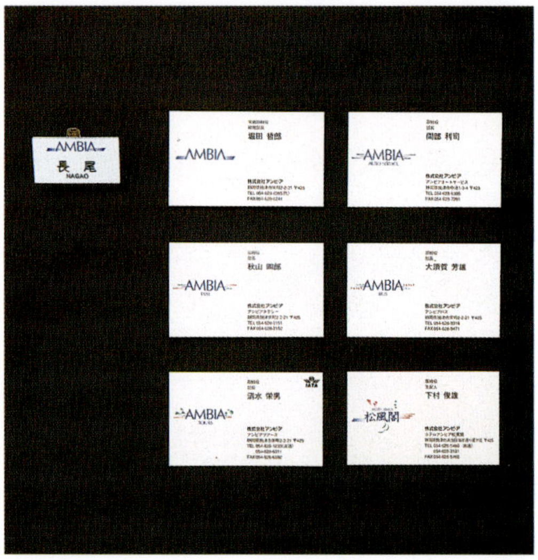

—8

—9

42

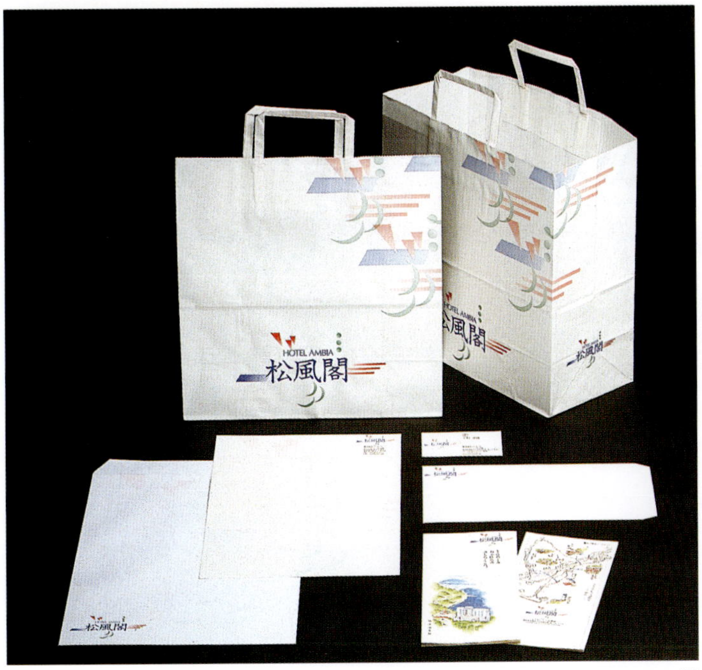

—10

—11

12
42

42

—10　松風閣におけるアプリケーション展開
—11　アンビアタクシー
—12　アンビアバス

43
プロ野球球団「近鉄バッファローズ」
AD—大広
D—GKグラフィックス
A—大広
C—近鉄野球
1997

〈バファローズレッド〉
DIC2495

〈バファローズネイビー〉
DIC2394

—1·2　ロゴマーク
—3　イニシャルマーク
—4·5　ペットマーク

Buffaloes

—1

Kintetsu

—2

—4

Bu

—3

—5

43

ALTIA

—1

44
自動車用品メーカー
AD—木多弘之
D—屋山朋康
CI Consultant—オーディーエス
C—日産アルティア
1997

ブランドカラー

—1　コーポレートマーク
—2〜5　アプリケーションの展開例
—6　商品名ロゴタイプ
—7　車輪

—3

—2

—4

—5

N1

—6

—7
44

45
不動産サービス業
Producer—中村 斎・石田 理
AD—原田 進・ブラクシス
D—金田進哉
A—大日本印刷
C—アドパーク
1996

—1 シンボルロゴ
—2 コミュニケーションブランド(ポジ)
—3 コミュニケーションブランド(ネガ)
—4 正式和文社名ロゴタイプ
—5 英文社名ロゴタイプ
—6 展開用グラフィックパターン
—7 バッジ
—8 アプリケーションの展開例

ADPARK

—1

ADPARK MEDIA ACCESS

—2

ADPARK MEDIA ACCESS

—3

株式会社 アドパーク

—4

ADPARK Inc.

—5

—7

—6

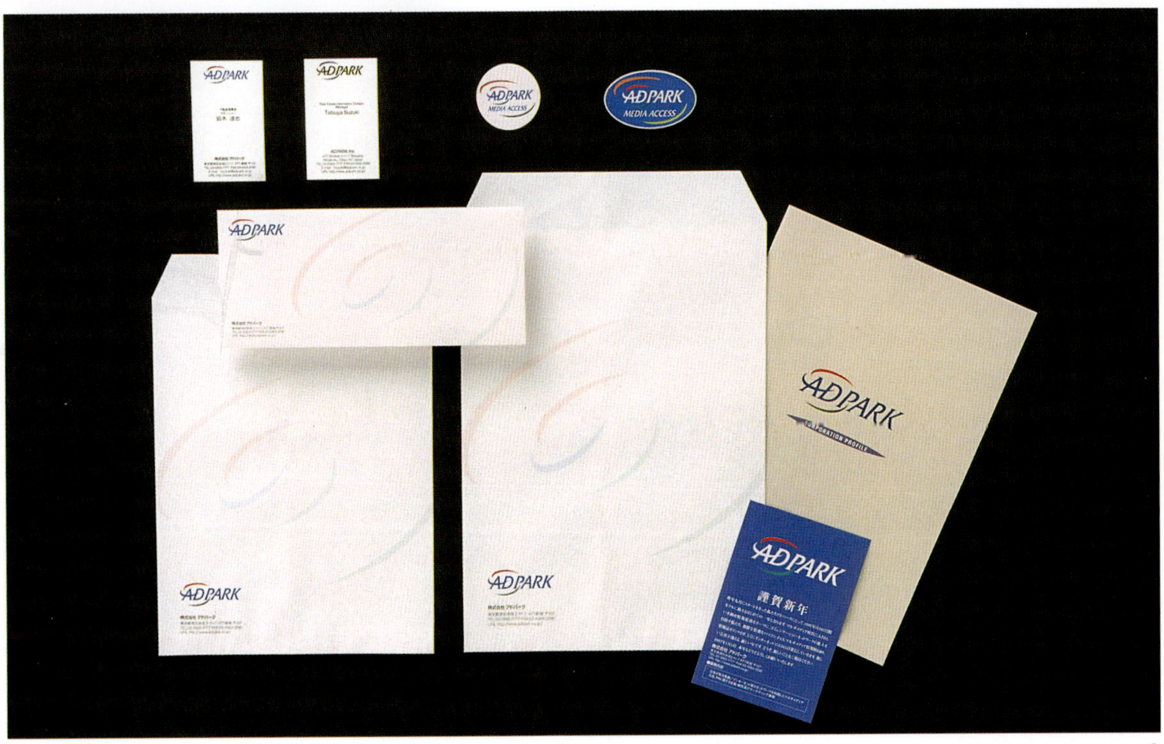

—8

Beisia

—1

株式会社 ベイシア

—2

BEISIA CO., LTD.

—3

ベイシア

—4

Beisia
SUPER CENTER

—5

ベイシアスーパーセンター

—6

—7

—8

—9

46

46
GMS
Producer—呉 慶和
AD—原田 進・プラクシス
D—井村智枝
A—ドウ・リサーチ研究所
C—ベイシア
1996

—1　シンボル基本デザイン
—2・3　正式社名ロゴタイプ
—4　店舗名(略称)
—5　関連会社のシンボル
—6　関連会社のロゴタイプ
—7　展開用パターン
—8　グラフィックパターン
—9　店舗サイン

—10·12　店舗サイン
—11·13　サインボード
—14　店舗入口
—15　店用装飾
—16　お客様用包装材

—10

—11

—12

—13

—14

—15

—16

47
総合食品メーカー
D—PAOS
C—第一製糖(韓国)
1996

コーポレートカラー

CHEIL JEDANG

—1

CHEIL JEDANG

—2

CHEIL JEDANG

—3

CHEIL JEDANG

—4

제일제당

—5

제일제당주식회사

—6

CHEIL JEDANG Corporation

—7

제일냉동식품주식회사 —8

제일선물주식회사 —9

青岛希杰有限公司

—10

—11

—12

—13

—14

—15

47

—1　コーポレートシンボル基本形
—2･3･4　コーポレートシンボル 展開形
—5　コミュニケーションブランドロゴタイプ
—6･7　正式社名ロゴタイプ
—8･9･10　関連会社名ロゴタイプ
—11〜14　プロモーショナル展開例
—15　プレスキット
—16　CJ〈オンリーワン〉ライン
—17〜22　CJ〈オンリーワン〉ライン 展開形
—23　エンブレム
—24･25･26　エンブレム展開形
—27　テレフォンカード
—28　本社社屋サイン
—29　送迎車
—30　イベント会場サイン

—16

—17

—18

—19

—20

—21

—22

—23

—24

—25

—26

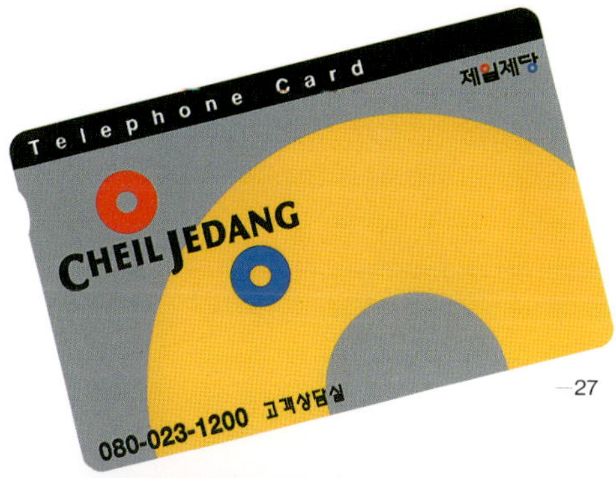

—27

—28

—29

—30

DEODEO

—1

DEODEO

—2

株式会社デオデオ

—3

DEODEO Corporation

—4

電器のスーパーストア
デオデオ

—5

電器のスーパーストア デオデオ

DEODEO

—6

—7

—8

48

家電量販店
D—ランドー アソシエイツ
C—デオデオ
1997

ブランドカラー
〈Expert Blue〉 DIC2601

〈Express Red〉 DIC565

〈Excellent Yellow〉 DIC166

—1 コーポレートブランドマーク／横型（基本型）
—2 コーポレートブランドマーク／縦型
—3・4 正式社名ロゴタイプ
—5 ストアロゴタイプ
—6 販売促進用基本シグネチャー
—7 サイン塔
—8 店舗への展開

48

—9　車輛マーキング
—10　ショッピングバッグ
—11　アニュアルレポート
—12　封筒

—9

—10

—11

—12

48

—1

49
地下街ショッピングモール
「クリスタ長堀」
D—板倉忠則
A—電通(関西支社)
C—大阪長堀開発
1997

—1　シンボルマーク
—2　ショルダーフレーズ、和文ロゴタイプの付いたシンボルマークのリバースタイプ
—3　タウンキャラクターマーク
—4･5･6　タウンキャラクターマーク・アプリケーション使用例

—2

—3

—4

—5

—6

49

DENSO

—1

50
自動車関連部品会社
AD—飛岡正宏
D—カレノアール(パリ)
A—電通
C—デンソー
1996

—1　会社マーク・商標
—2　塔屋看板
—3　展示会ブースサイン
—4･5　会社マークのエコーバージョンによる名刺・封筒

—2

—3

—4

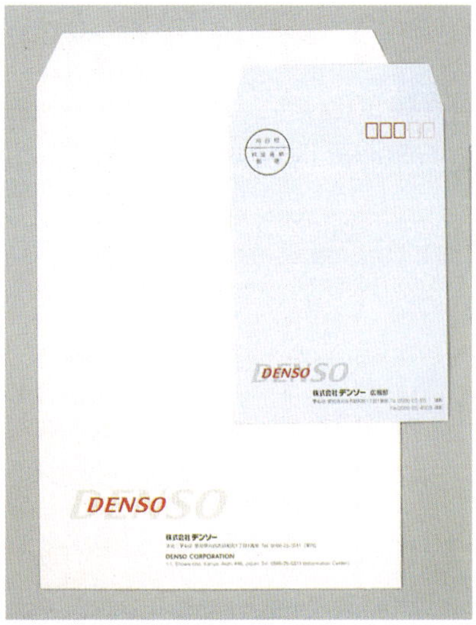

—5
50

51
サイクルショップ
AD—渡辺一人
D—和田正之・吉田栄二
C—ブリヂストンサイクル
1997

—1　シンボルマーク
—2　キャラクターマーク
—3　店舗、サインへのアプリケーション展開
—4　店内のヴィジュアル・アイデンティティ

DOME
自転車ドーム

—1

DOME

—2

—3

—4
51

52
ヘアケア製品
AD—ハーズ実験デザイン研究所・村田智明
D—柳瀬理恵子・高見加奈子
C—牛乳石鹼共進社
1996

—1·3·5　ブランドロゴタイプ
—2·4·6　商品別ロゴタイプ
—7　エデンピクトグラム
—8　商品パッケージ

—1

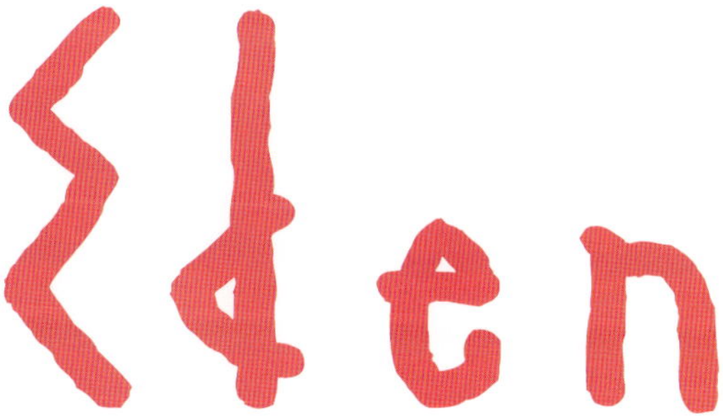

—3

—2

—4

—5

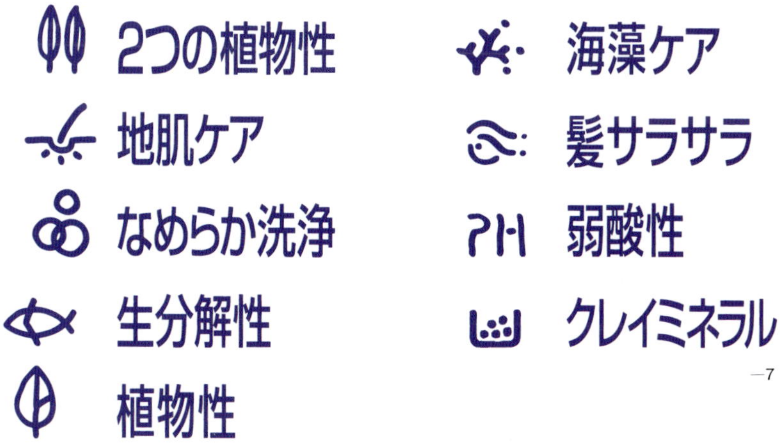

—7

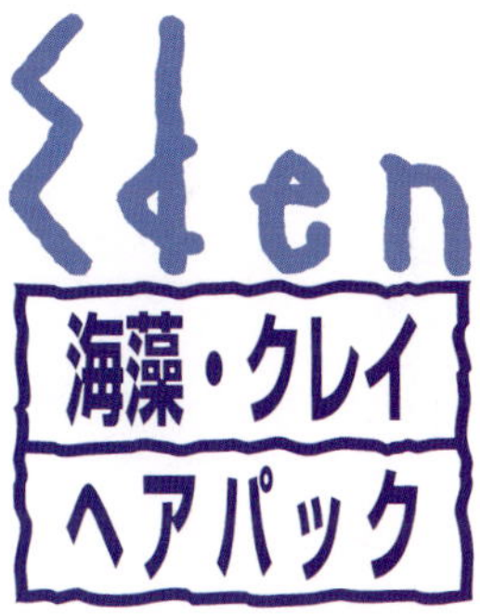

—6

—8

EdEE
Network and Wonders
—1

EdEE
Network and Wonders
—2

EdEE
Network and Wonders
—3

株式会社イディー
—4

Network and Wonders
—5

53

53
マルチメディア・インテグレーター
AD—飯守恪太郎
D—飯守恪太郎・上野文子
Copywriter—酒井千尋
C—イディー
1996

—1　コーポレートマーク
—2・3　コーポレートマーク展開形
—4　社名ロゴタイプ
—5　キャッチフレーズ

enplas
—1

株式会社エンプラス
—2

Enplas Corporation
—3

—4

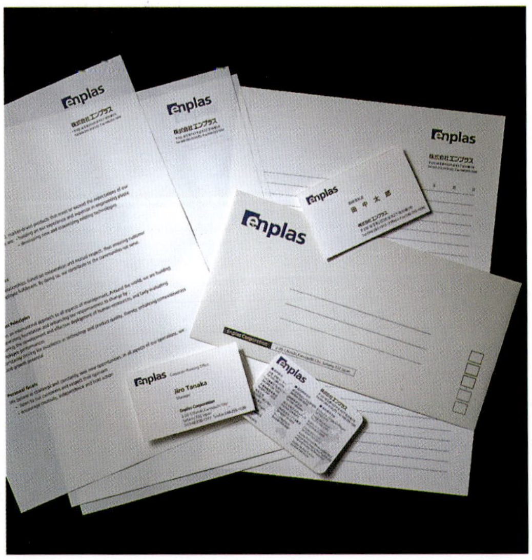

—5

54

54
精密プラスチック機構部品製造会社
AD—アイデックス・中川 亮
D—中川 亮
C—エンプラス
1997

コーポレートカラー
〈エンプラスブルー〉
PANTONE Blue 072

〈エンプラスグレー1〉
PANTONE 431

〈エンプラスグレー2〉
PANTONE 441

—1　ロゴマーク
—2・3　正式社名ロゴタイプ
—4・5　アプリケーションの展開例

55
アミューズメントデパートメントストア
AD—河野能美、Vignelli Associates
D—ダニー・ピーダマン、Vignelli Associates
C—神戸ハーバーサーカス
1996

HARBORcircus

55

Gulliver

—1

—2

—3

—4

Gulliver 株式会社ガリバーインターナショナル

—5

Gulliver

Gulliver International Corporation

—6

車買い取りネットワーク
ガリバー

—7

Gulliver
Car Purchase
Network

—8

—11

—12

• • • • • • • • • • • • •

—9

• • Gulliver • • • • • Gulliver

—10

56

56
自動車流通会社
D—グラムコ
C—ガリバーインターナショナル
1996

コーポレートカラー
〈ガリバーイエロー〉

〈ガリバーグリーン〉

〈ガリバーレッド〉

〈ガリバーオレンジ〉

〈ガリバークリーム〉

—1 シンボルロゴタイプ
—2 スマイリングガリバー
—3·4 スマイリングガリバー+シンボルロゴタイプ
—5·6 シンボルロゴタイプ+社名フル表記ロゴタイプ
—7 キャッチフレーズ+ロゴタイプ
—8 シンボルロゴタイプ+キャッチフレーズロゴタイプ
—9 サブエレメント
—10 サブエレメント+シンボルロゴタイプ
—11·12 カラーシステム

—13

—14

—15

—16

—17

—18

—19

—20

—21

56

—13～23 アプリケーションの展開例

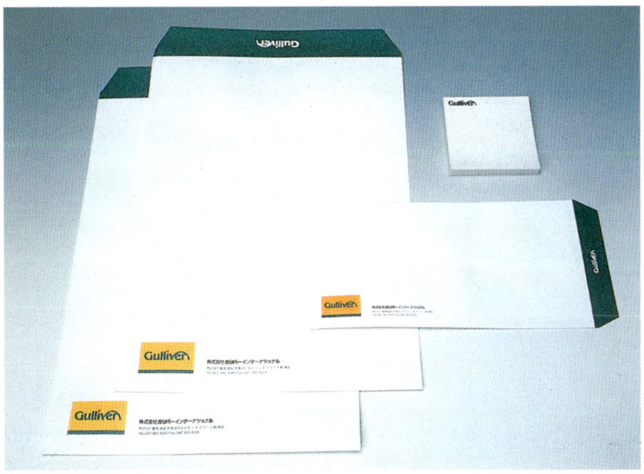

—22

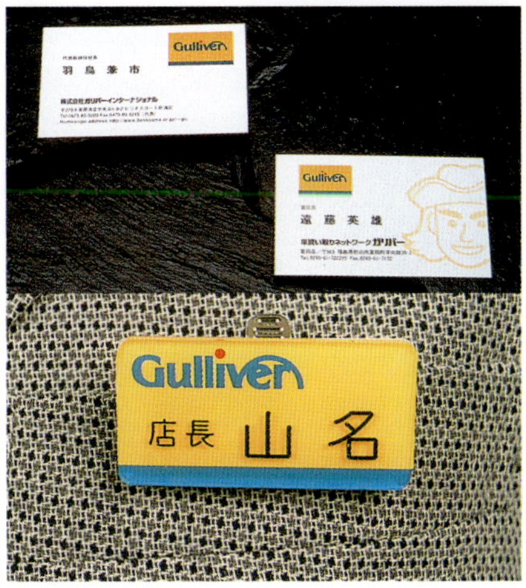

—23

Famis

—1

快適住まいのアドバイザー。
セキスイ ファミエス

—2

快適住まいのアドバイザー。
Famis
セキスイ ファミエス

—3

57
ハウジング
Producer—PAOS
AD—原田 進・プラクシス
D—渡辺 聡
C—積水化学工業住宅事業本部
1996

シンボルカラー

—1　シンボルマーク
—2　ステートメント付きロゴタイプ
—3　シンボル、ロゴタイプ、ステートメントの組合せ
—4　印刷物への展開

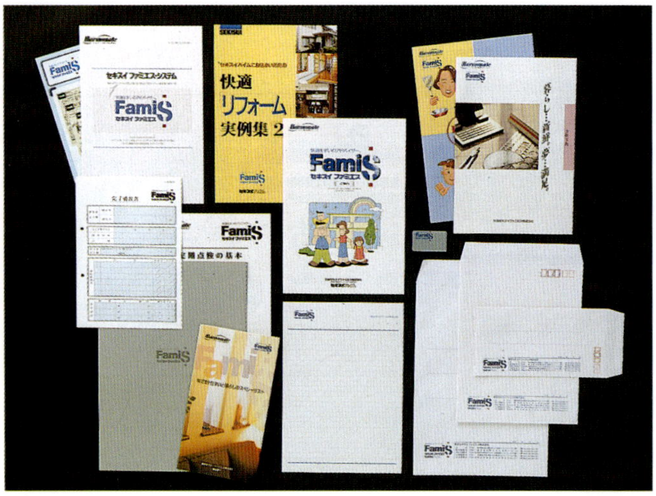

—4 **57**

TOUR
DO
HIRO

—1

有限会社ツアー・ド・ヒロ

—2

58
旅行代理店
AD—池田武仁
D—斉郷隆喜
C—ツアー・ド・ヒロ
1996

—1　シンボルマーク
—2　ロゴタイプ
—3〜8　シンボルマークバリエーション

TOUR
DO
HIRO

—3

TOUR
DO
HIRO

—4

TOUR
DO
HIRO

—5

TOUR
DO
HIRO

—6

TOUR
DO
HIRO

—7

TOUR
DO
HIRO

—8
58

59
駅施設・併設商業施設(ジェイ・モール六甲道)
D—アルス
C—神戸ステーション開発
1996

〈Jモールブルー〉 DIC255

〈Jモールレッド〉 DIC155

—1　基本ロゴマーク
—2　ロゴマークバリエーション
—3　六甲道駅、Jモール正面のサイン

J-mall
ジェイモール六甲道

—1

J mall
ジェイモール六甲道

—2

—3
59

60
流通小売業グループ
Coordinator—幸尾裕太・福島暢秀
AD—富山祥瑞・石原義美
D—永田あや
I—清水克久
A—西広
C—ラララグループ(旧・寿屋)
1995

〈LaLaLa カラー〉

サブカラー
〈ランド・ブルー〉

〈ライフ・オレンジ〉

〈ラブ・レッド〉

—1　コミュニケーションマーク
—2　基本ロゴタイプ
—3　ロゴマーク
—4・5　アプリケーションの展開例

LaLaLa
ランド・ライフ・ラブ
LaLaLa group

—1

LaLaLa group

—2

LaLaLa
ランド・ライフ・ラブ
LaLaLa group

—3

—4

—5
60

KINOKUNIYA
books >>> multimedia

—1

KINOKUNIYA
books >>> multimedia

—2

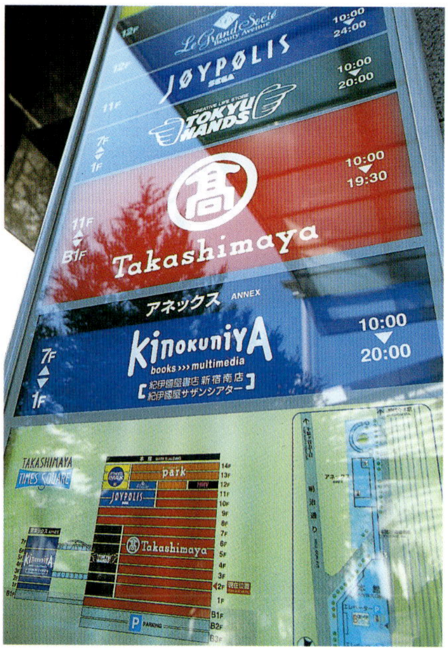

—3

—4

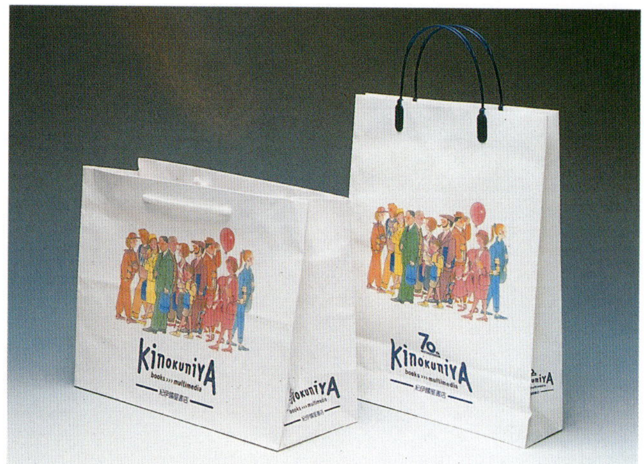

—5

61
書籍・メディア販売店
Producer—吉村克文
D—グラムコ
A—博報堂
C—紀伊國屋書店
1996

〈紀伊国屋ブルー〉DIC F43

—1　ロゴマーク
—2　反転表示
—3　総合案内
—4　店内サイン
—5　ペーパーバッグ
—6・7　新宿駅における広告
—8・9・10　オープン時のポスター、新聞広告など

—6

—7

—8

—9

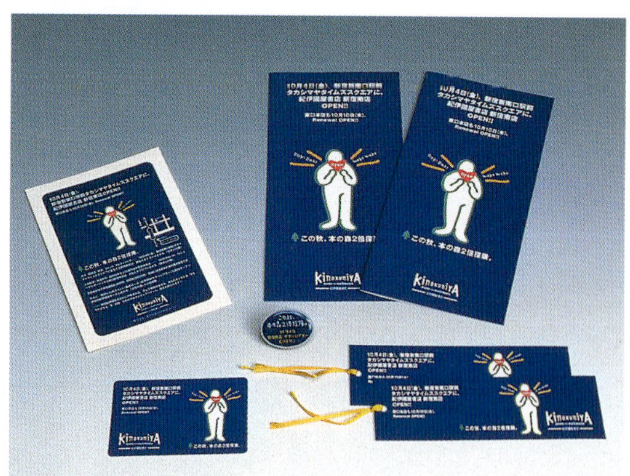

—10
61

62
書店
Producer—小林清泰
AD—原田 進・ブラクシス
D—金田進哉・花田太郎・大橋
一毅
A—ケノス
C—リブロ
1995

—1　シンボルマークA
—2　シンボルマークB
—3　店舗名ロゴタイプ
—4　サインポール
—5･6　店舗サイン
—7　手さげ袋

LIBRO
BOOKS

—1

LIBRO

—2

リブロブックス

—3

—4

—5

—6

—7

myx

—1

GOOD OPEN AIRS

myx マイクス

—2

マイクス

—3

神奈川トヨタ

—4

myx マイクス

—5

myx マイクス

—6

myx マイクス

—7

—8

—9

63
自動車販売会社
AD—齋藤忠秀
D—太田雄一
A—電通
C—神奈川トヨタ自動車
1996

〈myx Blue〉DIC222

〈myx Red〉DIC564

〈myx Yellow〉DIC205

〈myx Green〉DIC173

〈myx Black〉

—1　シンボルロゴマーク
—2　シンボルロゴマークと社名ロゴタイプ、コミュニケーションスローガン(英文)によるシグネチュアの1例
—3・4　略称ロゴタイプ
—5・6・7　myxカラーによるシグネチュアのカラーシステム
—8　マイクスビル外観とサイン
—9　マイクスショップ正面ファサード

63

—10　封筒と便箋
—11　ステッカー
—12　名刺とネームプレート
—13　ショッピングバッグとラッピングペーパー
—14　インフォメーションリーフレットとメンバーズカード

—10

—13

—11

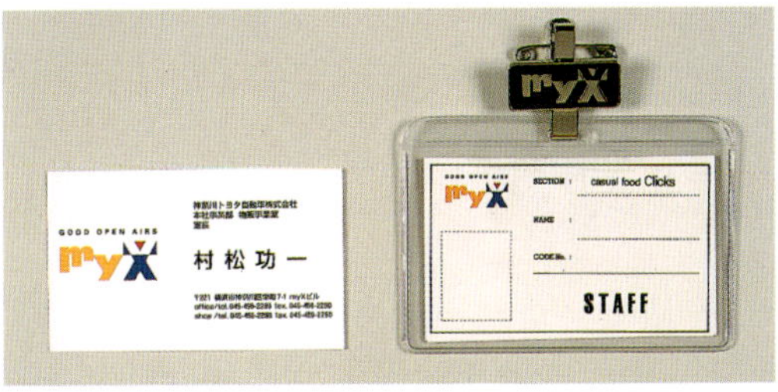

—12

—14　63

64
自動車関連機器メーカー
AD—木多弘之
D—塩田 修・細川栄二
CI Consultant—オーディーエス
C—ミツバ
1996

コーポレートカラー
〈MITSUBAブルー〉

サブカラー
〈MITSUBAグリーン〉

—1　コーポレートマーク
—2・3　社名ロゴタイプ
—4　車輌マーキング
—5　製品カタログ
—6　ステーショナリーと名刺

MITSUBA

—1

株式会社 ミツバ

—2

MITSUBA Corporation

—3

—4

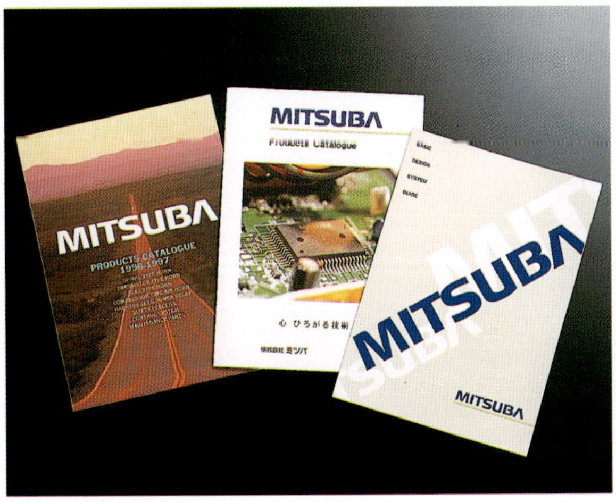

—5

—6
64

MAG'S
マグ
SUMINOE

—1

MAG'S マグ SUMINOE
BOWL
SUMINOE

—2

MAG'S マグ SUMINOE
KARAOKE
B-SIDE

—5

MAG'S マグ SUMINOE
BATTING
SUMINOE

—3

MAG'S マグ SUMINOE
FOOD COURT
Glutton

—6

MAG'S マグ SUMINOE
FUTSAL
FUTSAL
SUMINOE

—4

MAG'S マグ SUMINOE
RISTORANTE
STELLA

—7

—8
65

65
複合施設「マグ・スミノエ」
D—一瀬康弘
A—矢動丸プロジェクト
C—ゴルフスミノエ
1996

—1　ロゴマーク
—2・3・4　スポーツ施設のロゴマークの例
—5・6・7　アミューズメント施設のロゴマーク
—7　「マグ・スミノエ」外観

66
ビール
AD—大森重志
D—PAOS
C—サントリー
1995

—1　モルツエンブレム
—2　モルツロゴタイプ
—3･4･5　製品パッケージ

—1

—2

—3

—4

—5

66

67
事務用品コンビニエンスストア
D—システムデザイン研究所
A—旭通信社
C-プラス
1996

ストアカラー
〈OTブルー〉DIC184

〈OTレッド〉DIC157

—1　ロゴマーク
ロゴマークの展開ユニット
—2　業容表示付き横形タイプ
—3　マンセン横形タイプ(1色適用)
—4　横形タイプの左右延長展開
—5　業容表示付きスクウェアタイプ
—6　業容表示付きマンセンスクウェアタイプ(1色適用)

—1

—2

—3

—4

—5

—6

67

68
鉄道
Producer—POT推進室・
清水 要
AD—原田 進・プラクシス
D—野上 豪・渡辺 聡
A—西鉄エージェンシー
C—西日本鉄道
1997

—1 基本シンボルロゴ
—2 社名ロゴタイプ
—3 愛称ロゴタイプ
—4 企業メッセージ
—5･6 企業メッセージ＋愛称ロゴタイプ、グループロゴタイプ
—7 グループシンボル
—8 航空貨物事業本部シンボル
—9 社屋サイン
—10 CI導入時ポスター

Nishitetsu

—1

西日本鉄道株式会社

—2

にしてつ

—3

人へ、社会へ、あしたへ動く

—4

人へ、社会へ、あしたへ動く
にしてつ

—5

人へ、社会へ、あしたへ動く
にしてつグループ

—6

Nishitetsu
Group

—7

NNR

—8

—9

—10
68

68

—11〜14　アプリケーションの展開例

—11

—12

—13

—14

68

69

美容室
AD—大和田 昇・寺西麻子
D—寺西麻子
C—ピカンテ
1996

picante HAIR

picante HAIR

69

70
出版・チケット情報販売会社
D—PAOS
C—ぴあ
1996

〈PIAシンボルカラー〉

—1　PIAシンボル
—2　ぴあコアシンボル
—3〜7　PIAシンボルの展開形
—8　本社エントランスサイン
—9・10・11　各フロアのディレクションサイン

PIA

—1

ぴあ

—2

CAN DO! PIA CARD

—3

Team PIA

—4

On-line Service
TICKET PIA

—5

PIA MOOKS

—6

PIA CARD
CREDIT SERVICE

PIA CARD
DISCOUNT & CREDIT SERVICE

PIA CARD
DISCOUNT SERVICE

—7

—8

—9

—10

—11

71
信用金庫
Producer—徳舛 剛
AD—中沢デザインオフィス
D—中沢康雄・池畑泰久
A—凸版印刷
C—根室信用金庫
1995

コーポレートカラー
PANTONE Warm Red

PANTONE 2727

PANTONE 3405

サポートカラー

—1　コミュニケーションマーク
2·3　コミュニケーションマークのカラーバリエーション
—4　和文ロゴタイプ
—5　欧文ロゴタイプ
—6·7　グラフィックパターン
—8〜11　アプリケーションの展開例

—1

—2

—3

根室信用金庫

—4

NEMURO SHINKIN BANK

—5

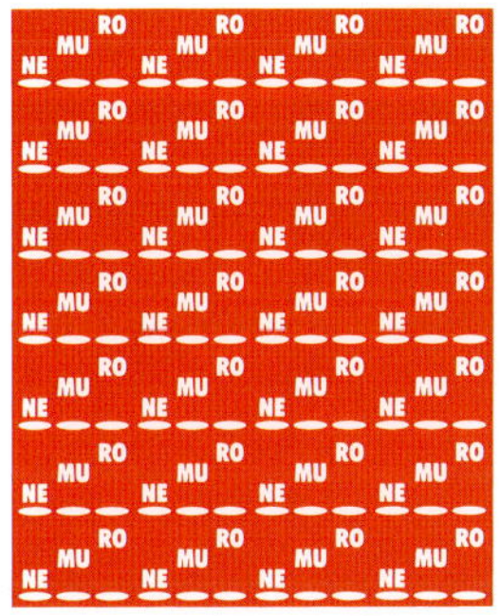

—6

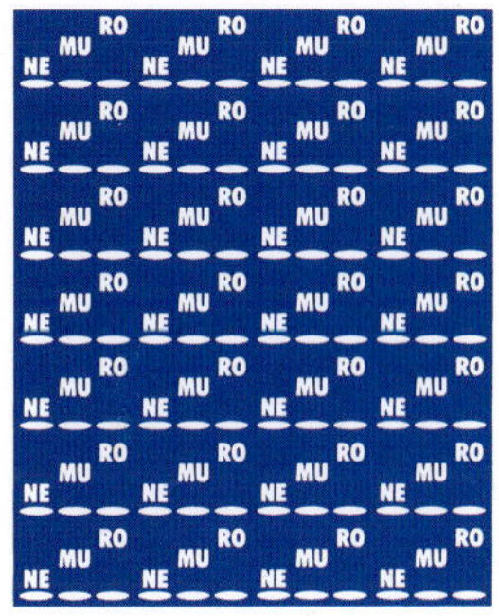

—7

—8

—9

—10

—11

TNC放送会館パヴェリア

Paveria

—1

—2

シネサロン パヴェリア

CINE SALON

Paveria

—3

Paveria

HALL

パヴェリアホール

—4

—5

—6

—7

72

72

複合商業施設

D—平松 暁

A—大広

C—TNC放送会館

1996

—1　コーポレートシンボルロゴタイプ

—2　コーポレートシンボル

—3　シネサロンのコーポレートシンボル

—4　パヴェリアホールのコーポレートシンボル

—5・6・7　各施設のサイン展開

72

—8〜11　アプリケーションの展開例

—8

—9

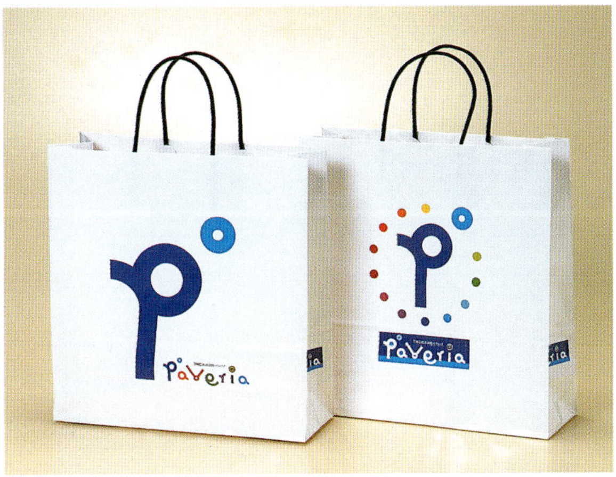

—10

—11

72

73

障害者施設全国組織

D—PAOS

C—全国セルプ協議会

1995

シンボルカラー

—1

—2

—3

—4

73

—1　セルプシンボル 基本形

—2〜5　セルプシグネチュア展開形

—6･7　ポスター展開例

SAMPO

—1

74
家電企業グループ(台湾)
D—ランドー アソシエイツ
C—新寶企業集團(SAMPO Corporation)
1996

—1　ロゴマーク
—2･3･4　ロゴマークと企業グループ名の組合せ
—5　社名、企業グループ名のロゴタイプ
—6　グラフィックパターン
—7･8　店舗サインへの展開

SAMPO
SAMPO GROUP

—2

SAMPO
新寶集團

—3

SAMPO
新宝集团

—4

Sampo Corporation
聲寶股份有限公司
聲寶企業
新寶集團
新宝集团

—5

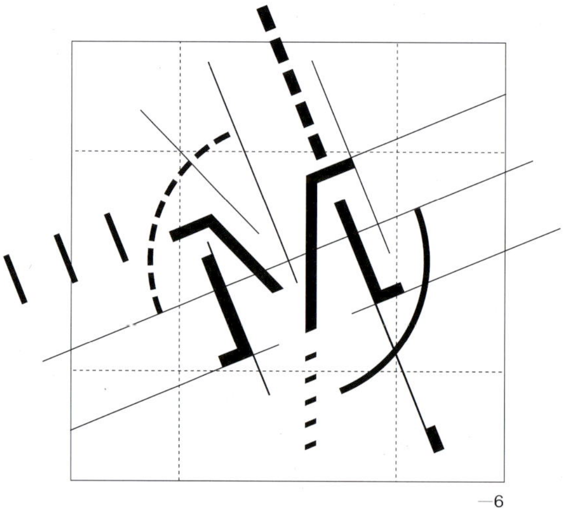

—6

—7

—8

Terrsa

—1

75
福祉センター
Producer—岸 潮美
AD—原田 進・プラクシス
D—井村智枝
A—トッパンアイデアセンター
C—熊本勤労者総合福祉センター
1996

—1 ロゴマーク
—2·3 センターロゴタイプ
—4 シグネチャー
—5 グラフィックエレメント
—6〜10 アプリケーションの展開例

熊本テルサ

—2

Kumamoto Terrsa

—3

Terrsa
熊本テルサ

—4

—5

—6

—7

—8

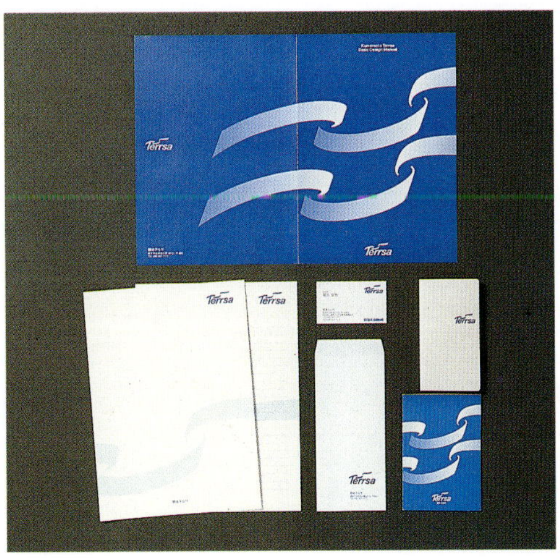

—9

—10

76
イベントコンベンション複合施設
Producer—東新家宏一
AD—原田 進・プラクシス
D—プラクシス
C—岐阜県地域活性化センター
1994

WEC
—1

世界イベント村ぎふ
—2

World Event and
Convention Complex
WEC
GIFU
—3

WEC
世界イベント村ぎふ
—4

—5

—6

—7

—8

—1 基本シンボルマーク
—2 和文ロゴタイプ
—3･4 シンボルマークとロゴタイプの組合せ
—5~8 グラフィックエレメントのカラーバリエーション
—9･10 会場サイン

—9

—10

76

—11　催事
—12　各種印刷物への展開
—13　旗

—11

—13
76

—12

77

美術館
D—太田徹也
C—サンリツ服部美術館
1995

メインカラー

サブカラー

—1　シンボルマーク
—2　和文ロゴタイプとシンボルマークの組合せ
　　基本タイプ
—3　レターヘッドと封筒

—1

サンリツ服部美術館

—2

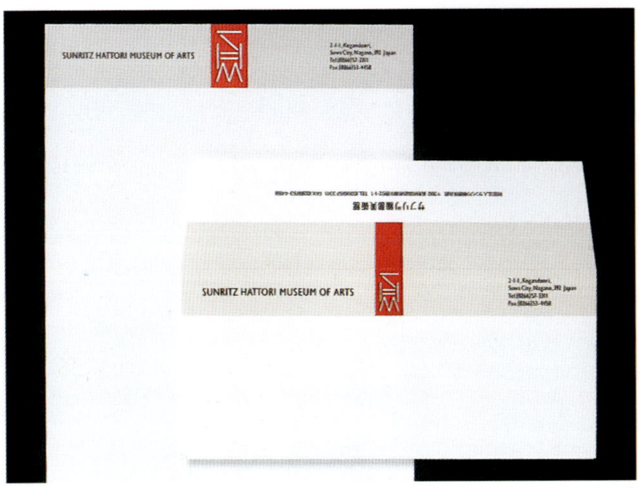

—3
77

78
ポケットベルサービス事業
Producer—飛岡正宏・関 敏雄
AD—原田 進・プラクシス
D—井村智枝
A—電通
C—テレチャオ
1995

—1　基本デザイン
—2　展開タイプA
—3　展開タイプB
—4　展開タイプC
—5　アプリケーションの展開例

—1

—2

—3

—5

—4
78

79
ショッピングセンター
AD—石山俊郎
D—イクス
A—コーポレートデザインリンケージ
C—タカヤナギ
1996

—1　シンボルマーク
—2　コミュニケーションロゴタイプ
—3　案内サイン
—4　店舗外装
—5　店舗入口サイン

ワンダーモール
—2

—1

—3

—4

—5
79

80
トータルカーリペアショップ
AD—池田武仁
D—池田武仁・ブジンアート
C—中岡石油店
1996

コーポレートカラー
ブラック DIC960

レッド DIC724

—1 シンボルマーク
—2 シンボルマークロゴ組み Type A
—3 シンボルマークロゴ組み Type B
—5〜8 営業種目ロゴタイプ
—9・10 店舗サイン

TRUST me

—1

TRUST me
BEAUTY AND ENERGY
NAKAOKA

—2

TRUST me
BEAUTY AND ENERGY
NAKAOKA

—3

トラスト ミー

—4

POLYMER

—5

CAR FILM

—6

WINDOW REPAIR

—7

TIRE

—8

—9

—10

JAいるま野

—2

いるま野 農業協同組合

—3

JAいるま野

—4

JA IRUMANO

—5

JAいるま野

—6

—7

—8

—9

—10

81
農業協同組合
D—グラムコ
A—凸版印刷
C—いるま野農業協同組合
1996

〈いるま野グリーン〉DIC176

〈いるま野ブルー〉DIC P56

ブラック

—1　シンボルマーク
—2　一般表示ロゴタイプ
—3　正式組織名表示ロゴタイプ
—4　基本システム（シンボルマーク＋一般表示ロゴタイプ）
—5　システム（シンボルマーク＋英文ロゴタイプ）
—6　看板用システムの1例（正方形）
—7〜10　アプリケーションの展開例

81
—11〜19 アプリケーションの展開例

—11

—12

—13

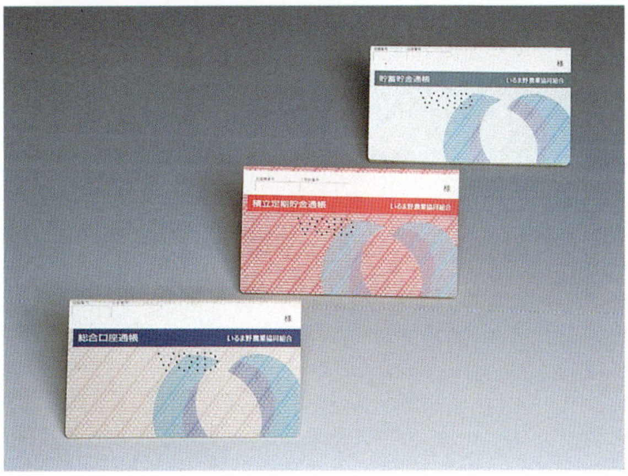

—14

—15

—16

—17

—18

—19

—1

—2

横浜シティ・エア・ターミナル —3

Yokohama City Air Terminal —4

—5
82

82
シティ・エア・ターミナル
AD—中川憲造
D—中川憲造・延山博保
C—横浜シティ・エア・ターミナル
1996

—1 シンボルマーク カラーA
—2 シンボルマーク カラーB
—3・4 ロゴタイプ
—5 サイン

—1

—2

吉村建設工業株式会社 —3

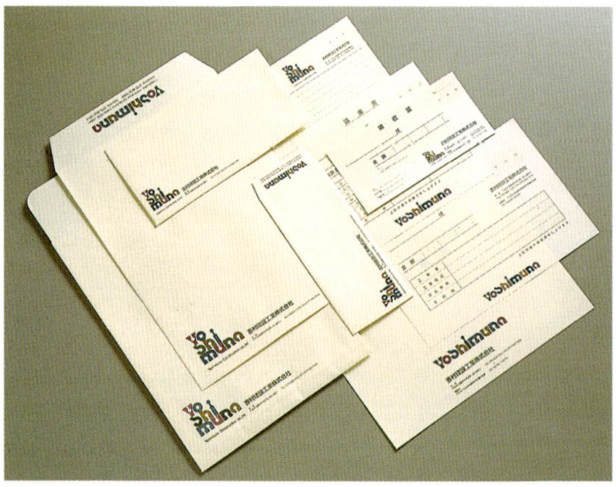

—4

—5
83

83
総合建設会社
AD—ハーズ実験デザイン研究所・村田智明
D—生地利行
C—吉村建設工業
1995

コーポレートカラー
DIC C-12

DIC349

DIC F79

DIC F297

—1 コーポレートマーク
—2 コーポレートロゴタイプ
—3 正式社名
—4 ステーショナリー
—5 名刺

84
自治体
AD—柿崎長悦
D—中山泰次郎
A—地域イメージ研究所
C—尾上町(青森県)
1996

タウンカラー
〈オノエ・グリーン〉DIC215

サブ・カラー
〈オノエ・ブルー〉DIC183

〈オノエ・レッド〉DIC114

—1　シンボルマーク
—2･3　シンボルマークの単色表現
-4･5･6　ロゴタイプ
—7･8 シグネチュア(基本組合せ)

—1

—2

—3

尾上町 —4

おのえ —5

ONOE —6

もてなしの郷 おのえ
尾上町
—7

もてなしの郷 おのえ
尾上町
—8

84

85
食品会社
AD—平松多久志
D—江原信茂・小倉一巳
A—ココス
C—フージーファクトリー
1997

コーポレートカラー
ライトグリーン DIC2545

グリーン DIC2561

オレンジ DIC160

—1　シンボルマークとロゴタイプの組合せ 縦組み
—2･3　キャッチフレーズとの組合せ
—4　和文正式社名ロゴタイプ
—5　車輌

FOOZY
FACTORY
1

こだわり一丁、うまいが一丁。
FOOZY
FACTORY
—2

こだわり一丁、うまいが一丁。
FOOZY FACTORY
—3

フージーファクトリー株式会社
—4

—5
85

—1

—2

八佰伴
—3

Yaohan
—4

世界市民企業グループ—八佰伴
—5

世界市民企業集團—八佰伴
—6

Corporate Cosmopolitan Yaohan
—7

86
量販店
AD—PAOS
D—平松 暁
C—八佰伴
1996

コーポレートカラー
メインカラー
〈八佰伴グリーン〉PANTONE354

—1　八佰伴マーク
—2　合体マーク
—3・4　八佰伴ロゴタイプ
—5・6・7　グループメッセージ
—8　八佰伴シンボル — グループシンボル
—9・10・11　シンボルのバリエーション
—12・13　八佰伴シンボルの展開形

八佰伴
Yaohan
—8

Yaohan
八佰伴
—9

八佰伴
—10

Yaohan
—11

Yaohan
—12

Yaohan
—13

86

—14•15　合体シンボル
—16　八佰伴マークのプロモーシナル展開 — 多色展開および変形展開例
—17　八佰伴マークのプロモーシナル展開 — 八佰伴シンボルの動態展開
—18　八佰伴シンボル — の平面展開
—19　八百班シンボル — の立体展開
—20　シンボル展開イメージ

八佰伴

—14

Yaohan

—15

—16

—17

—18

—19

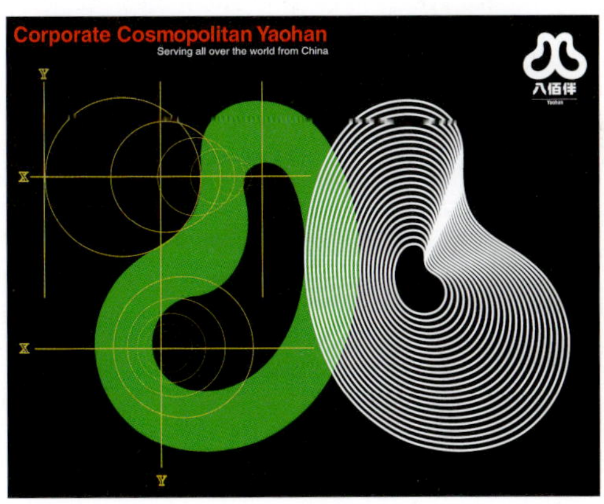

—20

—1

開新高等学校

—2

KAISHIN

—3

87
高等学校
D—松木良介
C—開新高等学校
1995

スクールカラー
〈KAISHIN BLUE〉

〈KAISHIN GREEN〉

—1　校章
—2・3　正式校名ロゴタイプ
—4・5・6　アプリケーションの展開例

—4

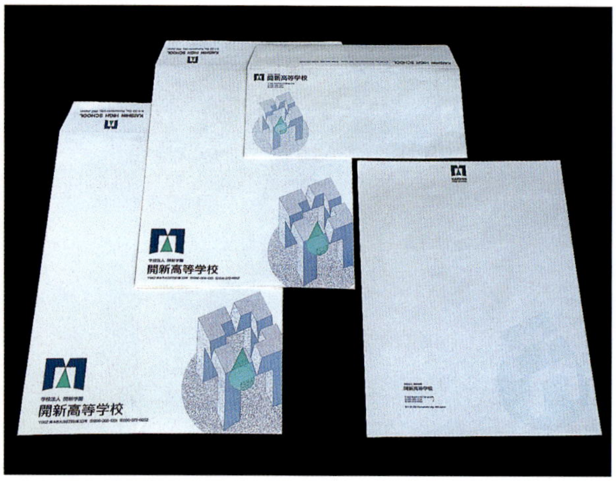

—5

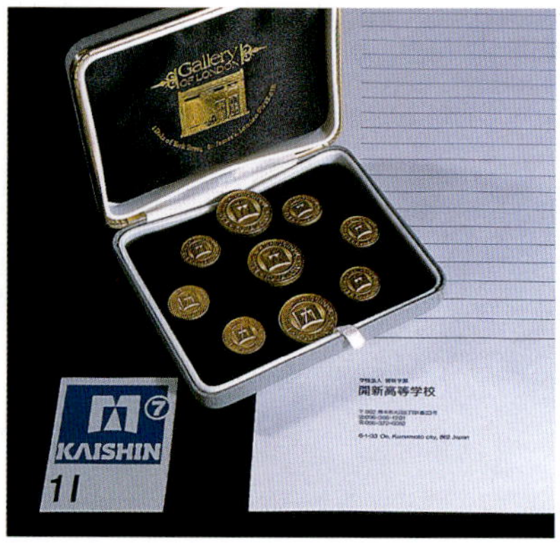

—6

87

—1

生活骨董 器楽

—2

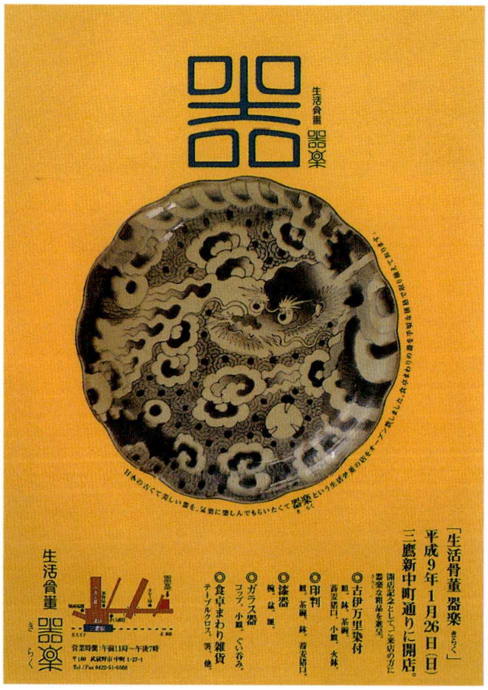

—3

88

88
骨董和食器店
D—飯守恪太郎・上野文子
C—生活骨董器楽
1996

—1　シンボルマーク
—2　ロゴタイプ
—3　案内状

89
天然温泉施設「不動かくれの湯」
AD—寺沢 徹
D—オオウチ サトコ
C—不動コーポレーション
1996

—1　ロゴタイプ
—2　キャラクター
—3･4　浴室サイン
—5　アプリケーションの展開例

不動かくれの湯

—1

—2

—3

—4

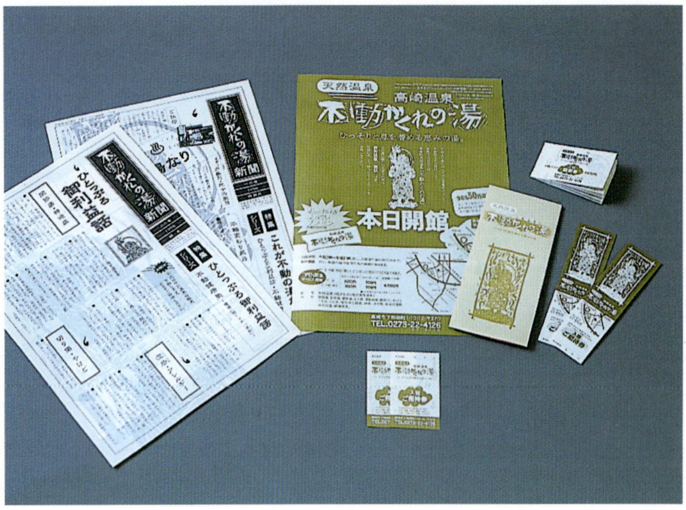

—5
89

90
食品メーカー
AD—オーディーエス・木多弘之
D—オーディーエス・塩田 修・川合鉄也・作宮 隆(第一企画)
BI Consultant—オーディーエス
C—日清製油
1997

事業ブランド・カラー
〈NISSHIN RED〉

—1　事業ブランド・マークA-1
—2　事業ブランド・マークB-1
—3　事業ブランド・マークA-2
—4　事業ブランド・マークB-2
—5　商品パッケージ

TRADE MARK 日清サラダ油

—1

TRADE MARK 日清

—2

TRADE MARK 日清サラダ油

—3

TRADE MARK 日清

—4

—5
90

JAとぴあ浜松

—1

JAとぴあ浜松

—2

とぴあ浜松農業協同組合

—3

—4

—5

—6

—7

—8

—9

—10

—11

—12

91
農業協同組合
AD—伊藤勝一
D—伊藤勝一・大山 武
A—ビジネスコンサルタント
C—とぴあ浜松農業協同組合
1995

シンボルカラー
〈とぴあレッド〉 DIC160

〈とぴあオレンジ〉 DIC164

〈とぴあイエロー〉 DIC166

〈とぴあグリーン〉 DIC N-848

—1　シンボルロゴタイプ（スタンダードタイプ）
—2　シンボルロゴタイプ（モノトーンタイプ）
—3　フォーマルロゴタイプ
—4　シンボルサークル
—5•6•7　シンボルサークルの展開例
—8•9　キャラクタ〈とぴあ君〉
—10•11•12　〈とぴあファミリー〉

—13〜18　アプリケーションの展開例
—19　広報誌タイトル

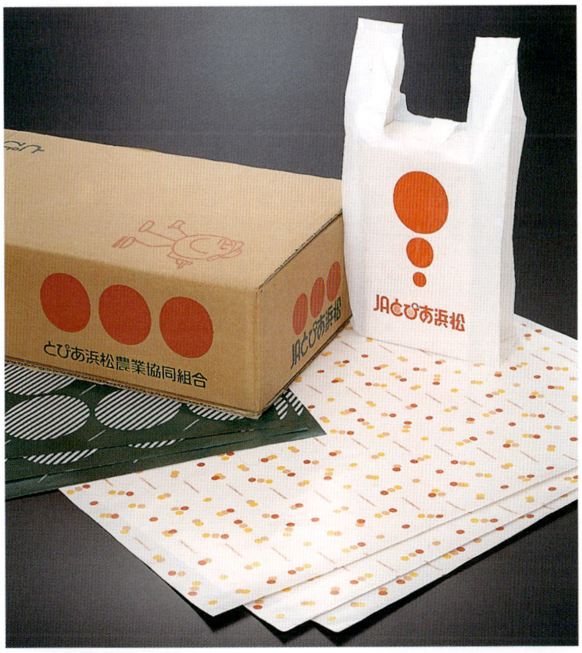

—13

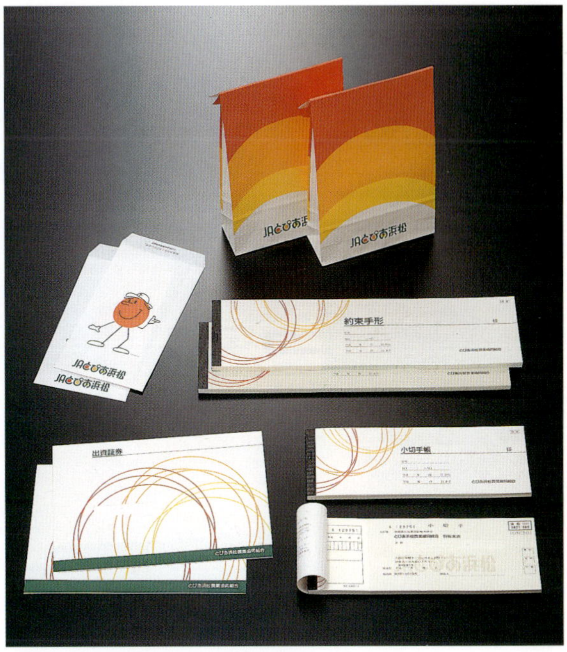

—14

—15

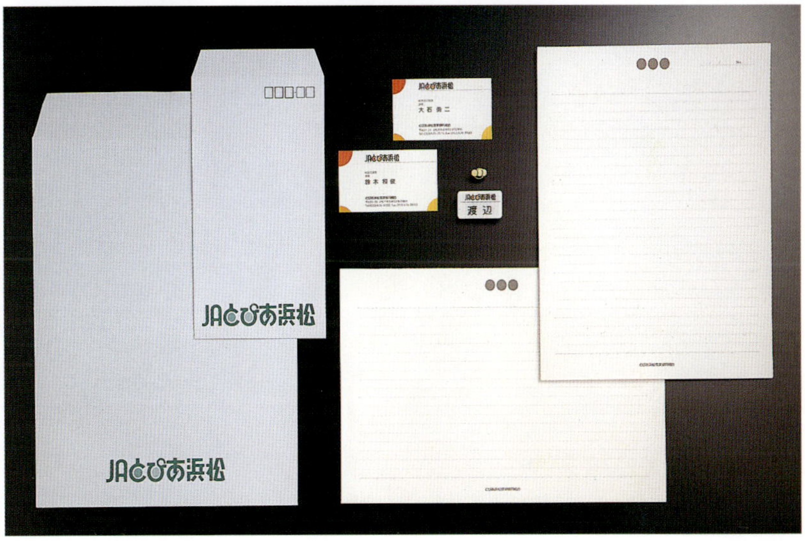

—16

—17

—18

とぴあ

—19

91

92
ファミリーエンターテイメントセンター「プレイランド」
AD—木上令子・依田直子
D—依田直子・スタジオイグレック
C—サンリオ
1996

—1 ロゴタイプ
—2 ロゴタイプ(シルエット)
-3・5 店舗サイン
—4 店内案内
—6 オープン時のちらし
—7 封筒・便箋

—1

—2

—3

—4

—5

—6

—7

93
メーリングサービス会社
AD—斎藤敏樹
D—藤牧朝子
C—アビア
1997

コーポレートカラー
DIC864
DIC192
DIC731
DIC G-268

—1 シンボルマーク
—2 ロゴタイプ
—3･4･5 シンボルマーク･ロゴ･社名の組合せ

AVIA

—2

—1

AVIA
株式会社 アビア

—4

AVIA
株式会社 アビア

—3

AVIA 株式会社 アビア

—5

93

株式会社 ジョヴィ
JOVY ジョヴィ チェーン
JOVY ジョヴィドラッグ

94
薬局のボランタリーチェーン
AD—西岡譲二
D—猪瀬美和・奥藤さえ子
C—ジョヴィ
1995

94

—1

—5

COSMIC WORLD
星の動物園

—2

みさと天文台
MISATO OBSERVATORY

—3

COSMIC WORLD
星の動物園
みさと天文台
MISATO OBSERVATORY

—4

95
天文台
AD—山下文朗
D—山下文朗
I—成瀬政博
A—電通
C—美里町(和歌山県)
1997

基本カラー
PANTONE 3272C

PANTONE 293C

—7

—6

—8

—1 シンボルマーク
—2•3 ロゴタイプ
—4 ベーシック組合せ
Aタイプ
—5 天文台外観
—6 ガイドブック
—7 オープニングポスター
—8 入場券

—9･12･15　キャラクター
—10　キャリーバッグ
—11　Tシャツとハンカチ
—13　記念グッズ
—14　ステーショナリー

—9

—10

—11

—12

—13

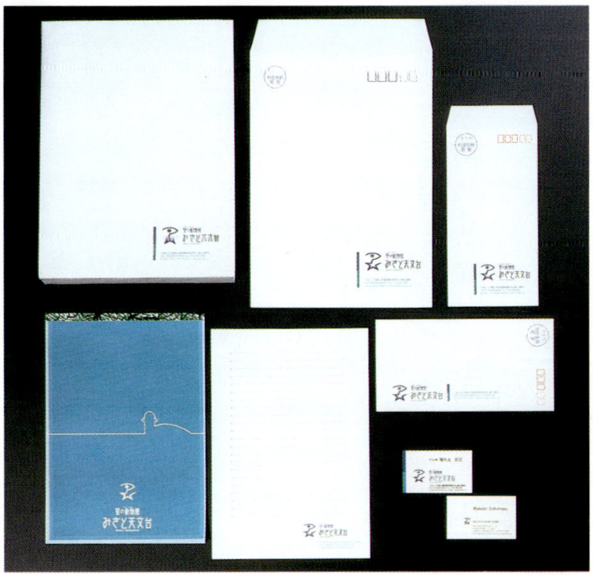

—14

—15
95

HOTTA
CONSTRUCTION CORP.
—1

—10

HOTTA
CONSTRUCTION CORP.
—2

堀田建設株式会社
—3

まーるい未来へ
—4

HOTTA
CONSTRUCTION CORP.
—5

HOTTA
CONSTRUCTION CORP.
—6

96
建設会社
AD—池田武仁
D—池田武仁・ブジンアート
C—堀田建設
1996

コーポレートカラー
〈アースグリーン〉DIC649

〈オーシャンブルー〉DIC183

〈リライアブルブラック〉DIC582

—1･2　シンボルマーク
—3　和文ロゴタイプ
—4　キャッチフレーズ
—5　シンボルマークの2色表現
—6　シンボルマークの1色表現
—7〜9　サブグラフィック
—10　社屋サイン

—7

—8

—9

96

96

—11〜14　アプリケーションの展開例

—11

—12

—13

—14
96

97
生命保険会社
AD—アイデックス・可児己喜男
D—日高永一
C—三井みらい生命保険
1996

コーポレートカラー
〈MMレッド〉

〈MMグレー〉

—1　みらいマーク Vタイプ
—2･3　正式社名ロゴタイプ
—4　屋上サイン
—5　封筒
—6　ニュースリリース

三井みらい生命 —1

三井みらい生命保険株式会社 —2

Mitsui Mirai Life Insurance Co., Ltd. —3

—4

—5

—6
97

海の中道ビール

—2

UMINONAKAMICHI
BEER

—3

—1

海の中道ビール
UMINONAKAMICHI BEER CO.,LTD.

—5

海の中道ビール株式会社
UMINONAKAMICHI BEER CO.,LTD.

—6

UMINONAKAMICHI
BEER

—4

UMINONAKAMICHI
BEER

—7

UMINONAKAMICHI
BEER

—8

—9

—10

—11

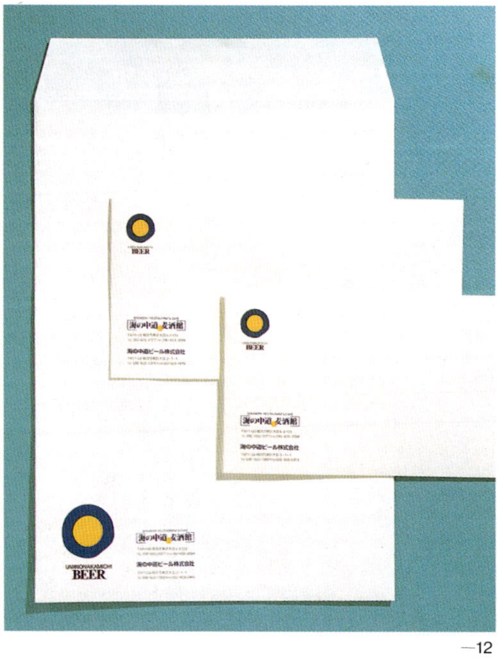

—12

98

98
ビール製造販売会社・ビアレストラン・ビールのブランド
D—平松 暁
C—海の中道ビール
1997

コーポレートカラー
〈SUNLIGHT YELLOW〉

〈AQUA MARINE BLUE〉

—1　コーポレートシンボル
—2・3　コーポレートロゴタイプ
—4　シンボルマークとロゴタイプの組合せ
基本形A-1
—5・6　シンボルマークとロゴタイプの組合せ
基本形B-1,2
—4・7・8　コーポレートシンボル表示色の3パターン
—9　グラフィックエレメント
プロモーショナルバージョン
—10・11　グラフィックエレメント
シンボルの動展開
—12　封筒

—13　ショップロゴタイプとショップシンボルの組合せ
—14　ポスター
—15　案内サイン
—16　店舗サイン
—17　店舗フロントガラス
—18　店内

BREWERY RESTAURANT & CAFE
海の中道 麦酒館

—13

—14

—15

—16

—17

—18

—19　ランチョンマット
—20　コースター
—21　オリジナルブランド〈うみべ〉のロゴタイプ
—22　オリジナルブランドビール
—23・24・25　ラベルデザインの展開
—26　店内装飾
—27　〈うみべクラブ〉マーク

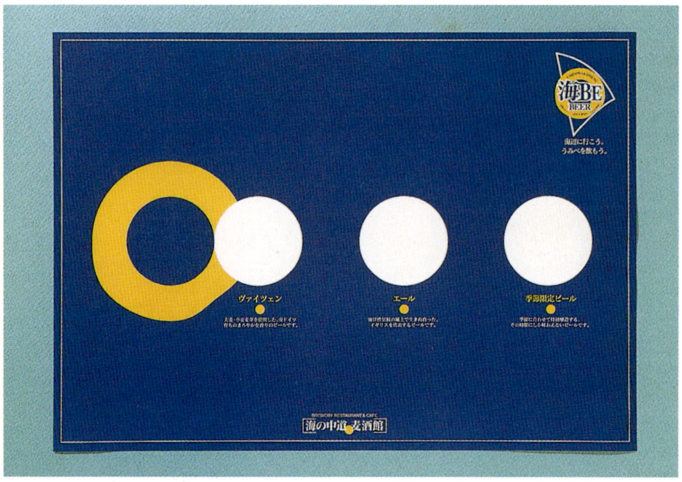

—19

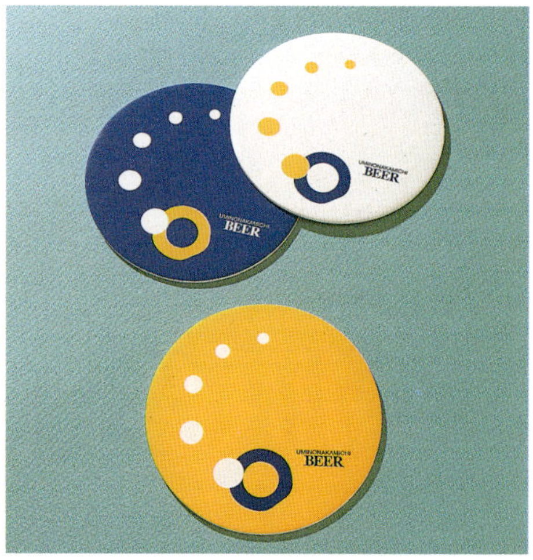

—20

—21

—22

—23

—24

—25

—26

—27　98

99
観光キャンペーン
D—岩田修デザイン事務所
C—石川県
1996

コミュニケーションマーク
—1　基本パターン
—2　斜めパターン
—3　ランダムパターン
—4　横パターン
—5　ロゴタイプ+キャッチフレーズ
—6　サブ・マーク
—7　観光パンフレット
—8　ポスター例

—1

—2

—3

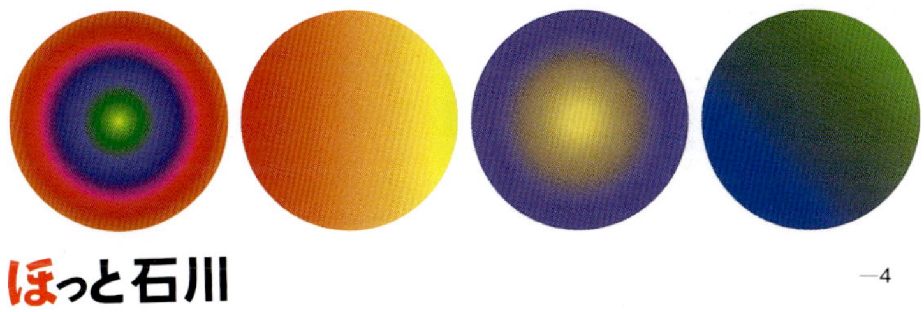

—4

ほっと石川
iに来てね。Ishikawa
—5

—6

—7

—8

—1

IIBC

—2

THE INSTITUTE
FOR
INTERNATIONAL
BUSINESS
COMMUNICATION

—3

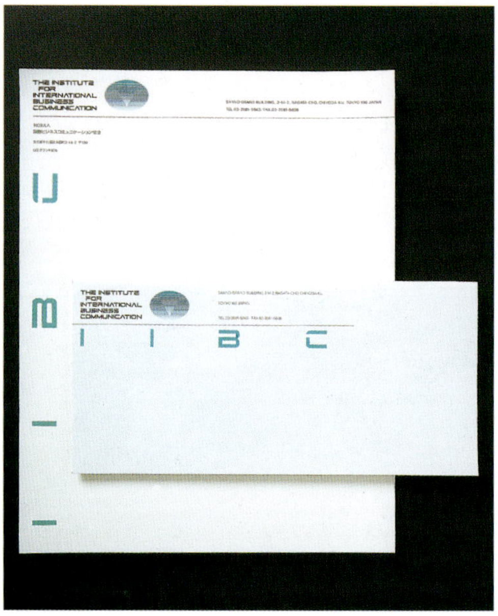

—4
100

100
ビジネスコミュニケーション協会
D—菅谷貞雄
C—国際ビジネスコミュニケーション協会
1996

—1　シンボルマーク
—2　略称ロゴタイプ
—3　正式英文ロゴタイプ
—4　レターヘッドと封筒

—1

京葉リネット

—2

KEIYO ReNet

—3

京葉リネット株式会社

—4

Keiyo Renet Co., Ltd.

—5

住みかえネットワーク
京葉リネット

—6

住みかえネットワーク
京葉リネット

—7
101

101
不動産流通
Producer—安田 博(トータルメディア)
AD—細川光夫
D—小沼孝至
A—トータルメディア開発研究所
C—京葉リネット
1995

シンボルカラー
〈リネットレッド〉DIC197

—1　シンボルマーク
—2·3　ブランド·ロゴタイプ
—4·5　正式社名ロゴタイプ
—6　シンボルマークとブランド·ロゴタイプの組合せ基本型
—7　シンボルマークとブランド·ロゴタイプの組合せネガティブ表現

102
測量・設計会社
AD—岡田紘子
D—長井敏勝
C—オウギ
1996

コーポレートカラー
〈テクニカルグレー〉DIC N-954

〈オウギブルー〉DIC N-873

—1　コーポレートシンボル
—2・3　社名ロゴタイプ
—4　コーポレートシンボル・英文ロゴタイプセット Bタイプ
—5　コーポレートシンボル・英文ロゴタイプ・ショルダーフレーズセット

—1

株式会社 オウギ

—2

OUGI CO.,LTD.

—3

OUGI
CO.,LTD.

—4

OUGI CO.,LTD.
測量と設計で明日を創る

—5
102

103
肥料・医薬品会社
D—グラムコ
A—りえぞん企画
C—片倉チッカリン
1995

—1　基本システム(シンボルマーク+ロゴタイプ)
—2　システム(シンボルマーク+和文ロゴタイプ)
—3　正式社名ロゴタイプ
—4・5・6　アプリケーションの展開例

Katakura
Chikkarin

—1

片倉チッカリン

—2

片倉チッカリン株式会社

—3

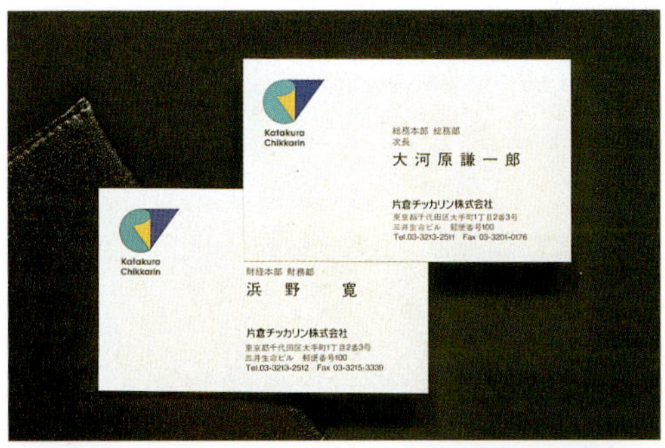

—4

—5

—6
103

—1

—2

NORINCHUKIN
ASSET
management

—3

農中投信投資顧問

—4

農中投信投資顧問株式会社

—5

Norinchukin Asset Management Co.,Ltd.

—6

104

104
投資信託会社
Producer—村田高章
AD—末広峰治
D—円谷清和・佐藤栄二
A—凸版印刷
C—農中投信投資顧問
1996

—1

WAKO

—2

WAKO

—3

ワコー

—4

株式会社ワコー

—5

WAKO | 応援します、人とクルマの快適関係。 For vivid motoring

—6

WAKO CORPORATION

—7 105

105
自動車関連用品
AD—犬飼健二
D—和田光弘・菅沼 彩
A—一広・マグネティック・コミュニケイションズ
C—ワコー
1996

コーポレートカラー
〈ワコーオレンジ〉DIC121
〈ワコーグリーン〉DIC173
〈ワコーレッド〉DIC198

—1 シンボルマーク
—2〜5 シンボルマークとロゴタイプの組合せ
—6 シンボルマーク、ロゴタイプと企業スローガンの組合せ
—7 欧文ロゴタイプ

106
八王子みなみ野シティ
AD—寺門益敏
D—橋本隆裕
C—住宅・都市整備公団八王子
開発事務所
1996

基本カラー
グリーン DIC216

ブルー DIC221

TOKYO NEW WEST

八王子みなみ野シティ

—1

—2

—3

—1　シンボルマーク
—2　分譲地案内板
—3　ポスター
—4〜7　アプリケーションの展開例

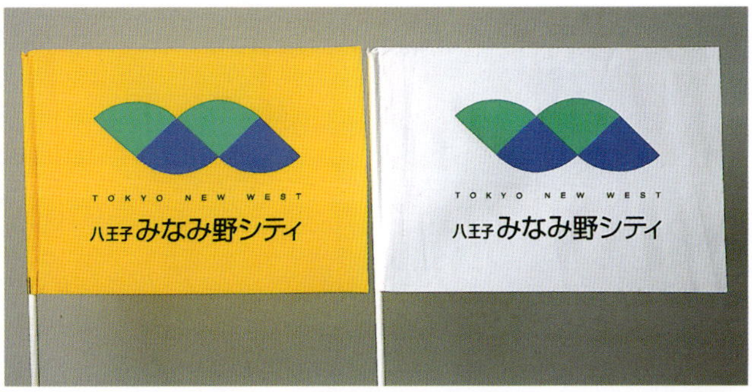

—4

—5

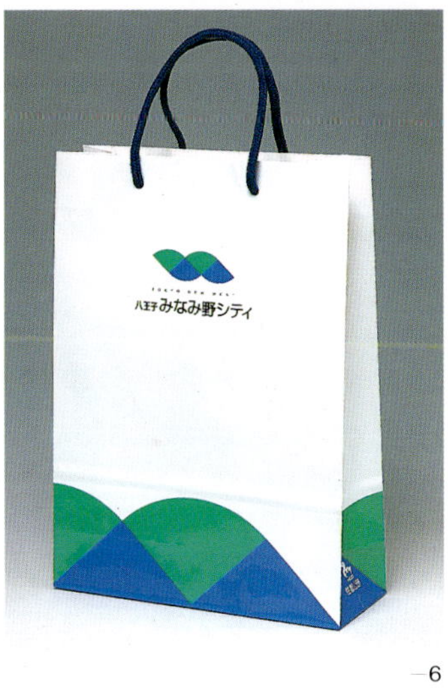

—6

—7

107
国際見本市
D—山田 彰・繁木 保
A—クリエイティブビレッジ山
　田村
C—福岡国際見本市委員会
1995

—1　シンボルマーク
—2　会場入口
—3　B全ポスター
—4　マニュアル、出展リスト
—5　会場風景
—6　入場券

—1

—2

—3

—4

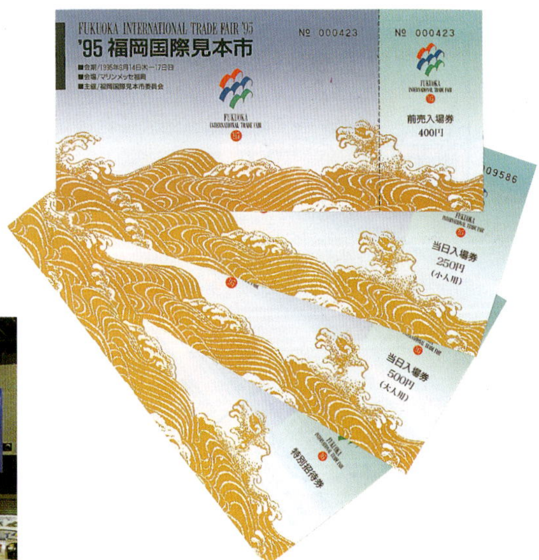

—6
107

—5

108
'97福岡国際見本市
D—山田 彰・澤田明宏
A—クリエイティブビレッジ山田村
C—福岡国際見本市委員会
1996

—1　シンボルマーク
—2　B全ポスター
—3　テレフォンカード
—4·5·6　入場券

—1

—2

—3

—4

—5

—6

109
百貨店
AD—古村 理(フルムラ)
D—山口眞二・丸塚久和
C—柏そごう
1996

—1　クロスシンボル　基本形
—2･3　クロスシンボルのバリエーション
—4　マーク+ロゴタイプ
—5･6　クロスシンボルの展開例

—1

KASHIWA
SOGO
TWINS

—4

—2

—5

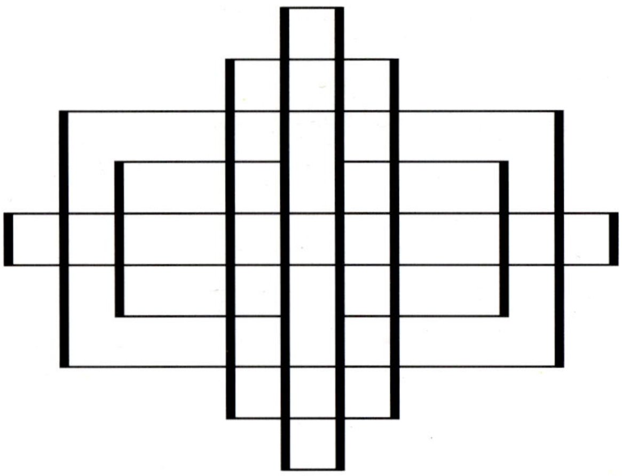
—3

—6

109

—7 予告ポスター
—8 告知ポスター
—9 フロアガイド
—10 エレベータードア
—11 トイレット
—12 入口ドアへのマーキング

—7

—8

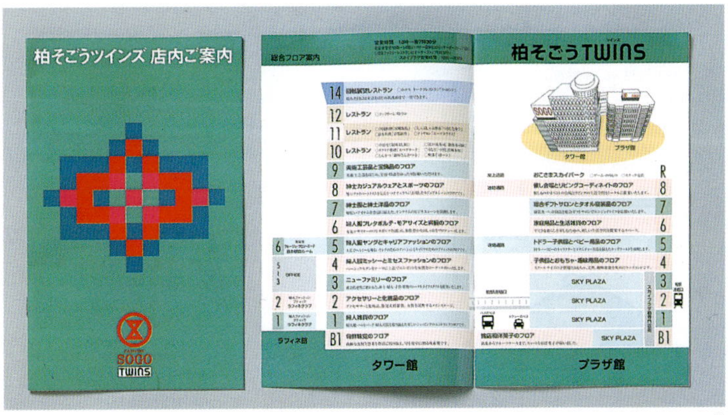

—9

—10

—12

109

—11

—1

フォレスパ木曽

—2

Forespa KISO

—3

株式会社 あてら

—4

フォレスパ木曽

—5

フォレスパ木曽

—6

—7

—8

—9

110

110

リゾートパーク
AD—勝野美徳・三尾まり子
D—川本 智・対比地一正・鈴木恭美・三尾まり子
A—たけかわ企画
C—あてら
1996

シンボルカラー
〈フォレスパピンク〉DIC74
〈フォレスパグリーン〉DIC91
〈フォレスパイエロー〉DIC164
〈フォレスパブルー〉DIC140

—1 シンボルマーク
—2･3 ブランドロゴタイプ
—4 正式社名ロゴタイプ
—5･6 シグネチュア
—7 新聞全頁広告
—8 案内看板
—9 キャラクター

110
—10〜14　アプリケーションの展開例

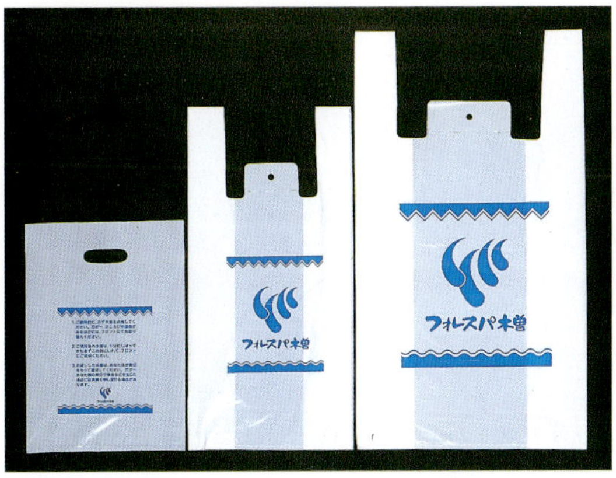

—10

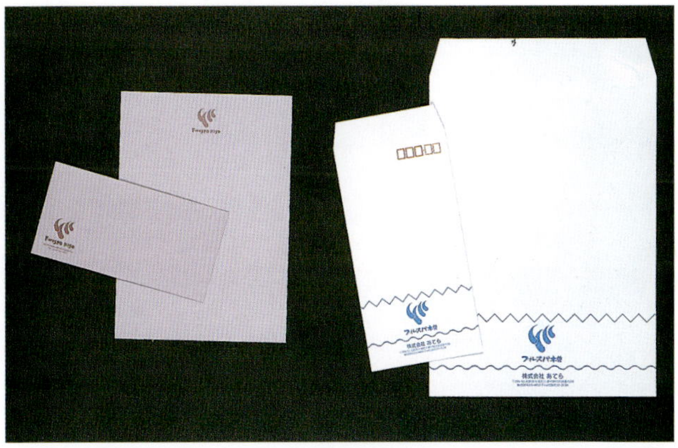
—11

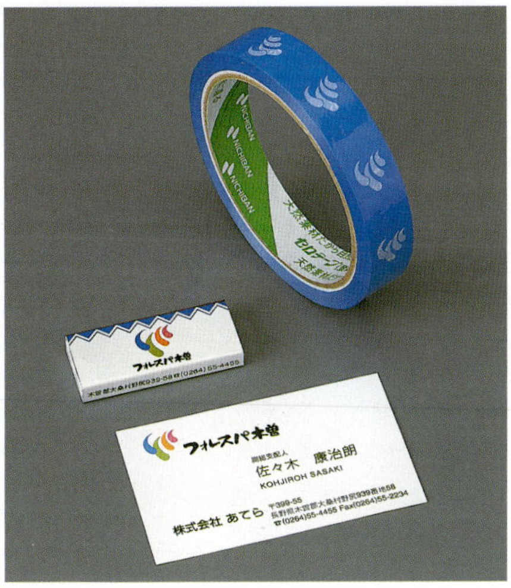

—12

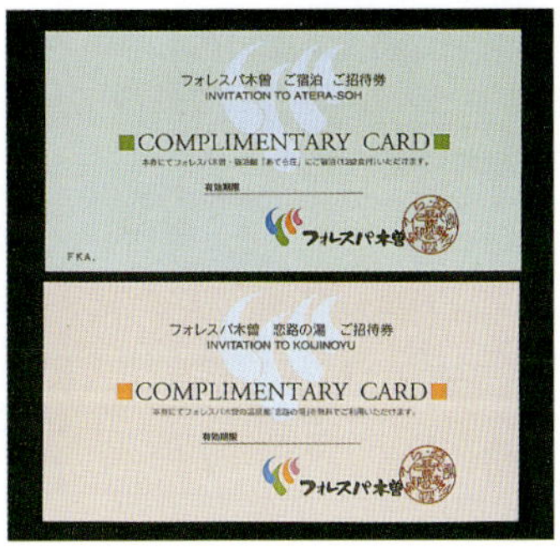

—13

—14
110

111
金融保証協会
Producer—篠原誠司・村田高章
AD—坂巻 幸
D—坂巻 幸・佐藤栄二
A—凸版印刷
C—栃木県信用保証協会
1995

シンボルカラー
〈トリプルラインブルー〉
DIC F29

〈フューチャーリングイエロー〉
DIC F181

—1　シンボルマーク
—2　封筒、便箋
—3　正式協会名ロゴタイプ
—4·5　システム展開例

TOCHIGI
GUARANTEE
—1

—2

栃木県信用保証協会
—3

TOCHIGI
GUARANTEE
—4

栃木県信用保証協会
—5
111

112
バッグメーカー
AD—ハーズ実験デザイン研究所・村田智明
D—高見加奈子
C—LEOAN INTERNATIONAL CO.,LTD.
1996

LEOAN INTERNATIONAL CO., LTD.
Manufacturer · Exporter · Importer & Buying Agent

—1

—2

—3

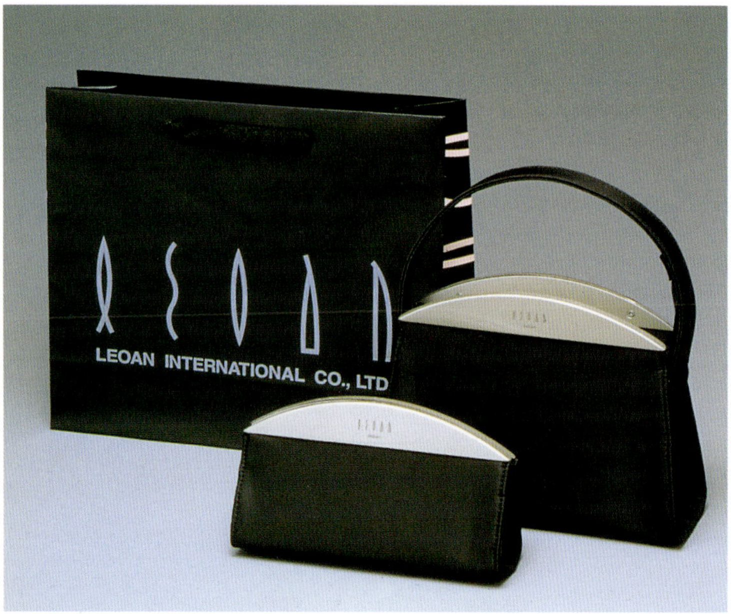

—4

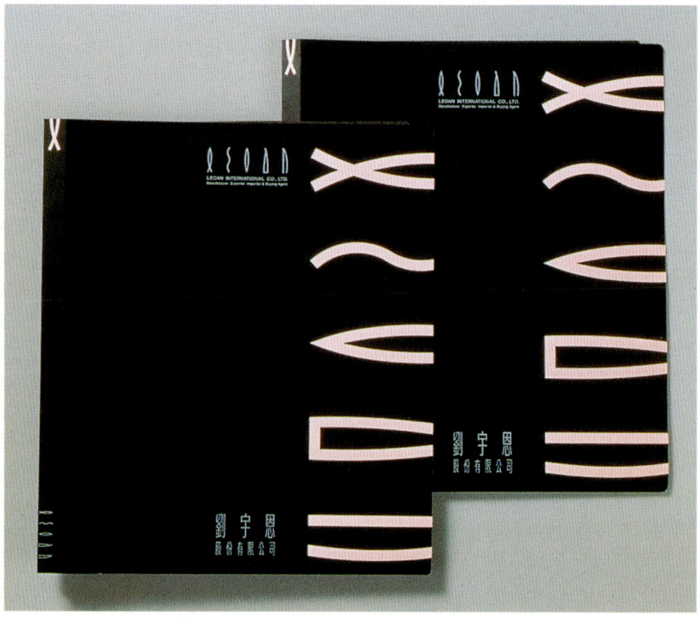

—5

LEOAN INTERNATIONAL CO., LTD.
Manufacturer · Exporter · Importer & Buying Agent

—6

劉宇恩股份有限公司

—7

刘宇恩股份有限公司

—8

劉 宇 恩
股份有限公司

—9

刘 宇 恩
股份有限公司

—10

コーポレートカラー
DIC477
SP526
SP431

—1·2·3 コーポレートシンボルマーク
—4 商品、ペーパーバッグ
—5 アプリケーションの展開例
—6〜10 ロゴタイプ

112

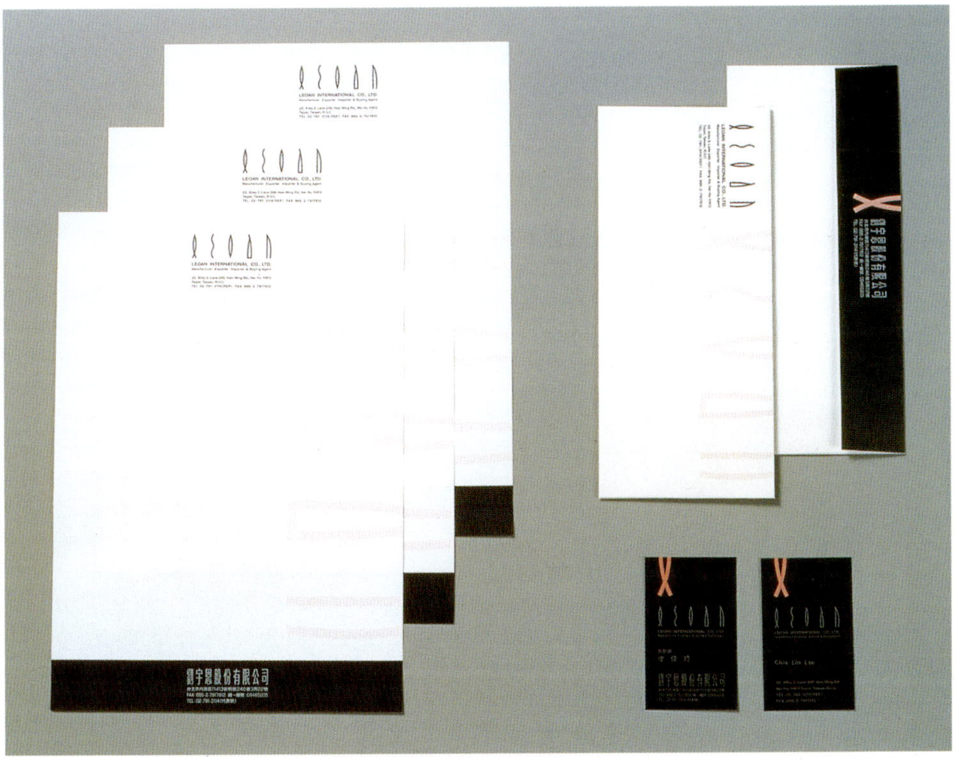

—12
112

112

—11 名刺、ステーショナリー
—12 アプリケーションの展
開例

113
高速道路公団
Producer—寺家 裕
AD—上原 昌
D—上原 昌・日本デザインセンターCIデザイン研究所
A—電通（関西支社）
C—阪神高速道路公団
1996

コーポレートカラー
TOYO88 CF0434

—1 コーポレートマーク
—2･3 コーポレート・ブランドロゴ
—4･5 正式公団名
—6 コーポレート・ブランド・マーク 基本型
—7 コーポレート・ブランド・マーク 展開型
—8 シグネチュアA

—1

阪神高速
—2

HANSHIN KOHSOKU
—3

阪神高速道路公団
—4

阪神高速 道路公団
—5

HANSHIN KOHSOKU
—6

HANSHIN
KOHSOKU
—7

阪神高速
HANSHIN KOHSOKU
—8
113

114
放送局系列ネットワークシンボル
AD—飛岡正宏
D—Tim Girvin(ティム・ガービン)
A—電通
C—全国朝日放送(テレビ朝日)
1996

-1 ネットワーク・シンボル
-2 車輛
-3 新聞広告
-4 ポスター
-5 各種封筒
-6 手提げ袋
-7 ティッシュ箱

—1

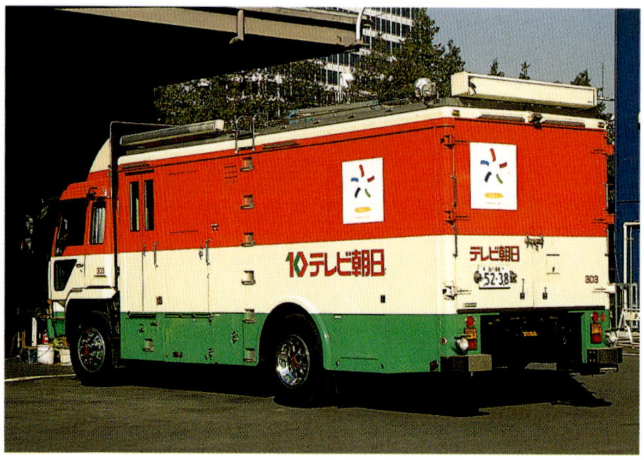

—2

—3

—4

—5

—6

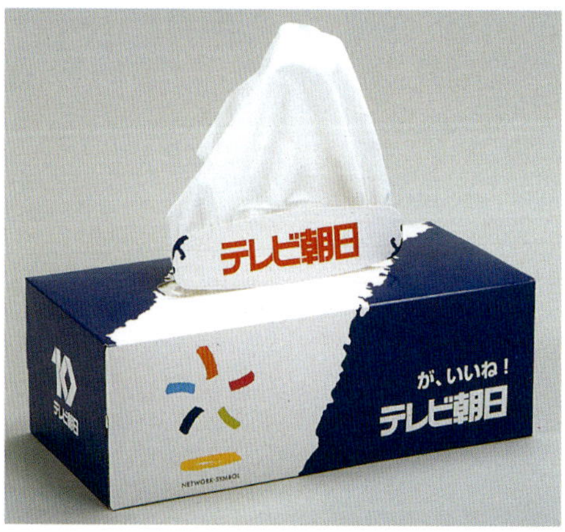

—7

114

115
放送局
AD—馬場雄二
D—木村登久造
C—さくらんぼテレビ
1996

—1　シンボルマーク
—2　略称ロゴタイプ
—3　社名ロゴタイプ
—4　シンボルマークと和文ロゴタイプの組合せ
—5　シンボルマークと略称ロゴタイプの組合せ
—6　シンボルマークと和文ロゴタイプの組合せ 横組み

—1

SAY
—2

さくらんぼテレビ
—3

さくらんぼテレビ
—4

SAY
—5

さくらんぼテレビ
—6
115

116
農業資材卸会社
AD—金築 徹
D—毎川 勲
A—あっぷるはうす
C—ランドサイエンス
1996

コーポレートカラー
DIC641
DIC161
DIC2559
DIC543

—1　コーポレートマーク
—2　和文ロゴタイプ
—3　英文ロゴタイプ
—4・5・6　ロゴタイプとマークの組合せ

—1

株式会社ランドサイエンス
—2

LAND SCIENCE
—3

株式会社
ランドサイエンス
—4

LAND SCIENCE
—5

LAND SCIENCE
—6
116

INOUE

—1

INOUE
井上組

—2

INOUE
井上組

—3

117
建設会社
D—平松 暁
A—PART II
C—井上組
1996

—1　シンボルマークとロゴタイプの基本デザインシステム
—2・3　バリエーション
—4・5・6　アプリケーションの展開例
—7・8　グループ会社のデザインシステム
—9　グループロゴタイプ

—4

—5

—6

INOUE
井上総合開発

—7

INOUE
井上住宅商事

—8

INOUE
INOUEGUMI GROUP CORPORATION

—9

118
自動車研修所
Producer—前田 弘・篠崎哲一
AD—上原 昌
D—上原 昌・日本デザインセンターCIデザイン研究所
A—電通(関西支社)
C—クレフィール湖東
1996

コーポレートカラー

—1　コーポレートマーク
—2　屋上サイン
—3　コーポレート・ブランド・マーク(基本型)
—4　コーポレート・ブランド・マーク(展開型)
—5・6　コーポレート・ブランド・ロゴ
—7　シグネチュア展開型
—8　バナー
—9　車輌マーキング

—1

—2

Crefeel Koto

—3

Crefeel Koto

—4

クレフィール湖東

—5

Crefeel Koto

—6

Crefeel Koto
クレフィール湖東

—7

—8

—9

—1

—2

—3

119
劇場
Producer—川崎仁志
AD—上原 昌
D—上原 昌・日本デザインセンター(アプリケーション)
A—日本デザインセンター
C—新国立劇場
1995

—1　シンボルマーク基本型
—2･3･4　シンボルマーク展開型
—5　劇場壁面サイン
—6　正式和文ロゴタイプ
—7　アプリケーションの展開例
—8　ペーパーバッグ

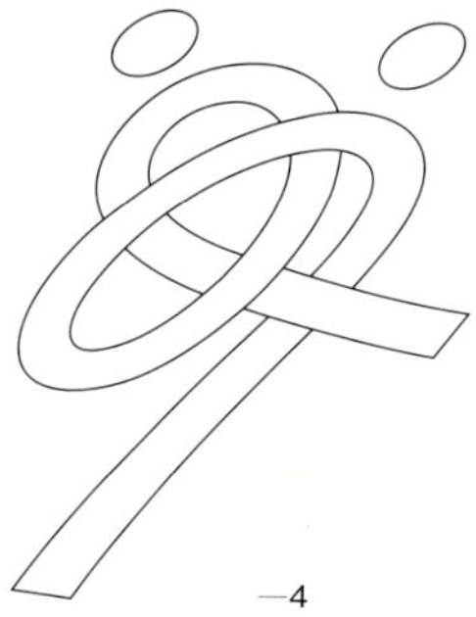
—4

新国立劇場

—6

—7

—8

119

120
ドーム球場
D—PAOS
C—大阪シティドーム
1997

シンボルカラー

—1　施設シンボル〈モーションシンボル〉
—2･3　施設シンボル 展開形
—4　社名ロゴタイプ
—5　企業シンボル

OSAKA DOME

—1

株式会社
大阪シティドーム

—4

O D
SA O
KA ME

—2

O D
S O
A M
K E
A

—3

O D
OSAKA DOME

—5

120

HIRAOKA
ヒラメックグループ

—1

—2

121
総合アミューズメント会社
AD—貞苅 剛
D—松村仁平
A—アド通信社(西部本社)
C—ヒラオカコーポレーション
1996

—1　シンボルマーク
—2　会社案内
—3･4　シグネチュア

HIRAOKA 株式会社　ヒラオカコーポレーション

—3

HIRAOKA ヒラメックグループ

—4

121

MeySen
—1

Miyagi
MeySen
Gakuen
—2

MeySen Academy
明泉
—3

学校法人
宮城明泉学園
—4

明泉幼稚園 —5

高森明泉幼稚園
—6

明泉幼稚園
明泉
—7

Taka
mori
MeySen
Kindergarten
—8

MeySen
Friends Club
—9

MeySen Friends Club
フレンドクラブ
—10

122
幼稚園・英語教育スクール
AD—飯守恪太郎
D—飯守恪太郎・小林珠美
C—宮城明泉学園
1996

スクールカラー
〈MeySen Blue〉…学園

〈Pine Green〉…幼稚園

〈Friends Red〉…フレンズクラブ

—1　シンボルマーク(メイン)
—2　法人正式英文ロゴタイプ
—3　明泉和文ロゴタイプ(メイン)
—4　法人正式和文ロゴタイプ
—5・6・7・8　幼稚園ロゴタイプ
—9・10　フレンドクラブ ロゴタイプ

122

—11　ロビー
—12　フォトアルバム
—13　CD〈MeySen Music Library〉
—14　Tシャツ
—15　制服

—11

—12

—13

—14

—15

—16 封筒
—17 名刺
—18 レターヘッド
—19 エンブレム
—20 スクールバス 前面
—21 スクールバス 側面

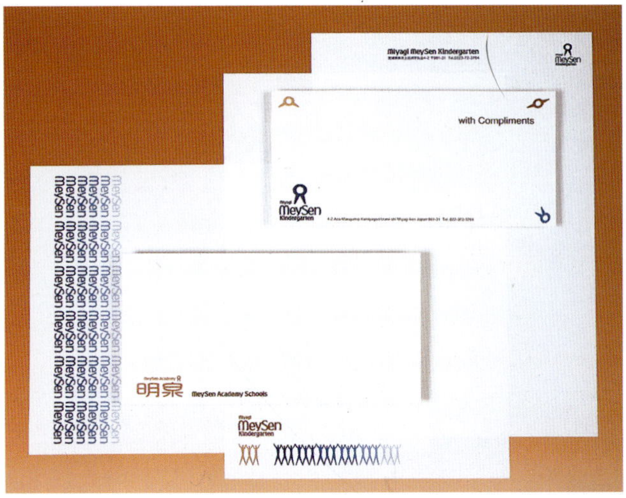

—16

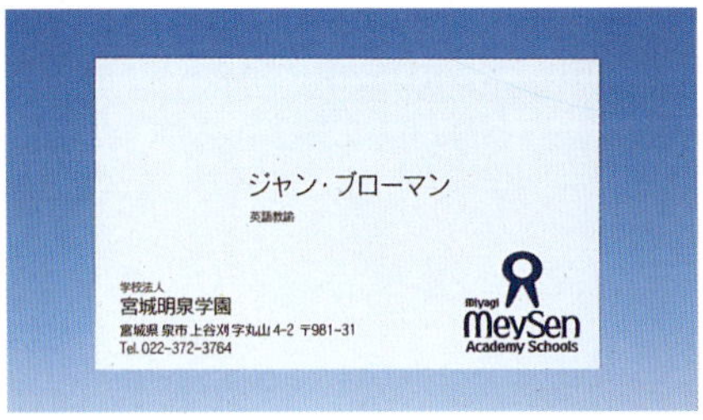

—17

—18

—19

—20

—21

122

〈MeySen Tulip Color〉

—22 シンボルマークのスクールバス背面への展開

—22 122

—1

—2

—3

—4

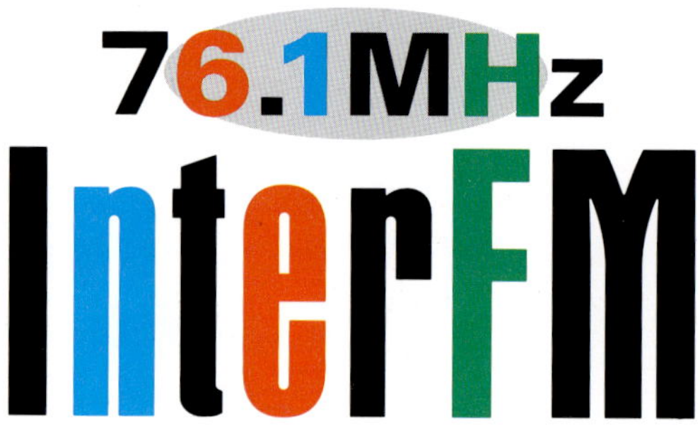

—5

123
FM放送局(76.1MHz)
D—稲吉紘実
C—エフエムインターウェーブ
1996

—6

—7

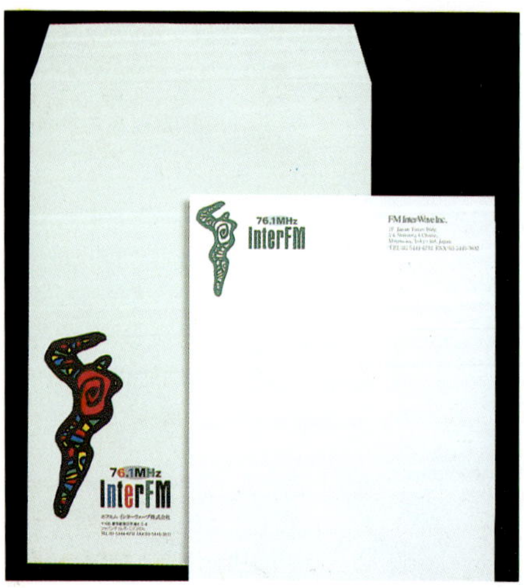

—8

—9

—10
123

—1　コミュニケーションシンボル(A)
—2　コミュニケーションシンボル(B)
—3　コミュニケーションシンボル(C)
—4　コミュニケーションシンボル(D)
—5　ブランドロゴタイプ
—6·10　アプリケーションの展開例
—7　月刊紙
—8　封筒類
—9　グリーティングカード

—11

—12

123

—11•12•13•14　ポスター類
—15　ノベルティ

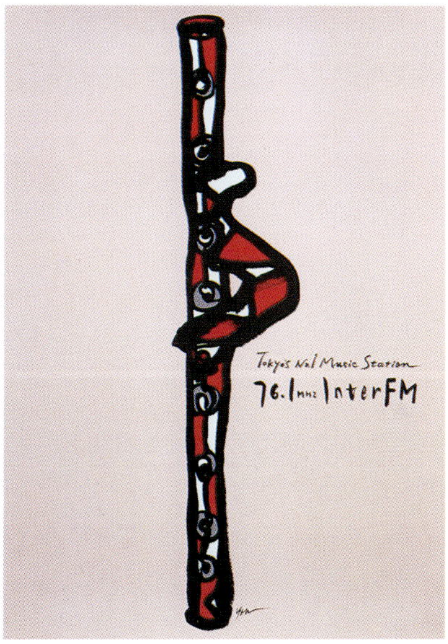

—13

—14

—15
123

124
幼稚園
AD—北村 豊
D—西 紳次
C—住吉清水学園
1996

—1　住吉清水学園のマーク
—2　幼稚園のロゴタイプ(清水幼稚園)
—3　幼稚園のマーク(清水幼稚園)
—4　幼稚園のマーク(おりおの幼稚園)
—5　ワッペン
—6　名刺と封筒

—1

学校法人 住吉清水学園
清水幼稚園

—2

—5

—3

—4
124

—6

コニタ
—2

CONITA INC.
—3

—1

株式会社 コニタ
—4

株式会社 コニタ
—5

125
運送会社
AD—寺沢 徹
D—寺沢 徹・松嶋史枝
C—コニタ
1996

コーポレートカラー
〈コタニレッド〉DIC235

〈コタニグレー〉DIC546

—1　シンボルマーク
—2・3　ロゴタイプ
—4・5　シンボルマークと正式社名ロゴタイプの組合せ
—6・7　車庫と車輌へのマーキング
—8　会社案内、名刺・封筒などへの展開例

—6

—7

—8

125

126
ショッピングセンター
D—システムデザイン研究所
C—ウィングポート
1996

〈WING PORTカラー〉

—1 シンボルマーク
—2・3 ウィングポートのロゴタイプ
—4・5 ショッピングセンターのロゴタイプ
—6 タイライン
—7・8 基本シグネチャー

—1

WING PORT
—2

ウイング ポート
—3

ショッピングセンター
—4

SHOPPING CENTER
—5

生・活・快・館
—6

WING PORT
SHOPPING CENTER
—7

WING PORT
SHOPPING CENTER
—8

126

127
専門学校
Producer—田中資重
AD—原田 進・ブラクシス
D—井村智枝
A—ディスコ
C—国際航空専門学校
1995

—1 シンボルマーク
—2 正式学校名
—3 バッジ
—4 エンブレムパターン
—5 アプリケーション展開例

KOKUSAI AVIATION
COLLEGE
—1

学校法人浅野学園
国際航空専門学校
—2

—3

KOKUSAI AVIATION COLLEGE SINCE 1961
—4

—5
127

TML
Taiwan Major League Professional Baseball

—1

TML
台灣大聯盟

—2

128
スポーツエンターテインメント
D—ランドー アソシエイツ
C—那魯湾職棒事業股份有限公司(台湾)
1997

—1·2　コーポレートシンボル
—3　マスコット ポーズA
—4　マスコット ポーズB
—5〜10　ロゴタイプ

—3

—4

Naluwan Corporation

—5

那魯灣職棒事業股份有限公司

—6

Taiwan Major League Professional Baseball

—7

台灣大聯盟職棒事業

—8

台灣職業棒球大聯盟

—9

台灣職棒大聯盟

—10　128

—11・12・15・16 選手のユニフォームへの展開例
—13 マスコットグループA
—14 マスコットグループB

—11

—12

—13

—14

—15

—16

—17

—19

—18

—20

—21

—22

—23

—25

—24

—26

—27

—28 128

128

LUKA球団
—17　ロゴタイプ—English
—18　ロゴタイプ—Chinese
—19•20　ロゴタイプのリバースタイプ
—21　マスコット ポーズA
—22　マスコット ポーズB

FALA球団
—23　ロゴタイプ—English
—24　ロゴタイプ—Chinese
—25•26　ロゴタイプのリバースタイプ
—27　マスコット ポーズA
—28　マスコット ポーズB

128

Gida球団

—29 ロゴタイプ—English
—30 ロゴタイプ—Chinese
—31·32 リバースタイプ
—33 マスコット ポーズA
—34 マスコット ポーズB

Agan球団

—35 ロゴタイプ—English
—36 ロゴタイプ—Chinese
—37·38 リバースタイプ
—39 マスコット ポーズA
—40 マスコット ポーズB

—29

—31

—30

—32

—33

—34

—35

—37

—36

—38

—39

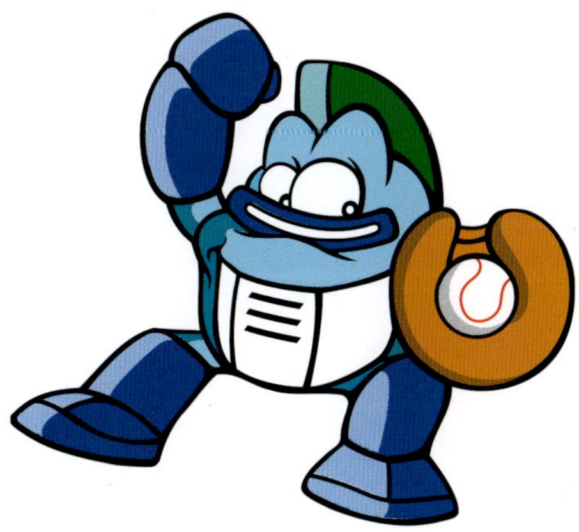

—40

129
動物園の案内サイン
AD—蓮見智幸
D—蓮見智幸・蓮見絵里子
C—東京都恩賜上野動物園
1996

—1・2　園内案内のためのシンボルとロゴタイプ
—3　サイン用ピクトグラム

—1

—2

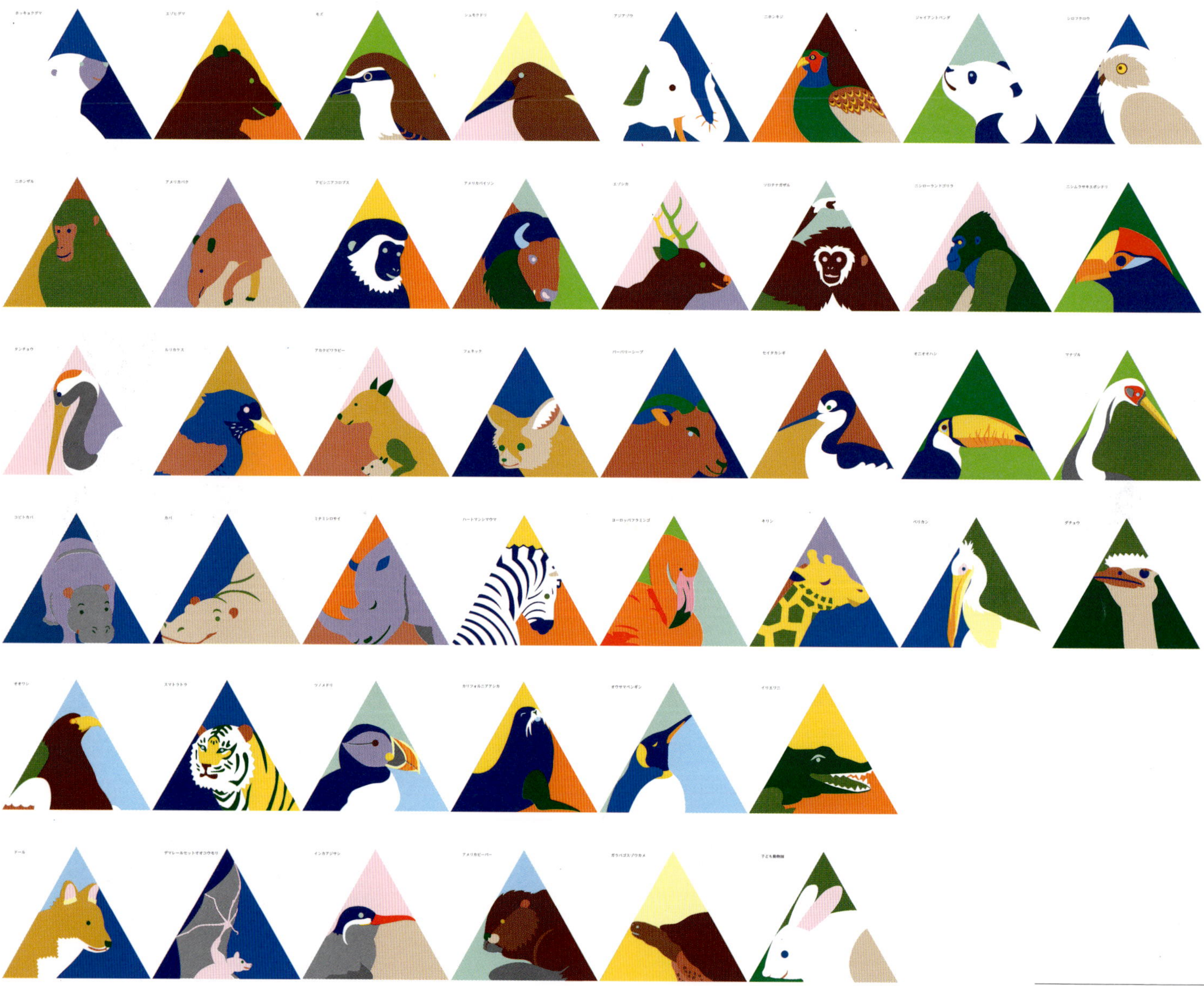

—3　129

—4 案内図

→—入口
←—出口
—電話
—総合案内所
—食堂・無料休憩所
—売店
—便所
—身障者用便所
—コインロッカー
—うば車貸出所
—ベビーベッド

＊動物の位置が変わることがあります。

51—ダチョウ・カンガルー
52—小獣館
53—バーバリーシープ
54—コビトカバ
55—カバ
56—サイ
57—キリン・シマウマ
58—フラミンゴ
59—ビーバー・ペンギン
60—カメ
61—ツノメドリ
62—水鳥
63—ワニ・ヘビ

1—キジ
2—パンダ
3—ペリカン
4—フクロウ
5—ワシ・タカ
6—トラ
7—テナガザル
8—ゴリラ
9—バードハウス2F
10—ドール
11—夜の森
12—バードハウス1F
13—バードケージ
14—ツル
15—ペンギン
16—アシカ
17—ホッキョクグマ
18—クマ・クズリ
19—東京の野山
20—シュモクドリ
21—ゾウ
22—ニホンザル
23—バク
24—サル・ヒヒ
25—バイソン
26—シカ
27—タンチョウ
28—日本の鳥

—4
129

130
コンビニエンスストア
D—ランドー アソシエイツ
C—キングストア
1996

ストアカラー
〈King Blue〉DIC222
〈King Yellow〉DIC2538
〈King Red〉DIC198
〈King Green〉DIC638

—1 ブランドマーク
—2 ブランドマーク 2色タイプ
—3 ブランドマーク モノクロームタイプ
—4·5·6 カンパニーロゴタイプ
—7 タイライン

King Store
—1

King Store
—2

King Store
—3

キングストア □□店
—4

株式会社キングストア
—5

King Store Co., Ltd.
—6

生活コンビニエンス
—7

130

131
カルチャースクール
CD—岡田宗治
D—井原清人
C—武蔵境自動車教習所
1997

スクールカラー
DIC F-38

DIC N-861

—1　キャラクターマーク〈ラビン〉
—2　シグネチャー
—3・4　ロゴタイプ
—5　キャラクターの展開例 “はねるラビン”
—6　キャラクターの展開例 “休むラビン”
—7　教室風景
—8・9　アプリケーションの展開例

—1

—2

est Culture School
—3

エスト カルチャースクール
—4

—7

—5

—6

—8

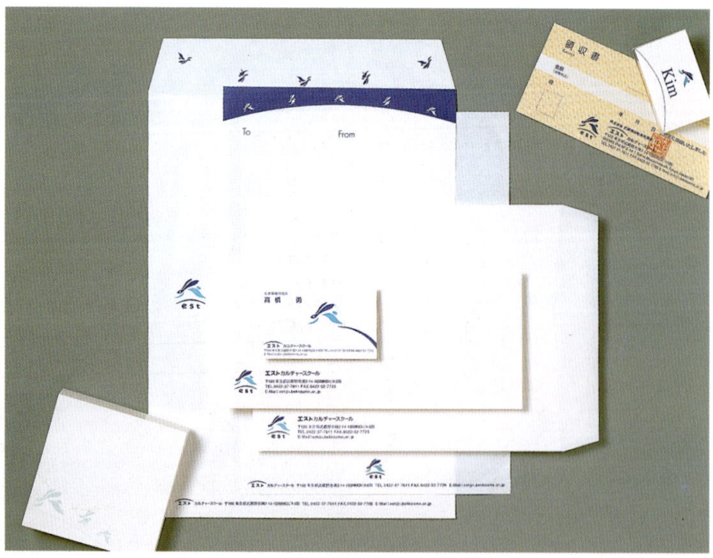

—9

Bull-Dog

—1

—2

Bull-Dog

—3

Bull-Dog

—4

Bull-Dog

—5

ブルドックソース株式会社

—6

BULL-DOG SAUCE CO., LTD.

—7

132
食品メーカー
AD—木多弘之
D—オーディーエス・川合鉄也
CI Consultant—オーディーエス
C—ブルドックソース
1996

コーポレートカラー
〈ブルドック・レッド〉
TOYO88 CF0090

〈ブルドック・グレー〉DIC555

—1　ブルドック・シンボル
—2　ブルドック・ロゴタイプ
—3・4・5　コーポレート・マーク
—6・7　正式社名ロゴタイプ
—8　パンフレット
—9　製品
—10・11・12　アプリケーションの展開例

—8

—9

—10

—11

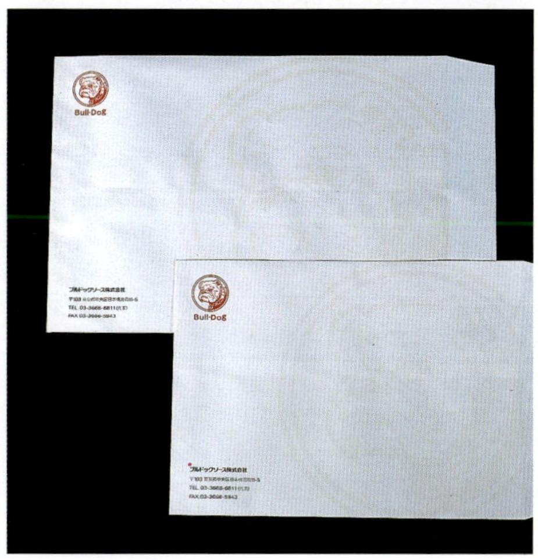

—12

スーパーキッズワールド

—2

Super Kids World

—3

—1

—4

—5

—6

133

133
母と子の専門店
AD—石山俊郎
D—イクス
A—コーポレートデザインリンケージ
C—アオキインターナショナル
1996

シンボルカラー
〈KIDS VIOLET〉
〈KIDS BLUE〉
〈KIDS YELLOW〉
〈KIDS TEAL〉
〈KIDS RED〉
〈KIDS OLIVE〉
〈KIDS GREEN〉
〈KIDS BLACK〉

—1　シンボルマーク
—2・3　シンボルマークシグネチュア
—4　サインポール
—5　店舗外観
—6　店頭デザインへの展開

—7 店頭デザインへの展開
—8 店内アプリケーション
—9 駐車場サイン
—10 エレベーターホール
—11 サポートシンボルマーク
—12 店内サイン
—13 店内フードコート
—14 ショッピングバッグ
—15 店内フードコートのシンボルマーク
—16 グラフィックアニマルズ

—7

—8

—9

—10

—11

—12

—13

—14

—15

—16

National Championship
Of Goldfish Scooping
YAMATOKŌRIYAMA

—1

—2

—4

—3

—5

—6

—7

134
全国金魚すくい選手権大会
D—西田博仁
A—奈良そごう
C—大和郡山市(奈良県)
1995

シンボルカラー
DIC2495

DIC582

—1　シンボルマーク
—2　デザインエレメント
—3　ポスター
—4　アプリケーションの展開例
—5　競技会場
—6　表彰会場
—7　スタッフユニフォーム

135
スーパーマーケット
D―ランドー アソシエイツ
C―プリマート
1996

ストアカラー
〈プリマートグリーン〉DIC2561

〈サブカラーオレンジ〉DIC2529

―1 ブランドマーク
―2 ブランドマーク(Horizontal)
―3・4 カンパニーロゴタイプ
―5 ストアブランドロゴタイプ

Primart
―1

Primart
―2

株式会社プリマート
―3

PRIMART CO., LTD.
―4

プリマート
―5

135

136
高等学校
D―いのうえ 栄
C―大東文化大学第一高等学校
1995

DAITO BUNKA UNIVERSITY
DAI-ICHI HIGH SCHOOL

DAITO BUNKA UNIVERSITY
DAI-ICHI HIGH SCHOOL

DAITO BUNKA UNIVERSITY DAI-ICHI HIGH SCHOOL

大東文化大学第一高等学校
DAITO BUNKA UNIVERSITY DAI-ICHI HIGH SCHOOL

136

HOTEL GRANVIA

137
ホテル
D—吉永三恵
A—電通
C—西日本旅客鉄道
1995

137

138
学校
Producer—篠田秀実・清水正幸
AD—原田 進・ブラクシス
D—渡辺 聡
A—大日本印刷
C—跡見学園
1994

スクールカラー
〈跡見レッド〉

〈跡見グレー〉

—1 シンボルマーク 基本型
—2 女子大学のシンボルマーク
—3 エンブレム
—4 法人名ロゴタイプ
—5 女子大学ロゴタイプ
—6･7･8 アプリケーションの展開例

ATOMI GAKUEN

—1

ATOMI COLLEGE

—2

SINCE 1875 ATOMI GAKUEN

—3

学校法人 跡見学園

—4

跡見学園女子大学

—5

—6

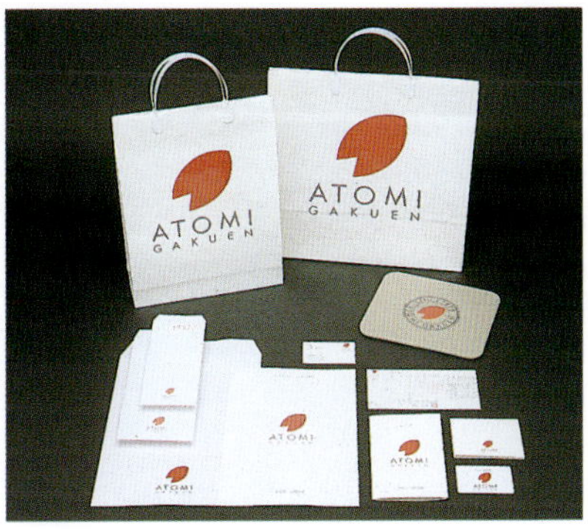

—7

—8

138

139
友好都市交流協会
AD—今井 毅
D—今井 毅・松元幸人・日本プリンテクス
C—戸田市役所
1996

—1

戸田市友好都市交流協会
TODA INTERNATIONAL FRIENDSHIP ASSOCIATION

—2

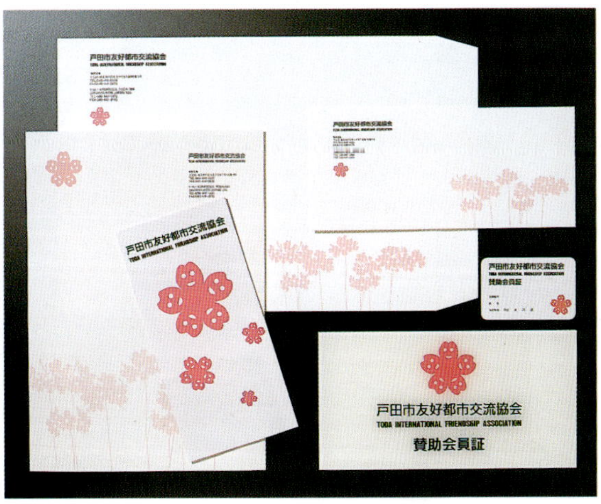

—3

—4

139

garden garden

—1

garden garden
Life begins in the Garden

—2

garden garden
Life begins
in the Garden

—3

—4

140

140
ガーデンショップ
AD—ニート
D—明賀道晴・香川雅専
A—エス・ピー・シー
C—ガーデンガーデン
1997

—1　シンボルマーク
—2　シンボルマーク 展開形
—3　ロゴタイプ
—4　サイン（旗）への展開例

みやざき
「水の郷・綾」
酒泉の杜

—1

—2

みやざき
「水の郷・綾」
酒泉の杜

—3

141

141
テーマパーク
Producer—服部岳史
AD—原田 進・プラクシス
D—佐藤早苗
A—大日本印刷
C—雲海酒造
1995

—1・3　シンボルマーク
—2　アプリケーションの展開例

142
自治体
AD—木多弘之
D—屋山朋康
CI Consultant—オーディー
エス
C—八代町(山梨県)
1995

シンボルカラー
〈YATSUSHIRO Green〉

—1 シンボル・マーク
—2〜5 シンボル・マークと町名表示書体の組合せ
—6･7･8 名称表示書体
—9 案内板
—10 刊行物
—11 シンボル・マークのエレメント展開を使った各種封筒
—12 名刺

—1

八代町
—4

YATSUSHIRO
TOWN
—5

山梨県八代町
—6

山梨県東八代郡八代町
—7

八代町役場
—8

八代町
—2

YATSUSHIRO
TOWN
—3

—9

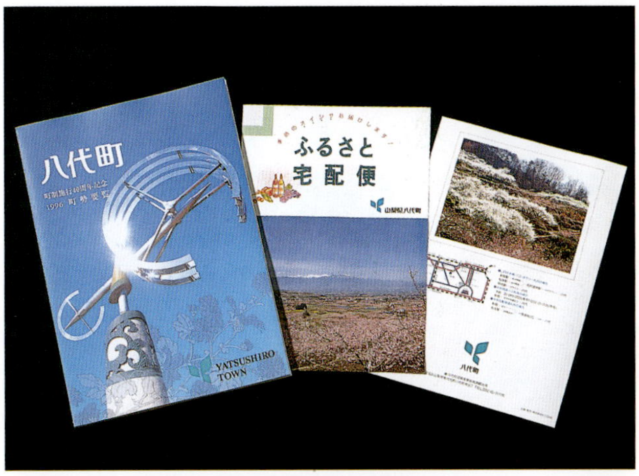

—10

—11

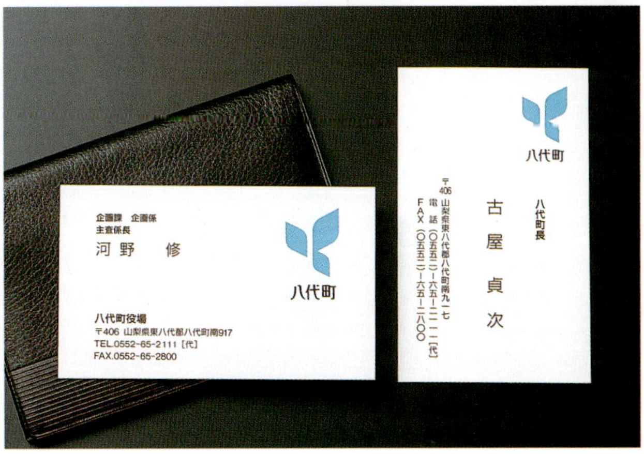

—12

SAPPORO ASPEN HOTEL

—1

札幌アスペンホテル

—2

143
ホテル
AD—菅原耕治
D—宮川文彦・山内健司・仲嶋純也
C—札幌アスペンホテル
1996

—1　シンボルマーク
—2　ロゴタイプ
—3　客室備品
—4　飲食関係備品
—5　アメニティグッズ
—6　ペーパーバッグ、包装紙
—7　フォークとスプーン

—3

—4

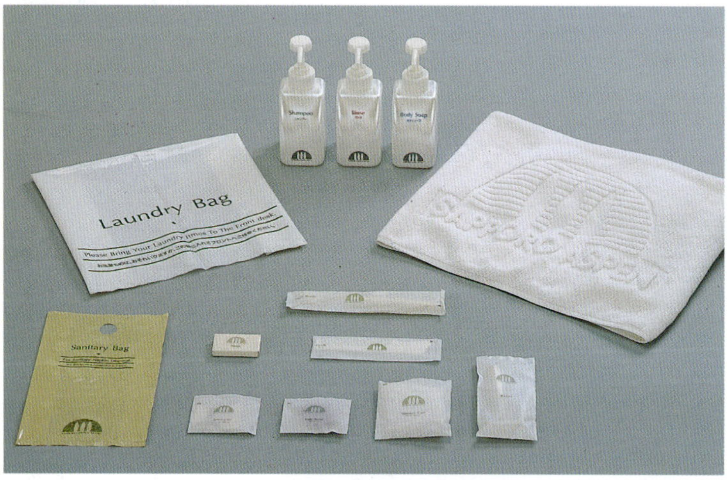

—5

—6

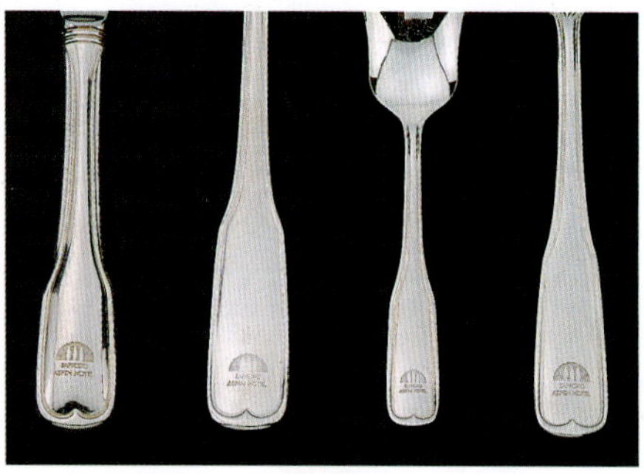

—7

143

—8 オープン告知ポスター
—9 オープン時の新聞広告

—8

—9
143

144
靴の量販店
Producer—小林清泰
AD—原田 進・プラクシス
D—渡辺 聡
A—ケノス
C—フットワールド
1995

—1 シンボルマーク
—2･3 店舗とサインへの展開
—4 ロゴタイプのシンボル組合せタイプ
—5 略称ロゴタイプ
—6 正式社名ロゴタイプ

FOOT WORLD

—1

—2

—3

FOOT WORLD

—4

フットワールド

—5

株式会社 フットワールド

—6
144

ITAGAKI
—2

株式会社 板垣
—3

メガネの板垣
—4

—1

—5 —6 —7 —8

145

145
メガネ販売会社
Producer—徳舛 剛
AD—中沢康雄
D—中沢デザインオフィス
A—凸版印刷
C—板垣
1996

コーポレートカラー

—1 キャラクターマーク
—2 コーポレートシンボル
—3 正式社名ロゴタイプ
—4 ロゴタイプ
—5 キャラクターマークのネガティブバージョン
—6・7・8 バナー展開

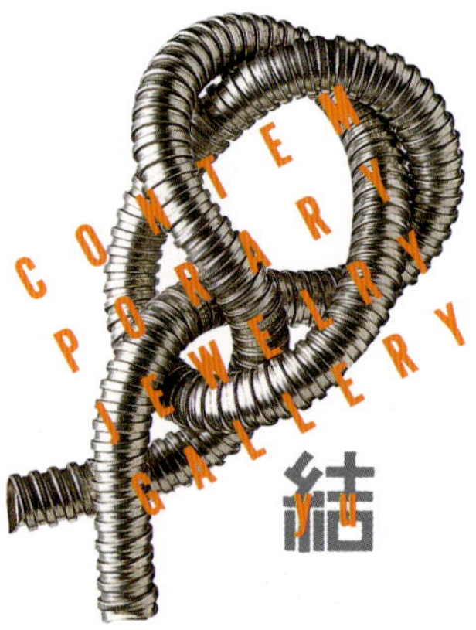

146

146
ジュエリーデザイン専門学校のギャラリー
AD—鈴木善博
D—ピーバイスタジオ
C—専門学校ヒコ・みづのジュエリーカレッジ
1995

147
中学校・高等学校
AD―小林信之
D―内海徹男
C―成器学園
1995

スクールカラー
DIC F57

サブカラー
〈中学校〉DIC F31

〈高等学校〉DIC F53

―1　シンボルマーク
―2・3・4　和文ロゴタイプ
―5・6　シグネチュア（法人名併記の場合）
―7　校舎
―8　校旗（中学校）
―9・10　エンブレム
―11　学校案内、封筒など
―12　スクールバス

―1

大阪学芸中学校
―2

大阪学芸高等学校
―3

学校法人 成器学園
―4

学校法人 成器学園
大阪学芸中学校
―5

学校法人 成器学園
大阪学芸高等学校
―6

―7

―8

―9

―10

―11

―12

—1

—2

水の国
の
waku-waku
農園

—3

—4

148
地方自治体の農業振興計画
AD—オー・ツー
D—岸 利栄子
C—竹田市わかば農業公社
1996

シンボルカラー

—1 シンボルマーク
—2 シンボルマーク 展開形
—3 ロゴタイプ
—4 サイン塔
—5 モニュメント
—6 生産品への展開

—5

—6
148

149
建機レンタル会社
D—システムデザイン研究所
C-太陽建機レンタル
1996

コーポレートカラー

—1　シンボルマーク
—2　和文社名ロゴタイプ
—3　正式社名ロゴタイプ
—4　シンボルマークと和文社名ロゴタイプの組合せ
—5･6　シンボルマークと英文社名ロゴタイプの組合せ

—1

太陽建機レンタル
—2

太陽建機レンタル株式会社
—3

太陽建機レンタル
—4

TAIYO
KENKI RENTAL
—5

TAIYO
KENKI RENTAL
—6

149

150
放送局
AD—馬場雄二
D—土田義武
C—高知さんさんテレビ
1996

シンボルカラー

—1　シンボルマーク
—2　シンボルマークと和文ロゴタイプの組合せ例
—3　略称ロゴタイプ
—4･5　和文ロゴタイプ

SUN SUN
—1

SUN SUN
さんさんテレビ
—2

KSS
—3

さんさんテレビ
—4

高知さんさんテレビ
—5

150

—1

m'z

—2

MAZDA m'z CARD

—3

MAZDA CARD

m'z

—4

151

—5

—6

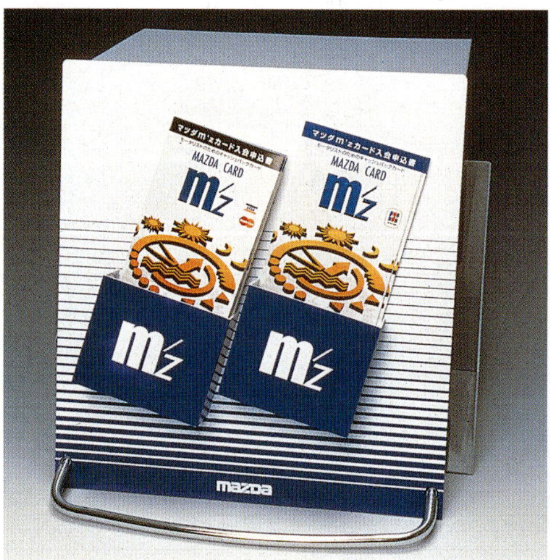

—7

151

151

カード

D—グラムコ

A—凸版印刷

C—マツダ

1996

ブランドカラー

—1 カードシンボル

—2 ワードマーク

—3･4 ワードマークシステム

—5 各種カード

—6 告知ポスター

—7 申込書

INDEX

作家別索引

五十音順
数字は作品番号
マーク・シンボル・絵文字作品は正体数字で，
ロゴタイプ作品はイタリック体数字で，
CI作品は太数字で示す．

クライアント別索引

五十音順

数字は作品番号

マーク・シンボル・絵文字作品は正体数字で,

ロゴタイプ作品はイタリック体数字で示す.

Titles in English

Trademark, Symbolmark & Pictogram

1 Water Pipe Fixtures Distributor
2 Medical Equipment Company
3 Prescription Pharmacy
4 Commercial Area Promotion Group
5 Digital Satellite TV Station
6 Pharmacy
7 Series Publication
8 Bathroom Equipment
9 Image Input-Output Peripherals
10 Cosmetics Maker
11 Paper
12 Real Estate Agency
13 Sash Installation Company
14 Interior Company
15 Environmental Photo Contest
16 Design Association
17 "Gas Epoch" PR Magazine
18 Perfume Products
19 Fashion Show Production Company
20 Printing Company
21 Speed Boat Racing Course
22 Construction Company
23 Integrated Building Management Company
24 Consignment Sales
25 Plant Leasing and Rentals
26 Computer Telecommunications
27·28 Fitness Brand
29 Industrial Rubber Processing Manufacturer
30 Hospital
31 Hotel
32 Government Body
33 Furniture Studio
34 Dental Clinic
35 Signs
36 Fashion Goods Distributor
37 Auto Dealership
38 School
39 Space Planning Company
40 Water Piping Company
41 Government Body
42 Museum
43 Construction Company
44 Museum Supporters Association
45 Music High School
46 Satellite Broadcast Karaoke Station
47 Machine and Steel Company
48 Measuring and Boring Company
49 Business Network Service
50 Sprocket Wheel Manufacturer
51 Creative Life Satellite TV Station
52 Sundry Goods Import Company
53 Advertising Planning Agency
54 Karaoke Software Sales Company
55 Design Office
56·57 Hot Spring Hotel
58 Book Museum and Library
59 Security Guard Uniform Sales Company
60 Cultural Hall
61 Real Estate Agency
62 Electrical Engineering Company
63 Damage Insurance Company
64 Group
65 TV Station (Satellite/CATV)
66 Wide Area Governmental Operations (Five Towns and Villages)
67 Pianist
68 Medical Publication Series
69 Cosmetics and Health Foods
70 Trust Bank
71 Sales Promotion Goods Distributor
72 Plant Engineering
73 Real Estate Agency
74 Paper Company
75 Satellite TV Channel
76 Civil Engineering & Construction
77·78 General Distribution Operations
79 Forge Manufacturer
80 Housing Company
81 Recording Label
82 Rescue Party
83 Printing & Planning Company
84 Construction Company
85 Steel Maker
86 Housing
87 Plastic Surgery Clinic
88 Town 40th Year Anniversary
89 Esthetic Salon
90 Internet Company
91 Integrated Consulting Company
92 Clinic
93 Brand Handbag
94 Boring Company
95 Water Treatment Company
96 Broadcast Center
97 National Athletic Meet
98 Carpentry Tool Manufacturer
99 Marine Engineering Company
100 Government Body
101 Precision Machine Manufacturer
102 Agricultural Goods & Products Company
103 Railway Company
104 Japan Typography Society
105·106 University Group
107 Elementary School
108 Planning & Production Company
109 Housemaker
110 Park Builder
111 American Football
112 University
113 Convenience Shop
114 Paving Operators' Cooperative Union
115 Restaurant
116 Underground Shopping Mall
117 Architectural Planning Office
118 Signboard Operations
119 Medical Goods Service
120 Temporary Staff Agency
121 Renovation Company
122 Department Store
123 Color & Fashion Design Company
124 Trust Bank
125 Care Dispatch Agency
126 Symbol for Ad Campaign
127 Cooperative-use DTP Equipment Facility
128 Book Series "Dekiru"
129 Virtual Idol [DK-96]
130·131 Software Company Service Symbol
132 Think Tank
133 Educational Software Network
134·135 Construction Company
136·137 Telephone Service
138 PA Monitor Manufacturing Company
139 Newspaper
140 Real Estate Agency
141 Advertising Agency
142 Research Center
143 Steel Company
144 Producing Company
145 Engineering & Construction Company
146 Lumber Company
147 Woodworking Company
148 Cable TV [Park City]
149 E-mail News & Web Magazine
150·151 Computer Game Company
152 Museum
153 Airport Terminal Building Hotel
154 Company Project
155 Information Company
156 Ladies' & Children's Apparel Seamstress' Association
157 PC Company
158 Image Software Production Company
159 Integrated Appliance & Computer Entertainment Shop
160 Internet Business Planning Company

161 Novelty T-shirts
162 Refuse Collection Operation
163 Consulting Company
164 Digital Design Development
165 AU-CIM Manufacturing Management System
166 Integrated Game, CD & Magazine Shop
167-172 Group Enterprise
173 Travel Agency
174 Construction Company
175 Auto Repair & Assembly Shop
176 International Mail Order Expo
177 International Oceans Symposium
178 Advertising Planning Agency
179 Religious Volunteer Group
180 Conference on Universal Networking Language
181 Digital Design Publishing Company
182 Micro Dry Printer
183 Computer Software
184 Sunset Marina
185 Design Group
186·187·188 TV Show Title
189 Transport
190 Morisawa Typography Space Gallery
191 Construction & Planning Company
192 Committee on Medical Treatment
193 Knit Fashion Business Academy
194 Satellite Broadcast [Learning] Channel
195 Travel Agency Campaign
196 Accounting Office
197 Regional Developer
198 International Lighting Exhibit
199 6th Iwate Prefecture Wilderness Experience Seminar
200 Fukuoka Design League
201 Campaign
202·203·204 Circle Activities
205 Underground Commercial Area 20th Anniversary
206 CD Title
207 Department Store 25th Year Anniversary
208 PR Magazine [Gas Epoch]
209 Group Founding 25th Year Anniversary
210 Airline Company 25th Year Anniversary
211 Youth Conference 30th Year Anniversary
212 60th Anniversary of Canal Opening
213 40th Anniversary of Nagano Prefecture Workers' Pension
214 40th Anniversary of Local Government Group
215 60th Anniversary of Theater Group
216 70th Anniversary
217 125th Anniversary of Newspaper
218 100th Anniversary of Sporting Goods Shop
219 Hospital
220 Travel Campaign
221 Government Body
222 Museum
223 Rubber Manufacturer
224 Architectural Materials Distributor
225 Hospital
226 Silkscreen Company
227 Cultural Group Association
228 Housing Company
229 Exhibition
230 Real Estate Agency
231 Saga Prefecture Designated Traditional Local Product
232 Elementary School
233 Funeral Parlor Chain
234 Commercial Conference 100th Anniversary
235 Foundation
236 Esthetic Newspaper Title
237 General Trading Company
238 Fresh Seafood Market
239 Graphic for Exhibit
240 Family Style Chinese Food Restaurant
241 Color Coordinator
242 Display Accessories Company
243 Computer Software Developer
244 Travel Campaign
245 Planning Agency
246 Newspaper Recycling Company
247 Optometrist
248 Merchandise Brand
249 PR Magazine Symbol
250 Public Facility
251 Photovoltaic Power Promotion Association
252 Network Service Company Division Title
253 Tea Shop
254 Cosmetic Shop
255 Company Magazine
256 Planning Office
257 PR Magazine
258 Machine Manufacturing Company
259 Housing Development
260 Core City Area
261 Printing Company
262 Volleyball Tournament
263 Public Facility
264 Travel Campaign
265 Seminar
266 Basic Cosmetics
267 Nail Art
268 Color Printer
269 Industrial Association
270 Local Government & Business Conference Facility
271 Post Card Specialty Printing Company
272 Gas Company
273 Plaintiff Group
274 Communications Network
275 Communications Business Campaign
276 Photo Studio
277 International Symposium
278 Pottery Summit Meeting ['96 in Saga]
279 PC Materials Publisher
280 Communications Equipment Parts Manufacturer
281 Food & Drink Operations
282 Pachinko Parlor
283 International Symposium
284 Fire Insurance Company
285 Eye Hospital
286 Medical Coop
287 Elementary School
288 Ski Resort
289 Government Body
290 Life Insurance Agency
291 Esthetic Plastic Surgeon
292 Leisure Facility
293 Park
294 Revolving Sushi Bar
295 Government Body
296 Golf Course
297 Bank
298 Planning Agency
299 Invention Company
300 Trading Company Brand
301 University Medical Department
302 Summit
303·304·305 Car Parts & Maintenance Shop
306 Catalog Character [Canon Technologies Highlight]
307 Graphic for Exhibit
308 Software Company
309 Foodstuffs Distributor
310 Recycling Company
311 Distribution Brand
312·313 Airport Operations Group
314 Integrated Restaurant Operations
315 Town Government Body
316 Resort Mansions
317 Gold Form Manufacturing Company Goods
318 Construction Company
319 Soft Wrapping Material [Supercut]
320 City Gallery
321 Architectural Design
322 Construction Company
323 Public Organization
324 Three-Color Color Crystals
325 Consulting Company
326 University
327 Culinary Equipment Manufacturer & Distributor
328·329·330 School
331 CD Label
332 Nationwide Beauty Weekly
333 Local Group
334 Sports Trainer Manual
335 Information Industry Company
336 Information System Name
337 Farm Town Chestnut Development Campaign
338 Newspaper Sales Division Promotion Campaign
339 Integrated Restaurant Operation
340 Printing Company
341 Chinese Restaurant
342 Station Building
343 Healthcare Food
344 Real Estate
345 Trading Company Brand
346 Apparel Brand
347 Lodging Facilities
348 Elementary School
349 Cosmetic Brand Mark
350 Day Care Center
351 Restaurant
352 Flower Gift Campaign
353 Home for the Elderly
354 Environmental Protection Group
355 Cosmetics & Health Food Manufacturer
356 Cultural Facilities Management Company
357 Dental Clinic
358 Coffee Shop
359 Computer School
360 Driving School
361 Foodstuff Maker
362 Computer Software Company Entertainment Department
363 Prize
364 Cutting Sheet
365 Airplane
366 Membership Delivery Service
367 Postcard
368·369·370 Character Item
371·372 Car Dealer
373 Transportation
374 Renovation Company
375 Computer Technical Support
376 Town Image Character
377 French Restaurant
378 Eel Restaurant
379 Satellite Station TV Campaign
380 Hotel Character
381-385 Bank Mascot
386 Baby Goods Brand
387 Character Item
388·389 Sports Youth Group
390 Folded Ad Flyer Cooperative
391 Corporate Group
392 Auto Camping Park
393 Live House [Fifties]
394 Political Party
395 14th Greening Fair [Green Fest Hiroshima '97]
396 Hospital
397 Artist
398 New Sock Brand Development
399 Welfare Association
400 Commercial Street
401 Design Services
402 Leisure Park
403 Environmental Preservation Campaign Symbol
404 International Sailboat Race [Sail Osaka '97]
405 National Holiday [Ocean Day]
406 Shoe Brand Mark
407 Foreign Access Zone
408 Amusement Department
409 Car Company Campaign
410 CD Jacket
411 Vocational School
412 1996 International Survey
413 Field Officers Organization
414 Exhibition and Lecture Conference

415 Construction Material Character
416 Curtain Specialty Shop
417 Dishwashing Soap
418 Local Beer Restaurant
419 University Message Symbol
420 Travel Campaign
421 Book
422·423·424 Sports Resort Facility
425 Rescue Party
426 Foods & Bar
427 48th Nationwide Treeplanting Campaign
428 Government Body
429 Elementary School & Kindergarten
430 FM Broadcasting Company
431 45th Firefighting Anniversary
432 Agricultural Cooperative
433 Contact Lens Store
434 Village
435 Japanese Restaurant
436 Psychiatric Treatment Facility
437 Tourist Hotel
438 Insurance Agency
439 Public Welfare Group
440 Travel Agency
441 Record Company
442 Environmental Protection Mark
443 Sanitation Cooperative
444 '97 International Lighting Exhibition
445 Museum & Public Facility
446 Health & Culture Village
447 Association
448 Photo Studio
449 Expressway
450 TV Company Fifth Year Anniversary
451 Foods
452 CD
453 Foodstuff Maker
454 Ancient Izumo Culture Exhibit
455·456 Securities Company Campaign Mark
457 Internet Business
458 Nagano Olympics International Youth Campaign
459 Welfare Group
460 Engineering & Construction Business
461 Health Facility
462 Ski Resort
463 Volunteer Group
464 Rescue Party
465 Fashion Brand
466 Prep School
467 TV Station Image Character
468 Kindergarten
469 Ocean Festival
470 Prefectural People's Day
471 Clinic
472 Supermarket
473 Brand Mark
474 Agricultural Cooperative
475 Government Body
476 3rd International Katsushika Hokusai Conference
477 '97 Union Spring Campaign Poster
478 Japanese Confections
479 Beer Company Campaign Mark
480 Specialty Store
481 Eye Catcher [Doll Theater Carnival]
482 CD & Video Shop
483 Foundation
484 Student Recruiting Campaign Mascot
485 Japan Cultural Design Conference '97 Iwate
486 Metropolitan Tokyo 23 Ward Resources Recycling
487 Computer Company Communications Mark
488 Research Group
489 CD-ROM Title
490 Cable TV Station 5th Anniversary
491 Railway Company 100th Anniversary
492 Department Store Gift Campaign
493 Digital Satellite TV Station
494 Computer Company
495 Cosmetics Company
496 Digital Satellite TV Station
497 First Traditional Arts Summit
498 Noh Theater
499 Hearing Aid
500 Concert Tour
501·502·503 Pro Wrestling Character
504 Caf& Bakery
505 Amusement Facility
506 English Conversation School
507 Poultry Company
508 Youth Soccer Tournament
509·510 Construction Company Character
511 Playground Trade Character
512 Foods
513 Travel Character
514 Newspaper Image Character
515 Wholesaler Center Mascot Character
516 Clean Agriculture
517 Takebayashi Park Character
518 Plant Character
519 Food Character
520 Shimane Prefecture Event Campaign
521 Concert 100th Year Anniversary
522 Symposium
523 Travel Company Character
524 Regional Character
525 Halloween Event Character Mark
526 Promotional Picture Book Mascot
527 Appliance Sales Company Character Mark
528 Food Packaging
529·530 Ice Hockey League Organization
531·532 Character Item
533·534 PHS Sales Promotion Mascot
535 TV Show Title
536-540 TV Show Character
541·542·543 Boat Shop Character
544 Delivery System
545-548 Delivery System Character Development
549 Housing Development Exhibition Character
550 Housing Development Exhibition Character Variation
551-554 Food Company's 50th Anniversary Mark
555·556 Financial Company Character
557 Event Production Company
558 Exhibition
559 General Construction Company
560 Engineering Construction Company
561 Housing Reform Company
562 Wilderness Protection
563 Experiential Space
564 Racing Goods Manufacturing Company
565 Tea Industry
566 Detergent Company
567 Furniture Store
568 Entertainment Productions
569 Telephone Company Campaign
570 Construction Company
571 Coastal Zone Construction Company
572 Trading Company
573 Pet Food & Landscape Materials Wholesale Store
574 Machine Parts Manufacturing Company
575 Veterinary Hospital
576 Advertising Agency
577 Exhibition Purpose
578 Hospital
579 Farm and Ocean Product Direct Sales
580 Planning & Production Company
581 Steel Company
582 Construction Company
583 Design Office
584 Interior Furnishings & Planning
585 TV Program Production Company
586 Photo Studio
587 Machine Manufacturing Company
588 Catering Service Company
589 Consulting Guild
590 Cast Mold Manufacturing Company
591 Concrete Company
592 Hospital of Internal Medicine
593 Marine and Land Materials Wholesaler
594 Nutritional Supplement Food
595 Therapy Facility
596 Auto Dealership
597 Food Equipment Manufacturing Company
598 Supermarket
599 Production
600 Shopping Center
601 Medical Equipment Manufacturer
602 Textile Company
603 Construction Company
604 Building Exterior & Interior Planning, Construction and Management Company
605 Artist
606 Restaurant
607 Watch Brand
608 OA Equipment Distributor
609 Real Estate Agency
610 Construction Company
611 Aluminum Sash Materials
612 Insurance Agency
613 Health Group
614 Health & Environment
615 Apparel Company
616 Water & Sewer Pipe Consultant
617 Bicycle Racers Training Association
618 Convention Promotion Group
619 Construction Company
620 Interior Design Company
621 Construction Company
622 Mail Order Company
623 Household Appliance Bulk Seller
624 Computer Sales Company
625 School
626 Semiconductor Manufacturing Equipment Manufacturer
627 Exhibition
628 Event Hall
629 International Plasma Conference
630 Brand
631 General Trading Company
632 Treatment & Welfare Foundation
633 Welfare Equipment & Care Goods Rental Service
634 Internet Provider
635 Japanese Chess Club
636 Cable Television
637 Automotive Repair Company
638 Printing Company
639 Machine Design Company
640 Accountant
641 Trading Company
642 Planning Office
643 Management Company for Artists' Groups
644 Accounting Office
645 Real Estate Agency
646 Design Office
647 Industrial Park
648 Warehouse Company
649 Planning & Design Company
650 Construction Materials Manufacturer
651 Yakushima Environmental Protection
652 Government Body
653 Vegetable & Fruit Wholesale Operation
654 Clinic
655 Hospital
656 50th Anniversary of CPA System
657 Noodle Company
658 Confectionery
659 Architectural Company
660 Trust Bank
661 Foodstuffs Manufacturer
662 Toshimaen Exhibition
663 Government Body
664 Health Facility for the Elderly
665 Ladies' Association
666 Advertising Agency
667 Production Company
668 Bookstore Management

669 Government Body
670 Engineering & Construction Company
671 Construction Company
672 Sushi Shop Cooperative
673 Hospital
674 Dental Clinic
675 TV Station
676 Boutique
677-680 Ridge-end Tile
681 Non-Bank Venture Capital
682 Think Tank
683 Planning Agency
684 CF Production Company
685 Digital Production
686 Drink Sales
687 Planning Office
688 Housing Company
689 Electronic Mail
690 Sports Gym
691 Aqua Industry
692 Design Studio
693 Advertising Agency
694 Grave Cleaning Service
695 Pub
696 Musician
697 Design Research & Silkscreen Studio
698 Architectural Planning Office
699 Household Appliance Bulk Sales
700 Movie Production Company
701 Advertising Production Company
702 Peach Thread Carbon Fiber Business
703 Trading Company
704 Electrical Equipment Company
705 Printing Industry Cooperative Union
706 Dental Clinic
707 MO Disk Overwrite Standard Mark
708 Antibacterial Egg Brand
709 Image Equipment Company
710 Present Planning Company
711 International Publishing Group APPA
712 Promotion and Planning Company
713 Building Integrated Management Service
714 Sports Association
715 Energy Development Company
716 Flower Design School
717 Real Estate Appraisal Company
718 Water Measurement and Planning Company
719 Semiconductor Manufacturing Machine Manufacturer
720 Medical Equipment Sales Manufacturer
721 Telecommunications Company
722 Construction Company Brand
723 Design Office
724 Wood Print Sales Company
725 Real Estate Agency
726 Newspaper Marketing Division Sales Campaign
727 Group 20th Anniversary Campaign
728 Group
729 JA Real Estate 25th Anniversary
730 Mail Order Company and Co-op Tie-up 25th Anniversary
731 Resort Developer 30th Anniversary
732 Broadcast Company 45th Anniversary
733 Insurance Company 110th Anniversary
734 Floral Art School 10th Anniversary
735 Exhibition
736 Fashion Technology
737 Designers' Network
738 Fusion Art Design Research Center
739 Advertising Production Company
740 Shopping Center
741 Concert Hall
742 Design Office
743 Architectural & Construction Company
744 Veneer Manufacturing
745 Foundation Engineering Construction Company
746 Welfare Facilities
747 Gem Store
748 Japanese Culture Research Center
749 Planning Office
750 Conglomerate
751 Energy Distribution
752 Event Company
753 Regional Revitalization Campaign
754 Pub
755 University Research Lab
756 Wind Power Use Survey Group
757 Health Foods
758 Industrial Machine Design Award
759 Design Company
760 Publication on Skin Treatment
761 Internet Provider
762 Magazine Special Report
763 42nd All Japan Women's Soft Tennis Tournament
764 Dental Clinic
765 Bicycle
766 Construction Company
767 Wide Area Living District
768 Pharmacists' Association
769 Aluminum Construction Materials Manufacturer
770 Real Estate Agency
771 Paving Construction Company
772 Office Group for Wide Area District
773 Semiconductor Manufacturing Machine Manufacturing Company
774 Software Development Company
775 Planning Office
776 Glasses (Optical) Shop
777 Interior Finishing Company
778 Planning Company
779 Construction Materials
780 Medical University
781 Exhibition
782 Society
783 Fishing Magazine
784 School Emblem
785 Town Development Campaign
786 Group 35th Anniversary Business
787 Gas Company
788 31st International Children's Cancer Conference
789 Music Publications Business
790 Flower Arranging Society's Publication
791 Automobile Sales & Service Dealership
792 Private Mark
793 Interior Production Company
794 Health Foods
795 Shopping Center
796 Japan Choreographers Association
797 Hotel Campaign
798 Dance Studio
799 Outdoor Club
800 Video Production Company
801 Soccer Club
802 Leisure Industry
803 Book
804 Magazine Special Issue
805 Dental Clinic
806 PR Magazine Gas Epoch
807 Culture & Community Promotion Foundation
808 Shopping Center Opening Campaign
809 Social Welfare Company
810 Clinic
811 Social Welfare Company
812 Real Estate Agency
813 Interior Shop Character Mark
814 Gynecologist
815 Prefectural Government Private Mark
816 Miyagi Prefecture Integrated Training Park
817 Editorial & Publishing Company
818 Designer Original Brand
819·820·821 Facility Character
822 Electric Piano Campaign
823 Hospital
824·825 Tea Cultivation and Sales Company
826 Investment Research Company
827 Advertising Agency
828 Esthetic Salon
829 Architectural Planning Office
830 Day Care Center
831 Women's Conference
832 Maintenance Company
833 Hospital
834 Sales Lady Character
835 Vocational School
836 Marathon
837 JAGDA Fukuoka Postcard Exhibit Character
838 Eye Hospital
839 Ear, Nose and Throat Clinic
840 Magazine Special Issue
841 Used Car Sales Campaign Character
842 Veterinary Hospital
843 Veterinary Hospital
844 Hospital
845 Book
846 Car Company Campaign
847 Car Manufacturer's Campaign
848 Personal Seal Manufacturer
849 Forum
850 Calendar Title
851 Market
852 Fish Wholesaler
853 Society
854 Hospital of Internal Medicine
855 Veterinarian
856 Tea Shop
857 Picture Book Classroom
858 Shanghai Apartment
859 Fresh Flower Business
860 Elementary School
861 Amusements
862·863 Service Center for the Elderly
864 「'96 Summer Bridal」 Hotel Campaign
865·866 Brand
867 CD Title
868 Policy Fund for Forestry Workers
869 Construction Company
870 Real Estate
871 Concert
872 Bridal Ceremony Gift
873 Haiku Center
874·875 Medicinal Products
876 Solar Power Generating
877 Glass Bottle Recycling
878 Furniture Maker
879 Cleaning Company
880 Travel Company Pictogram
881 Hot Air Balloon Event
882 Advertising Agency
883 Public Organization Culture Hall
884 Cultural Support Campaign
885 Building
886 Continuing International Inheritance Forum
887 Museum
888 Consulting Company
889 Ski Resort
890 Integrated Leisure Facility
891 Japan-Finland City Seminar
892 Food Service
893 City Water Department
894 Local Beer Brand
895 Fower Society PR Magazine
896 Weaver Festival Design Exchange Festival
897 Environmental Protection Group
898 Baring Company
899 National Athletic Tournament Mascot
900 Fukushima National Physically Disadvantaged Persons Athletic Meet
901 Nagano Winter Olympics
902 Sports Center Pavement Picture
903 Theme Park Hall Event Guide
904 Hospital
905 General Hospital Pictogram
906 Automotive Company
907 Christian Celebration
908 Department Store Pictogram

Logotype

1 Subway Prepaid Card
2·3·4 Audio Cassette
5 Sports Casual Shop
6 Powdered Beverage
7 Cellular Information Terminal
8 Crystal Maker Exhibition
9 TV Game Fighting Software
10·11 International Telephone Card
12 Fuel Battery Product Brand
13 Color Printer
14 Health Foods
15 Concert Tour
16 Candy
17 Carbonated Beverage
18 School Uniform Maker
19 Computer Editing System
20 Network
21 Housing Exhibition Hall
22 Integrated Commercial Facility
23 White Shirt
24 Wine & Dining
25 Compact Camera
26 Amusement Game Shop
27·28 Infant Product Series
29 Information Magazine [ECO]
30 Electronic Parts Manufacturer
31 Computer Company
32 Event Signboard Production Company
33 Software Development
34 Pump Manufacturing Company
35 Beauty Salon
36 Distribution Company
37 AV Rental and Sales
38·39 TV Station
40 Telephone Number 113
41 Computer Software
42 Computer Software
43 Jazz Combo
44 Forum
45 Telephone Number 116
46 Gasoline Purchase Card
47 Computer Shop
48 Computer Specialty Shop
49 Suburban Stationery Store
50 Information Service
51 New ISSEY MIYAKE Group Company
52 Ibaraki Prefecture Eco Shop System
53 Audio Compact Cassette Tape
54 Telephone Answering Service
55 Construction Company
56 Planning Agency
57 Digital Music Management Format Name
58 Jazz Band
59 Olympic Hosting Campaign
60 UN & UNESCO Event
61 Internet Provider
62 Land and House Appraisal Office
63 Office Furniture
64 Brand Name
65 Volunteer Group Brand
66·67 Eye Hospital
68 Office Equipment Sales Company
69 Lighting Fixtures Company
70 Building Maintenance Company
71 Bicycle Racing Association
72·73 Car Company Campaign
74 Apparel Sales Company
75 Building Maintenance Company
76 Building Maintenance Character Logo
77 Stationery Item (Clear Book) Title
78 Cigarette Campaign
79 Land Survey Company
80 Medicine & Medical Treatment Equipment Integrated Wholesaler
81 Satellite Digital TV Station
82 Satellite Digital TV Station
83 Station Building
84 Functional Drink
85 Creative Studio
86 Digital Photo System
87 Food [Oshare Salad]
88 Sporting Goods Shop
89 Department Store
90 Photo Player
91 Digital Photo System
92 Restaurant
93 Ice Candy
94 Carbonated Beverage
95 Carbonated Drink
96 Hotel Original Product Shop
97 Dental Clinic
98 Beverage
99 Shipbuilding Machinery
100 GPS Measuring System
101 14 Language FM Radio Station
102 Newspaper Promotion Campaign
103 Photo Collection [Violeta] by Sakanoue Kaori
104 Multi-media Company
105 Terminal Building Amusement Space
106 Information Machines
107 Leisure Facility
108 Event Company
109 Foundation
110 Talent Composite
111 Integrated Housing Builder
112 Consulting Company
113 Bookstore
114·115·116 Cosmetics
117 Computer Software Campaign
118 Design Business Convention
119 Exhibition
120 Internet Activities Magazine
121 Prepaid Card
122 CD & Record Sales Company
123 Drug Store
124 Printing Company
125 Fashion Brand
126 Automotive Service Company
127·128 Tractor Model Name
129 Satellite Digital TV Station
130 Digital Camera
131 Carbonated Drink
132 Dental Clinic
133 Exhibition
134 Community FM Public Radio Station
135 Car Magazine Title
136 PC School
137 Shopping Center
138·139 Forklift Model Type
140 Shopping Center
141 Telephone Company SHowroom
142 Brand Logo
143 Catalog
144 Guidebook
145 Sports Drink
146 Children's Good Rental Agency
117 Flower Arrangement Shop
148 Labor Union Union Magazine Title
149 Coastal Day Care Facility
150 Paper Company Gallery
151 Paper Company Gallery
152 Paper Company Gallery
153 Multi-media TV
154 Oki Wear Brand
155 Self-Service Purpose Carpet
156 Consignment Sales Car Esthetic Company
157 Women's Monthly Magazine
158 Soft Drink
159 Stationfront Tenant Building
160 Computer Software Development Company
161 Beverage
162 Stationery & Paper Products Sample Market
163 Adolescent's Magazine Title
164 Mini Notebook Computer
165 Chocolate
166 Magazine Article Title
167 PC Specialty Store
168 Baby Paper Diapers
169 Baby Crackers
170 Department Store Shopping Card
171 Compact Camera
172 Monthly Magazine Title
173 Milk Beverage
174 Magazine Article Title
175 Travel
176 FM Radio Station
177 Notebook Computer
178 Cosmetics
179 Photograph & Design Company
180 Beauty Salon
181 Flathead Color Scanner
182 Caf& Bakery
183 Day Care Center
184 Creative Factory
185 Comfortable Material Name
186 Health Promotion Facility
187 DTP Learner's Manual
188 Sony PC Category Name
189 Eye Medicine
190 Cosmetics
191 Jewelry Design Career College
192 1997 Calendar
193 Musician
194 Magazine Article Title
195 Civil Engineering
196 Carpentry Shop
197 Household Use Wooden Merchandise Manufacturer
198 Beauty Research Salon
199 Design Company
200 CD Title
201 Bag Brand
202 Musician
203 Louvre Museum Exhibit
204 Textile Industry Paper
205 Compact Camera
206 Advertising Planning & Production Company
207 Restaurant
208 Souvenir Shop
209 Beverage
210 Wine Series
211 Shampoo & Conditioner
212 Information Magazine Title
213 Collection Title
214 City Redevelopment Project Cooperative
215 Beverage
216 Computer Game Company
217 Tableware Brand
218 Magazine Article Title
219 Rice Store
220 Apparel Specialty Shop Spring Campaign
221 Cosmetics Company
222 Book
223 Fashion Building
224 Original Brand
225 Supermarket
226 Gasoline Stand
227 Chocolate Snack
228 Theme Park Event
229·230·231 Cassette Tape
232 Mini Disk
233 Golf Club Membership Production Company
234 Beauty Salon
235 Civil Engineering & Construction Company
236·237 Audio Cassette
238 Beverage
239 Confections
240 Printing Field High Resolution Film Management System
241 Beverage
242 Stationery Goods
243 Food Oil Brand

244 Telephone
245 Sports Circle
246 Food Distribution
247 Concert Performance
248 Advertising Agency
249 Communications Karaoke
250 Engine Oil
251 Amusement Attraction
252 Housing Materials Company
253·254 Travel Pamphlet
255 Soft Drink
256 Sundries Store
257 Jewelry Design School
258 Jewelry Design School Event
259 Finance Goods
260 TV Station Magazine Title
261 Veterinary Hospital
262 Fast Food Store
263 Veterinary Hospital
264 Automobile Manufacturer
265 Internet Cafe
266·267 Surfing Shop (Board Shop)
268 Information Magazine Title
269 Life Consultant
270 Medal Game Machine
271 Trading Company Brand
272 Beer Company Restaurant
273 Cosmetics
274-279 Travel Guide Cover Title
280 Travel Guide Cover Title
281·282 Cover Title
283 Design Company
284 Green Lease Company Leaflet Title
285 FM Broadcasting Company
286·287 Daily Household Goods
288 Music Band
289 CS Broadcast Station
290 Retailer
291 Event Hall
292 Western Confections
293 Consulting Company
294 Beauty Salon
295 Distillery
296 FM Station Program Title
297 Pizza Parlor
298 Ethnic Goods Shop
299 Restaurant
300 Travel Development Company
301 Production
302 Integrated Amusement Facility
303·304 Game Software
305 PC Game
306·307·308 Women's Pro Wrestling
309 Amusement Park Ride Name
310 Ski Brand
311 Ski Brand
312 Magazine Article Title
313 Game Machine
314 Internet Provider
315 Game Software
316 CD Title
317 Amusement Park Annual Ad Campaign Title
318 Amusement Park
319 Book Title
320 Chocolate
321 Design Production Company
322 Stationery Binder
323 Jazz Band
324 Cosmetics
325 Agency
326 200th Anniversary Campagin
327 Refrigeration Warehouse
328 Boutique
329 Financial Products
330 Event Planning Company
331 OCR Software
332 Planning & Production Company
333 Digital Stop Watch
334 Men's Cosmetics
335 Real Estate
336 Outdoor Club
337 Beauty Salon
338 Modeling Office
339·340 Travel Agency
341 Sundries Store
342 Carbonated Drink
343 Playground Equipment
344 #D Image Theater Business
345 Design Office
346 Stamp Office Machines
347 Magazine Article Title
348 Club
349 Ice Candy
350 Space Consulting
351 Facsimile Mode
352 Software Import Company
353 Location Coordinating Company
354 Bedroom Furnishings Brand
355 Communications Business
356 Beverage
357 Overseas Drink
358 Cosmetics
359 Cosmetics Brand Logo
360 Digital Video Camera
361 Lifestyle Goods Manufacturer
362 Clock
363 Real Estate
364 Construction Company
365 Tennis School
366 Exhibition
367 Ski Wear Item
368 Computer Shop
369 Castings
370 Office Machine Distributor
371 Automobile Tire Chain Brand
372 Silver Accessory Boutique
373 New System Camera
374 Tokyo City Horse Racing
375 Apparel Sales Company
376 One-Shot Bar
377·378 Golf Country Club
379 Department Store Point Card
380 Diet Goods Sales Company
381 Agency
382 Restaurant
383 Design Service Business
384 Auto Dealership
385 Product Design Company
386 Planning Agency
387 Company American Football Team
388 Veterinary Hospital
389 CD Title
390 Program Title
391 Ski Brand
392 Souvenir Goods
393 Esthetic Salon
394 Boutique
395 University Major Study Course
396 Planning Agency
397 Planning Agency
398 Planning & Production Company
399 Department Store Ladies' Apparel Corner
400 Micro Robot
401 Cosmetics
402 Micro Robot
403 Eyeglass Brand
404 Food Store
405 Travel Agency
406 Gallery
407·408 Catalog Item
409 Leaflet
410 French Confections
411 Apparel Brand
412 Magazine Article Title
413 Magazine Article Title
414 Magazine Article Title
415 Magazine Article Title
416 Game Software
417 Book
418 Magazine Article Title
419 Cosmetics
420 Handbag Shop
421 Make-up Cosmetics
422 Sundries Sales
423 Book
424 Beverage
425 Integrated Culture Hall
426 Beverage
427 Magazine Article Title
428 Magazine Article Title
429 Ski Brand
430 Apparel Shop
431 CD Title
432 Jewelry Brand
433 Sundry Living Goods Manufacturer
434 Club
435 Trading Company
436 Hidden Talent Development Company
437 Trumpet Player
438 Apparel Brand
439 Wellness Company Show
440 Event Title
441 Restaurant & Bar
442 Ethnic Restaurant
443 Bridal Dress Brand
444·445 Outdoor Goods Import Wholesale Company
446 Tackle Shop Original Brand
447 Beauty Salon
448 Group
449 Train Station Point Card
450·451·452 Restaurant
453·454 Gift Goods Brand
455·456 Food Set
457 PC Game
458·459 Yogurt Drink
460 Construction Site Enclosure
461 Movie Title
462 Anti-Handgun Campaign
463 Local Government Policy Campaign
464 Flower Arranging Society PR Magazine
465 Tea Drink
466 Magazine Title
467 Magazine Title
468·469·470 Gallery
471 Exhibition Title
472 Exhibition Title
473 Tea Drink
474 Tea Industry Group
475 Lifestyle Kitchen
476 Book Title
477 Book Title
478 Poster Title
479·480 Flower Shop Campaign
481 Exhibition Title
482 Western Restaurant
483 Event Title
484 Haiku Hall
485 Barbershop
486 Restaurant
487 Magazine Title
488 Magazine Title
489 Individual Exhibition
490 Gift Food
491 Movie Campaign
492 Winter Festival Title
493 Housing Development Brand
494 Movie Title
495 Game Machine
496 Game Machine
497 Exhibition
498 Magazine Title
499 Video Soft Title
500 Magazine Title
501 Computer Communications Business

502 Natural Cheese
503 Fruit Soft Drink
504 Game Software
505 Game Software
506 TV Show Title
507 Public Marketplace
508 TV Show Title
509 Cleaning & Maintenance Company
510 Gallery
511 Buddhist Altar Company
512 Delivery Packaging Brand
513 Electric Appliance Shop
514 Stone Materials Company Campaign
515 PC Shop Information Magazine
516 Brand Drink
517 Kitchen Equipment
518 TV Program Title
519 Specialty Shop Street Mother's Day Campaign
520 Cram School
521 Flower Classroom
522 Magazine Title
523 International Conference
524 Financial Product
525 Extension Period Bell
526 Construction-Related Publications
527 Company Information
528 Knitwear Fashion Union Forum
529 Food Processing & Sales
530 Knitwear Union Forum Exhibit Title
531 Carpentry Tools Manufacturer & Distributor
532 Town Tourist Campaign
533·534 Snack Confections
535·536 TV Program Title
537 TV Program Title
538 TV Broadcast Station Campaign
539 Travel Group
540 Timepiece Store
541 Exhibition Title
542 Amusement Park Facilities
543 Magazine Title
544 CD-ROM Title
545 Magazine Article Title
546 Book Title
547 Game Software
548 TV Program Title
549 Article Title
550 Work Collection Exhibit
551 Movie Poster Store
552 Monthly Culture Magazine
553 CD Title
554 Trading Company Brand
555 Distillery Communications Mark
556 Plant Garden [Flower Dome]
557 Event Title
558 Exhibition Title
559 Theater Performance Title
560 Magazine Title
561 Magazine Title
562 Travel Company Catalog Title
563 Magazine Title
564 Government Body
565 Video Software Title
566 Book Title
567 CD Title
568 TV News Show
569·570 Bar
571 Local Government Policy Campaign
572 Persomal Signaga
573 Chocolate
574 Pickles
575 Daily Dishes Store
576 Health Magazine Title
577 Revolving Sushi Store Chain
578 Restaurant
579 Restaurant
580 Restaurant
581 Noodle Shop
582 Japanese Traditional Song Group
583 Green Tea
584 Bridal Information Industry
585 Confections
586 Japanese Style Hotcake Restaurant
587·588 Information Magazine Theme Title
589 Japanese Sake Pakaging
590 Lifestyle Advisor
591 International Karate Association
592 Whisky
593 Rice Sac
594 Restaurant
595 Sake
596 Chicken Specialty Restaurant
597 Video Title
598 Digital Japanese Font Cover Title
599 Book Title
600 Word Processing Software
601 Word Processing Software
602 Nutritional Supplement Food
603 Women's Pro Wrestler
604 Calendar Title
605 Video Cover Title
606 Kyoto Antique Grand Fair
607 Tea Package
608 Department Store Japanese Utensil Corner
609 Natural Water Drink
610 Restaurant
611 Cake Restaurant
612 Agricultural Products Direct Sales Center
613 Movie Title
614 Canning
615 Local Beer Restaurant
616 Sushi Restaurant
617 General Road Service Area
618 Department Store Flyer
619 TV Show Title
620·621·622 Pension
623 Picture Letter
624·625 Picture Letter
626·627·628 Picture Letter
629 Movie Campaign
630 Spicy Row
631 Town PR Video Title
632 Year's End Campaign
633 Publisher
634 Newspaper Title
635 Confection
636 TV Program Title
637 Japanese Apparel
638 Newspaper Title
639 Gift for Elders' Day
640·641 Gift for Elders' Day
642·643 Movie Campaign
644 Commercial Store Street 100th Anniversary
645 Exhibition Title
646 Movie Campaign
647 Subway 70th Year Anniversary
648 Rice Brand
649 Labor Union Campaign
650 Drinking Water
651 Hospital
652 Apartment Building
653 Medicine
654 Drinking Water
655 Stomach Medicine
656 Pharmaceutical Company Signboard
657 Confectionery
658 Consumer Investment Automated Contract Machine
659 Bar
660 Travel Agency
661 Supermarket
662 System Bus
663 Book Title
664 Clean Athletes Watch Mark
665 Commercial Street Nickname
666 Agricultural Cooperative
667 Distribution Company
668 Settlement Half-Price Market
669 Home Freezer
670 Information Magazine
671 Stamp Company
672 Video Title
673 Elders' Day Campaign
674 TV Program Title
675 Magazine Article Title
676 Drama Title
677 TV Show Title
678 Log House Construction Company
679 Institutional Publication Title
680 Hotel Drinking Establishment
681 Concert Title
682 TV Program Title
683 Talent
684 Cookbook Title
685 Cleaning Company Character
686 Campaign Title
687 Marine Products Processor
688 TV Station Campaign
689 House Organ Title
690 Product Building
691 Fan Club
692 Department Store Event
693 Sculpture Exhibit
694 City Music Group Title
695 Font Brand Name
696 Castings
697 Coffee Shop
698 Construction Materials Market Information Magazine
699 Medical Magazine
700 Summer Greeting Title
701 Interior Design Company
702 Coffee Drinking Facility
703 Monthly Comic
704 New Year's Card Title
705 New Year's Card Title
706 Roasted Meat Buffet
707 Department Store Sales Space
708 Coffee Shop
709 Newspaper Serial Story Title
710 Japanese Restaurant
711 Book Title
712 Lecture Video Title
713-716 Calendar Bi-Monthly
717 Inn Subtitle
718 Event Title
719 TV Show Title
720 Performance Title
721·722·723 CD Title
724 Food Label Title
725 Exhibit POP-DM
726 Restaurant
727 Historical Ruins
728 Gyoza Shop
729 Exhibit POP-DM
730 Automobile Campaign
731 Monument
732 Confections
733 Tofu Shop
734 Deep Fried Food Restaurant
735 TV Show Title
736 Pickled Vegetables
737 Sake
738 Trading Company
739 Painting Company Union
740 Ground Survey Company
741 Construction Materials Distributor
742 Cosmetics & Health Food Maker
743 Museum
744 Gastrointestinal Hospital
745 Construction Company
746 Cartography Company
747 Dental Clinic
748 Sales Promotion Goods Distributor
749 Construction Company
750 Music High School
751-754 School

755 Accounting Office
756 Hospital
757 Cleaning & Maintenance Company
758 Real Estate Agency
759 Elevator Manufacturer
760 Pachinko Service
761 Apartment Building
762 Copy Writer School
763 Engineering & Construction Business
764 Construction & Engineering Company
765 Transport
766 Maintenance Company
767 Chemical Maker
768 Housing Company
769 Real Estate Agency
770 Semiconductor Manufacturing Machine Distributor
771 System Integrator Company
772 Sports Gym
773 Outdoor Goods Importer and Distributor
774 Semiconductor Manufacturing Machine Distributor
775 Association
776 Food Import & Distribution Company
777 Town Development Agency
778 Public Facility

Corporate Identity

1 Air Compressor & Painting Equipment Company
2 Bank
3 Comfortable Space Planning Company
4 School
5 Vocalist
6 Casual Shop Chain
7 Hardware Company
8 Damage Insurance Company
9 Fragrance Materials Company
10 Architectural Planning Agency
11 Government Body
12 Construction Consulting Company
13 Marine Transport
14 University
15 Printing Industry Group
16 Printing Industry Group
17 Real Estate Agency
18 Trust Bank
19 Automobile Company
20 Trust Bank
21 Steel Cord Manufacturing Company
22 Online Service
23 Construction Company
24 Children's Apparel Maker
25 Construction Company
26 Baseball Team
27 Government Body
28 Road and General Paving Company
29 Ventilation Company
30 General Contractor
31 Ventilation Equipment Manufacturer
32 Audio Equipment Manufacturer
33 Electronic Machine Manufacturing & Sales Company
34 Bank
35 Total Bridal Service
36 Distribution Company
37 Total Entertainment Company
38 Form & Processing Company
39 Financial Industry
40 Construction Company's 50th Anniversary
41 Flour Company
42 Service Operations
43 Pro Baseball Teal [Kintetsu Buffaloes]
44 Automotive Parts Maker
45 Real Estate Service
46 GMS
47 Integrated Food Maker
48 Bulk Household Appliances Store
49 Underground Shopping Mall
50 Automotive-Related Parts Company
51 Cycling Shop
52 Hair Care Products
53 Multi-media Integrator
54 Precision Plastic Structural Parts Manufacturer
55 Amusement Department Store
56 Automobile Retail Company
57 Housing
58 Travel Agency
59 Stationfront Commercial Facility
60 Distribution & Retailing Group
61 Book & Media Sales
62 Bookstore
63 Auto Dealership
64 Automobile-Related Equipment Maker
65 Integrated Facility
66 Beer
67 Office Products Convenience Store
68 Railroad
69 Beauty Salon
70 Publication & Ticket Distributor
71 Trust Bank
72 Integrated Commercial Facility
73 National Association of Disadvantaged Persons
74 Household Appliance Group
75 Welfare Center
76 Event Convention Facility
77 Museum
78 Pocket Bell Service
79 Shopping Center
80 Total Car Repair Shop
81 Agricultural Cooperative
82 City Air Terminal
83 General Construction Company
84 Government Body
85 Foodstuff Maker
86 Volume Distributor
87 High School
88 Japanese Utensils
89 Natural Hot Spring Facility
90 Foodstuff Company
91 Agricultural Cooperative
92 Agricultural Cooperative
93 Mailing Service Company
94 Pharmacy Chain
95 Observatory
96 Construction Company
97 Life Insurance Agency
98 Brewery, Beer Restaurant and Beer Brand
99 Travel Campaign
100 Business Communication Association
101 Real Estate Retailing
102 Measuring & Planning Company
103 Fertilizer & Pharmaceuticals Company
104 Investment & Savings Bank
105 Automotive Goods
106 [Hachijoji Minami] City Mark
107 International Exhibition
108 '97 Fukuoka International Exhibit
109 Department Store
110 Resort Park
111 Financial Guarantee Company
112 Bag Maker
113 Expressway Public Company
114 Broadcast Affiliates Network Symbol
115 Broadcast Company
116 Agricultural Goods Wholesaler
117 Construction Company
118 Automotive Study Center
119 Theater
120 Dome Baseball
121 Integrated Amusement Company
122 Day Care & English School
123 FM Broadcast Station [76.0MHz]
124 Kindergarten
125 Transport
126 Shopping Center
127 Vocational School
128 Sports Entertainment
129 Zoo Guide Sign
130 Convenience Store
131 Culture School
132 Foodstuff Company
133 Mother & Child Specialty Store
134 National Swim Meet
135 Supermarket
136 High School
137 Hotel
138 School
139 City Friendship Exchange Association
140 Garden Shop
141 Theme Park
142 Government Body
143 Hotel
144 Volume Shoe Store
145 Eyeglass Store
146 Jewelry Design Specialty School
147 Middle & High School
148 Local Government Agricultural Industry Promotion
149 Construction Equipment Rentals
150 Broadcast Station
151 Card

作品募集のご案内

この号を編集し終えるころには，もう

みなさまのお手元に新しい作品がつぎつぎと誕生していることでありましょう．

次号も作品募集のご案内をできる限りもれなくお配りしたいと思います．

ご希望がありましたら本号の〈愛読者カード〉をお送りいただくか，

郵便はがきで，随時，案内書をお申し込みください．

編集が始まり次第，一斉にお送りいたします．

みなさまの新作にお目にかかれる日を楽しみにしています．

案内書のお申し込みは
「資料/マーク・シンボル・ロゴタイプ」作品募集要項を希望

と記して，郵便はがきで下記へ．
102 東京都千代田区九段北1-9-12 グラフィック社「資料編集室」

●本号へご応募された後，住所を変更されました方も

グラフィック社「資料編集室」までご一報くださいますようお願いいたします．

資料 マーク シンボル ロゴタイプ カラー篇⑦

編集者略歴 ——●

長谷川純雄

SUMIO HASEGAWA

1939年名古屋生まれ

愛知学芸大学(現愛知教育大学)美術科卒業

長谷川デザイン研究室主催

編集=「資料/マーク・シンボル・ロゴタイプ」シリーズを「1973→75」年版より9冊,「同/カラー篇」シリーズを⑦まで7冊,「歌舞伎勘亭流」,「ロゴ ON パッケージ」

日本タイポグラフィ協会会員

長谷川デザイン研究室

162 東京都新宿区原町3-62 三佳ビル403号

TEL 03-3202-5545

装訂 —— 林 廣行

作品撮影 —— 今井康夫

翻訳 —— スコット・ブラウス

編集協力 —— ㈱エイジ,長谷川悦子

グラフィック社編集担当 —— 奥田政喜

検印 —— 省略

発行日 —— 1997年11月25日 初版第1刷発行

編集者 —— 長谷川純雄©

発行者 —— 久世利郎

印刷 —— 凸版印刷株式会社

製本所 —— 凸版印刷株式会社

写植・文字入力 —— 三和写真工芸株式会社,芝光社

発行所 —— 株式会社グラフィック社

102 東京都千代田区九段北1-9-12

TEL 03-3263-4318㈹

FAX 03-3263-5297

振替 00130-6-114345

落丁,乱丁はお取り替え致します。

ISBN4-7661-1000-5 C3070